江苏省"十四五"农村水利规划丛书

U0381251

江苏省中型灌区续建配套与现代化改造规划（2021—2035）

JIANGSU SHENG ZHONGXING GUANQU XUJIAN PEITAO
YU XIANDAIHUA GAIZAO GUIHUA

江苏省水利厅◎编著

河海大学出版社
HOHAI UNIVERSITY PRESS
·南京·

图书在版编目(CIP)数据

江苏省中型灌区续建配套与现代化改造规划：2021—
2035 / 江苏省水利厅编著. -- 南京：河海大学出版社，
2021.6
（江苏省"十四五"农村水利规划丛书）
ISBN 978-7-5630-7083-1

Ⅰ. ①江… Ⅱ. ①江… Ⅲ. ①灌区—配套设施—建设
规划—江苏—2021—2035 Ⅳ. ①S274.2

中国版本图书馆 CIP 数据核字(2021)第 128076 号

书　　名	江苏省中型灌区续建配套与现代化改造规划：2021—2035
书　　号	ISBN 978-7-5630-7083-1
策划编辑	朱婵玲
责任编辑	杜文渊
特约校对	李　浪　杜彩平
装帧设计	徐娟娟
出版发行	河海大学出版社
地　　址	南京市西康路 1 号(邮编：210098)
电　　话	(025)83737852(总编室)　(025)83722833(营销部)
经　　销	江苏省新华发行集团有限公司
排　　版	南京布克文化发展有限公司
印　　刷	南京工大印务有限公司
开　　本	787 毫米×1092 毫米　1/16
印　　张	15.5
字　　数	255 千字
版　　次	2021 年 6 月第 1 版
印　　次	2021 年 6 月第 1 次印刷
定　　价	89.00 元

序

江苏地处我国东部,滨江临海,河湖众多,水系发达,是全国唯一拥有大江大河大湖大海的省份。全省平原面积占 68.8%,丘陵山区占 14.3%,河湖水域占 16.9%,素有"水乡"之称。由于河湖众多,治理管理任务重、压力大,又因江、淮、沂、沭、泗诸河约 200 万平方公里客水过境入海,历史上一直是洪、涝、旱、渍、风、暴、潮灾害频发的多灾之邦,水多、水少、水脏、水浑问题一直伴随着江苏水利发展。

新中国成立以来,江苏开展了大规模的农村水利建设,从治理洪水入手,发展到治涝治旱、防渍降渍、节水灌溉、生态修复;从工程水利到资源水利、生态水利、智慧水利,江苏农村水利经历了从传统水利到现代水利的巨大转变。特别是"十三五"以来,江苏认真贯彻"节水优先、空间均衡、系统治理、两手发力"的新时期治水方针,通过实施农田水利基础设施提档升级,推进现代农业提质增效;坚持城乡供水一体化,提升农村居民饮水质量;综合整治农村水环境,启动生态河道建设,打造美丽宜居水美乡村;全面深化改革,激发内生动力,不断提升农村水利可持续发展能力和水平。全省农业抗灾能力、粮食生产能力、农村供水保障能力和水资源利用效率不断提升,为全省高水平全面建成小康社会,为建设美丽江苏、率先实现社会主义现代化走在前列奠定了坚实基础。

"十四五"时期是开启全面建设社会主义现代化国家新征程的第一个五年,也是全面推进乡村振兴战略、加快农业农村现代化的关键五年,对标高质量发展和水利现代化要求,全省各地农村水利发展不平衡不充分的情况依然存在,建设、改革、发展的任务依然繁重而艰巨。为认真贯彻落实习近平总书记对江苏工作的重要指示要求,深入贯彻党中央国务院及省委省政府决策部署,准确把握"强富美高"新江苏建设总体布局,为科学描绘农村水利现代化发展新蓝图,加快推进江苏农村水利高质量发展,更好地服务乡村振兴战略实施,促进农业农村现代化,江苏省水利厅在系统总结"十三五"全省农村水利建设、改革与发展以及深入分析新形势、新要求的基础上,组织编著了《江苏省"十四五"农村水利规划丛书》,形成"521"规划体系,即5个"十四五"发展专项规划、2个灌区建设中长期规划、1个灌区信息化方案,共8个分册:

《江苏省"十四五"大型灌区续建配套与现代化改造规划》

《江苏省"十四五"中型灌区续建配套与节水改造规划》

《江苏省"十四五"农村供水保障规划》

《江苏省"十四五"农村生态河道建设规划》

《江苏省"十四五"水土保持发展规划》

《江苏省大型灌区续建配套与现代化改造规划(2021—2035)》

《江苏省中型灌区续建配套与现代化改造规划(2021—2035)》

《江苏省智慧大中型灌区软件平台系统实施方案(2021—2023)》

上述规划均经江苏省水利厅审议通过,其中供水保障规划是按水利部统一部署编制的,与生态河道规划一道列入省经济社会发展"十四五"规划之136项专项规划体系。

为加快农村水利发展、服务和支撑乡村振兴,推动农村水利工作走向法治化,2020年,经充分调研、广泛协调,制定了全国第一部地方农村水利法规《江苏省农村水利条例》,并于2021年2月1日正式施行,为全省农村水利提供了坚实的法治保障。为落实好条例精神,经江苏省人民政府同意,江苏省水利、发改、财政、农业农村、自然资源、生态环境、住房建设等七个部门联合出台《关于切实加强农村水利建设与管护工作的意见》,其各项目标与建设任务,均由本丛书作支撑。

本丛书结合新形势、新要求、新规定，构建了与现代农业农村相适应，功能齐全、布局合理的工程保障体系，职责明确、服务到位的运行管护体系以及规范有效、务实管用的行业监管体系，不断提升农村水利服务农村经济社会发展和保障民生的能力，可作为"十四五"时期乃至2035年全省农村水利规划设计、工程建设、运行管理、改革发展的重要依据。

在此开启新征程、迈进"十四五"之际，谨以本丛书向中国共产党建党一百周年献礼！

在丛书编写过程中，主要参编单位江苏省水利厅农村水利与水土保持处、江苏省农村水利科技发展中心、江苏省水土保持生态环境监测总站等单位、部门领导及相关专家给予了关心和支持，河海大学出版社朱婵玲老师在丛书布局、质量把关和编撰进度等多方面给予悉心的指导和帮助，在此一并表示诚挚的感谢。

受作者水平所限，书中不妥或错误之处，敬请广大读者谅解并予以指正。

叶健

2021年3月20日

前言

　　灌区是农业生产的重要基础设施,是保障粮食安全的核心基地,也是推进乡村振兴的主阵地。当前,国家大力推进农业农村现代化、实施乡村振兴战略,2019 年中央一号文件明确提出"推进大中型灌区续建配套节水改造和现代化建设",十九届五中全会提出"深入实施藏粮于地、藏粮于技战略,加大农业水利设施建设力度"。为加快灌区续建配套和现代化改造,补齐农村基础设施短板,推动农村基础设施提档升级,提升灌区灌排设施标准、保障国家粮食安全、加快促进农业现代化,根据水利部相关要求,组织开展《江苏省中型灌区续建配套与现代化改造规划(2021—2035)》(以下简称《规划》)编制工作。

　　《规划》确定全省中型灌区 264 处、设计灌溉面积 2 858.07 万亩,涉及全省 12 个设区市、80 个县(市、区)。其中,重点中型灌区 179 处、设计灌溉面积 2 632.89 万亩;一般中型灌区 85 处、设计灌溉面积 225.18 万亩。经过几十年的建设改造,全省中型灌区已经初步形成具有一定规模的灌排工程体系,但受资金投入与建设标准限制,对照乡村振兴、脱贫攻坚等国家战略、国家节水行动、最严格水资源管理、灌区现代化建设以及高质量发展的要求,仍存在灌排标准不高、生态理念缺乏、信息化手段滞后、管理机制不完善等问题,难以满足现代农业发展新要求。全省中型灌区现状灌溉保证率不足 80%,灌溉水利用系数不足 0.58,排涝标准为 5～10 年一遇,骨干工程配套率、完好率约 60%,骨干渠道衬砌率约 33%。

　　《规划》基准年为 2019 年,规划期限为 2021 年—2035 年,近期水平年 2025 年,远期水平年 2035 年。规划到 2025 年,即实施完成中型灌区 75 处、设计灌溉面积 815 万亩灌区改造;到 2035 年,即实施完成中型灌区 189 处、设计灌溉面积 2 043 万亩灌区改造。在前期中型灌区节水配套改造的基础上,通过实施"三大体系"(即工程体系、生态体系、管理体系)建设,走节水高效、设施完善、管理科学、生态良好、保障有力的灌区现代化发展道路,努力实现"水美乡村助振兴,现代灌区惠民生"的美好愿景。

《规划》估算总投资 565.39 亿元,通过灌排工程设施改造、沟渠生态治理、灌区信息化建设、管理改革等项目,重点实施"4211"工程(渠首 452 座,渠道 22 719 km,排水沟 15 389 km,建筑物 1 643 万),着重实现"6891"目标(到 2025 年,灌区灌溉水利用系数达到 0.61 以上,灌溉设计保证率 85%,骨干渠系工程配套率、完好率 90%,"两费"落实率 100%)和"6991"目标(到 2035 年,灌区灌溉水利用系数达到 0.63 以上,灌溉设计保证率 90%,骨干渠系工程配套率、完好率 90% 以上,"两费"落实率 100%)。

省水利厅高度重视《规划》编制工作。2019 年 8 月,编制完成《江苏省中型灌区续建配套与现代化改造规划编制提纲》;9 月,组织召开全省规划工作布置会;10 月,通过现场勘察,各地完成《规划》基本信息及建设需求调查表,在水利普查名录中进一步确定纳入《规划》的灌区名录;11 月,省水利厅对各地中型灌区规划基础数据调查表进行审核并反馈修改意见;12 月,各县(市、区)编制完成《规划》,经市级水利部门审核后上报省水利厅;2020 年 1 月,省水利厅组织相关市县召开了中型灌区调整方案专家审查会,通过了部分中型灌区新增、合并、销号、面积调整等方案,确定了江苏省中型灌区名录;2 月,省水利厅对各地上报的中型灌区《规划》开展合规性审查,并形成合规性审查意见;3 月,在各市上报的灌区续建配套与现代化改造规划基础上,编制完成省级《规划》(初稿);11 月,组织召开专家审查会,并根据专家意见修改完善形成《规划》。

目录

0

综合说明

0.1 基本情况

江苏省地处长江、淮河流域下游,东濒黄海,西连安徽,北接山东,东南与浙江和上海毗邻,介于东经 $116°21'\sim121°56'$,北纬 $30°45'\sim35°28'$ 之间。江苏既是经济强省,也是农业大省,全省国土面积 10.72 万 km^2,耕地面积 6 894 万亩,高标准农田占比 65%,农业综合机械化水平 84%,粮食生产全程农机化占比 79%。

截至 2019 年年底,江苏省现设 13 个省辖市,行政区划如图 0-1 所示,下辖 96 个县(市、区),其中农业县(市、区)75 个。全省全年实现 GDP 9.96 万亿元,一般公共预算收入 8 802.4 亿元,三次产业增加值比例为 4.3:44.4:51.3。全省常住人口 8 070 万人,城镇人口 5 698.23 万人,城镇化水平 70.61%,全省居民人均可支配收入 41 400 元,城镇和农村可支配收入比为 2.25:1。

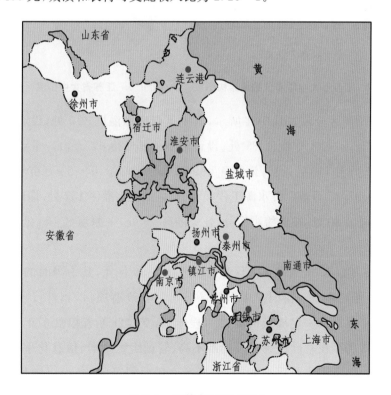

图 0-1 江苏省行政区划图

注:1. 本书计算数据或因四舍五入原则,存在微小数值偏差。

2. 本书所使用的市制面积单位"亩",1 亩 $\approx$ 666.7 m^2。

江苏省境内河川交错,水网密布,分布着长江、太湖、淮河和沂沭泗四大水系。长江横穿东西 433 km,大运河纵贯南北 718 km,东部海岸线长 957 km,西南部有秦淮河,北部有苏北灌溉总渠、淮河入海水道、新沂河、新沭河、通扬运河等。全国淡水湖排名第三、第四的太湖和洪泽湖,分别位于苏南水乡和苏北平原。

江苏省现有大中型灌区 298 处,总设计灌溉面积 4 434.42 万亩,占全省耕地面积的 64%。其中大型灌区 34 处,设计灌溉面积 1 576.25 万亩;中型灌区 264 处,设计灌溉面积 2 858.07 万亩。大中型灌区数量和面积结构如图 0-2、图 0-3 所示。

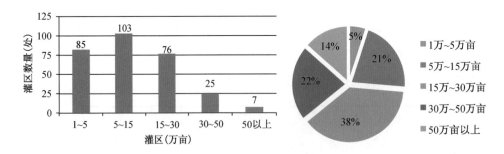

图 0-2　江苏省大中型灌区数量结构图　　图 0-3　江苏省大中型灌区面积比重图

全省中型灌区分布如图 0-4 所示,其中重点中型灌区 179 处,设计灌溉面积 2 632.89 万亩;一般中型灌区 85 处,设计灌溉面积 225.18 万亩。重点中型灌区中,5 万~15 万亩 103 处,设计灌溉面积 941.64 万亩;15 万~30 万亩 76 处,设计灌溉面积 1 691.25 万亩。按水源工程类型分,泵站提水灌区 157 处,堰闸引水灌区 77 处,水库灌区 30 处;按地貌类型分,丘陵灌区 76 处,平原灌区 150 处,圩垸灌区 38 处。

自 1998 年以来,全省中型灌区累计投入 109.59 亿元,其中当时的 99 个重点中型灌区全部实施上一轮国家中型灌区节水配套改造项目,累计投入 24.13 亿元,已初步形成具有一定规模的灌排工程体系,支撑江苏省粮食多年丰收,但限于投资水平,仍存在基础设施建设标准不高、管理组织薄弱、信息化手段滞后、生态理念缺乏、灌溉用水矛盾突显、专业技术力量薄弱等问题,难以满足现代农业发展的新要求。

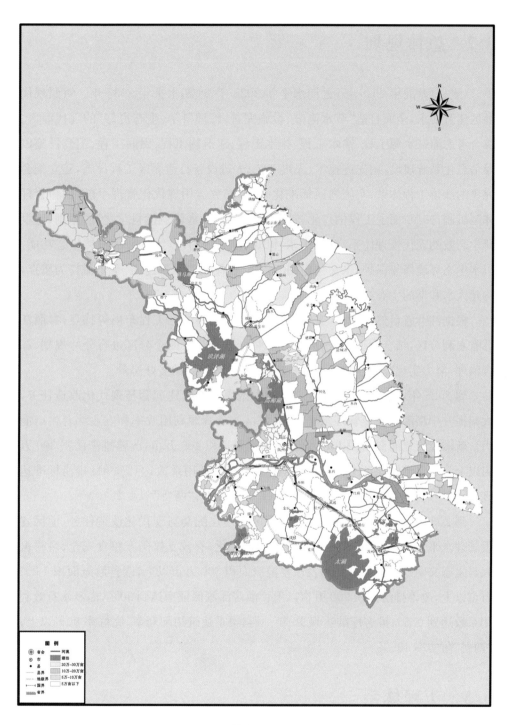

图 0-4 江苏省中型灌区分布图

0.2 总体规划

《规划》基准年 2019 年,近期水平年 2025 年,远期水平年 2035 年。对照现代灌区建管要求,全面打造"节水高效、设施完善、管理科学、生态良好"的现代灌区。综合考虑灌区水源工程、输水工程、排水工程、建筑物工程、田间工程、配套设施以及信息化系统建设,用先进技术、先进工艺、先进设备打造灌区工程设施,建立配套完善的灌排工程体系;实施灌区标准化管理,充分运用现代化管理手段,创新管理体制机制,按照"面上工程信息化、骨干工程自动化、灌溉调度科学化"的原则,建设科学高效的现代管理体系;统筹山水林田湖草系统治理,维持灌区自然生态功能,以水生态环境修复保护、水文化挖掘与传承、河湖渠沟水系连通、水土保持为重点,构建人水和谐的生态文明体系。

根据江苏省自然地理、水文气象、水资源状况和灌区工程布局等特点,参照江苏省水利分区,结合中型灌区分布情况,将全省分为十四个分区进行分片规划、综合治理,努力实现"水美乡村助振兴,现代灌区惠民生"的美好愿景。

到 2025 年,完成全省近三分之一的中型灌区的续建配套与现代化改造任务,大幅提升中型灌区建设管理水平,提高灌区水土资源利用效率和农业综合生产能力。新增及恢复灌溉面积 100 万亩,改善灌溉面积 400 万亩,改善排涝面积 300 万亩以上。灌区灌溉保证率达到 85%,灌溉水有效利用系数达到 0.61;排涝标准达到 10 年一遇;渠系建筑物配套率、完好率 90%以上;"两费"落实率 100%。

到 2035 年,完成全省 264 处中型灌区的续建配套与现代化改造任务,灌区建设管理水平全面提升,基本实现灌区管理现代化,有效支撑国家粮食安全、乡村振兴与生态文明建设。累计新增及恢复灌溉面积 300 万亩以上,改善灌溉面积 1 200 万亩以上,改善排涝面积 900 万亩以上。灌区灌溉保证率达到 90%,灌溉水有效利用系数达到 0.63;排涝标准达到 10 年一遇;渠系建筑物配套率、完好率 90%以上;"两费"落实率 100%。

0.3 工程体系

结合高标准农田建设、生态河道建设、生态清洁小流域建设、土地整理及规模化节水等多源整合,巩固农业水价综合改革成果,提升管理能力、信息化水平,重点突出水源工程、骨干渠系及配套建筑物能力建设,以提高灌溉保证率、灌溉水有效利用系数、排涝标准为目标,《规划》主要建设内容如下。

渠首改建 259 座、改造 193 座,灌溉渠道新建 3 615.52 km、改造 19 103.81 km,排水沟新建 936.09 km、改造 14 452.78 km,渠系配套建筑物新建 1.64 万座、改造 1.99 万座,新建及改造管理设施 1.77 万处、安全设施 4.16 万处;实施灌区管理信息化改造 264 处、计量设施改造 1.70 万处。

0.4　生态体系

坚持节约优先、保护优先、自然恢复为主,加大灌区库塘渠沟保护和监管力度,推进库塘渠沟休养生息,实施水生态保护和修复工程,建设和谐优美的灌区水环境。沿河、沿渠(沟)、沿库塘水系构建生态走廊,构建灌区乔木、灌木和草本植物合理配置的生态系统。优先考虑生态渠道、生态沟道建设,采用绿色混凝土、生态工法、增设动物生态通道等生态衬砌措施,增加水土沟通交流,增强水系连通、库塘渠沟湿地水生态保护,形成点线面相结合、全覆盖、多层次、立体化的水生态安全网络。

以灌区灌排渠沟系为基础,构建库塘联通的水网体系,加强水田的生态建设和环境保护,构筑灌区水生态屏障体系。规划生态恢复骨干渠道 8 589 km,生态恢复骨干排水沟 10 300 km。

0.5　管理体系

创新现代灌区管理体制机制、落实农业水价综合改革措施、构建灌溉优化供配水制度与工程科学调度管护体系,建立完善专管与群管相结合的管理体系,提升科技推广与服务能力,继续开展灌溉水有效利用系数测算分析工作,不断规范和提升现代灌区管理服务水平。

深化水管体制改革,足额落实灌区"两费";健全灌区管理制度,建立与管理目标任务相适应的人事制度,严格考评制度,按照农业水价综合改革要求,规范水价核定和水费收缴;实施用水总量控制和定额管理,实施精准灌溉、精准计量、精细管理;加强灌区队伍建设,按照政治上保证、制度上落实、素质上提高、权益上维护的总体思路全面提升从业人员素质;田间工程加大对村组集体、新型农业经营主体、农民用水合作组织等群管组织的指导,发挥其灌区末级渠系运行管理主体作用。

通过《规划》实施,标准化规范化管理扎实推进,农业水价综合改革全面完成,用水调度和工程设施管护实现信息化管理。规划实施后,全省中型灌区管理人员到位率100%,灌溉用水斗口计量率100%,"两费"落实率100%,水费实收率100%,用水计划管理执行面积率90%,信息化覆盖度达到80%。

0.6 投资估算

《规划》主要建设内容包括:渠首水源工程、骨干灌溉渠道、骨干排水沟、配套建筑物、管理设施、安全设施、计量设施、灌区信息化等,工程总投资465.39亿元。其中渠首工程投资46.93亿元,占总投资的8.3%;骨干灌溉渠道工程投资228.42亿元,占总投资的40.4%左右;骨干排水沟工程投资96.68亿元,占总投资的17.1%左右;配套建筑物工程投资127.21亿元,占总投资的22.5%左右;管理设施投资41.84亿元,占总投资的7.4%左右;安全设施投资7.35亿元,占总投资的1.3%左右;计量设施投资3.39亿元,占总投资的0.6%左右;信息化投资13.57亿元,占总投资的2.4%左右。

0.7 分期实施

《规划》中型灌区264处,设计灌溉面积2 858.07万亩,估算总投资565.39亿元。其中重点中型灌区179处、总投资521.86亿元,一般中型灌区85处、总投资43.53亿元。根据中央资金投资计划,规划至2025年,完成全省近1/3中型灌区改造任务,至2035年,完成全省264处中型灌区现代化改造任务。

近期安排(2021—2025),完成全省近1/3的中型灌区续建配套与现代化改造任务,即实施完成中型灌区75处、设计灌溉面积约845.72万亩、总投资约150.69亿元。远期安排(2026—2035),完成剩余约2/3的中型灌区续建配套与现代化改造任务,即实施完成中型灌区189处、设计灌溉面积约2 012.35万亩、总投资约414.70亿元。

0.8　实施效益

中型灌区续建配套与现代化改造规划的实施,可全面提升灌区基础设施水平,改善灌区农业生产基本条件、水资源状况和生态环境,促进农业增产,农民增收,保障粮食生产安全,改善农村生产生活条件,推动经济持续稳定健康发展,将产生显著的经济效益、环境效益和社会效益。规划实施后,拟新增灌溉面积64.18万亩、恢复灌溉面积277.63万亩、改善灌溉面积1 217.31万亩、年新增节水能力7.93亿 m^3 、年增粮食生产能力7.97亿 kg。

1
基本情况

1.1 江苏概况

1.1.1 自然地理

江苏省地处长江、淮河流域下游,东濒黄海,西连安徽,北接山东,东南与浙江和上海毗邻,介于东经 116°18′～121°57′,北纬 30°45′～35°20′ 之间。国土面积 10.72 万 km²,耕地面积 6 894 万亩。

全省地势西北高、东南低。境内平原面积约占 68.8%,主要由苏南平原、江淮平原、黄淮平原和东部滨海平原组成,地面高程大部分在 5～10 m(废黄河高程系),地势最高的微山湖湖西地区,在 35 m 左右,地势低洼的里下河及太湖水网地区,最低在 0 m 左右;丘陵山地占 14.3%,大多为邻省山脉的延伸部分,集中在北部和西南部,主要有云台山脉、老山山脉、宁镇山脉、茅山山脉、宜溧山脉,高程一般在 200 m 以下;河湖水域占 16.9%,素有"水乡"之称,水面所占比例之大,在全国各省(治自区)中居首位。

1.1.2 水文气象

江苏省地处亚热带向暖温带过渡区,大致以淮河、苏北灌溉总渠一线为界,以南属亚热带湿润季风气候,以北属暖温带湿润、半湿润季风气候。全省气候温和,雨量适中,四季分明,南北气候差异较大,全省年平均气温 13～16 ℃。

全省多年平均降雨量 800～1 100 mm,但时空分布不均,全年 70% 左右的降水量集中在汛期 5～9 月份。年均降水量在区域分布上自东南向西北递减,其中淮北地区多年平均降雨量 850 mm、苏中地区多年平均降雨量 950 mm、长江两岸多年平均降雨量 1 050 mm,降水量峰值区为宜兴丘陵地带,年均高达 1 150 mm。全省自然水体年均蒸发量为 950～1 100 mm,陆面蒸发量为 600～800 mm,与降雨量相反,自南向北递增。特定的地理位置和气候特点,决定了江苏省是一个水旱灾害发生概率极高的省份。

1.1.3 河流水系

江苏省滨江临海,河湖众多,水网密布,大部分地区水系发达,其中尤其以长江以南的太湖平原和长江以北的里下河平原为大面积的水网密集地带。全省以仪六丘陵经江都、通扬运河至如泰运河一线为分水岭,分为长江、淮河两大流域。

长江流域境内面积 3.86 万 km²,分为长江和太湖水系。长江干流自南京江浦新济州入境,在南通启东元陀角入海,自西向东横穿江苏省,是江苏省沿江地区的排水、引水大动脉。太湖承受浙江苕溪和本省南溪来水,该地区是全省人口最密集和经济最发达地区,太湖流域西部为山丘区,中、东部为以太湖为中心的平原水网洼地,境内湖泊密集、水网纵横、相互沟通。

淮河流域境内面积 6.86 万 km²,分为淮河、沂沭泗两个水系。淮河西起河南桐柏山,经安徽流入我省洪泽湖,再经淮河入江水道排入长江和淮河入海水道、苏北灌溉总渠可直接排水入海。洪泽湖是淮河流域最大的调蓄湖泊,承转淮河上中游 15.8 万 km² 的来水,也是我省苏北地区最大的灌溉水源。沂沭泗水系上游主要来水河道有沂河、沭河、邳苍分洪道及各支河以及南四湖经中运河下泄的洪水,骆马湖、石梁河水库是我省沂沭泗水系的主要调蓄湖泊和水库。

1.1.4 社会经济

江苏省现设 13 个省辖市、96 个县(市、区),其中农业县(市、区)75 个,截至 2019 年底,全省常住人口 8 070 万人,城镇人口 5 698.23 万人,城镇化水平 70.61%。全省 GDP 实现 9.96 万亿元,人均 GDP 12.3 万元,居民人均可支配收入 41 400 元,城镇和农村可支配收入比为 2.25∶1。全年完成一般公共预算收入 8 802.4 亿元,三次产业增加值比例为 4.3∶44.4∶51.3。

1.1.5 农业生产

江苏省是著名的"鱼米之乡",农业生产条件得天独厚,农作物、林木、畜禽种类繁多,粮食、油料等农作物几乎遍布全省,种植林果、茶桑、花卉等品种 260 多个,蔬菜 80 多个种类、1 000 多个品种。2019 年,全省农业生产稳中有增,全年粮食总产量达 3 660.3 万吨,比上年增产 49.5 万吨,总产居全国第六位。其中夏粮总产 1 326.4 万吨,秋粮总产 2 333.9 万吨。全年粮食作物播种面积 8 213.9 万亩,油料种植面积 238.6 万亩,蔬菜瓜果种植面积 2 137.5 万亩。

1.2 灌区概况

1.2.1 灌区范围

根据 2011 年全国第一次水利普查结果,我省共有中型灌区 283 处,设计灌溉面积 2 167 万亩,实际灌溉面积 1 644 万亩。其中,重点中型灌区 129 处,设计灌溉面积 1 863 万亩,实灌面积 1 401 万亩;一般中型灌区 154 处,设计灌溉面积 304 万亩,实灌面积 243 万亩。

由于行政区划调整,土地利用现状、水源和渠系布局发生变化等,本次《规划》调整部分灌区(见表 1-1),由县级水利部门行文,经设区市水利部门审核后,上报省水利厅。

表 1-1 《规划(2021—2035)》与水利普查灌区数量对照表　　　　　单位:处

序号	市别	普查数量	《规划(2021—2035)》数量	数量变化	调整数量		
					新增	合并	销号
1	南京	41	38	−3	9	4	8
2	无锡	0	1	1	1	0	0
3	徐州	56	43	−13	6	19	0
4	常州	8	2	−6	0	0	6
5	南通	9	24	15	15	0	0
6	连云港	31	31	0	1	0	1
7	淮安	32	17	−15	0	4	11
8	盐城	12	40	28	28	0	0
9	扬州	54	37	−17	3	2	18
10	镇江	7	5	−2	0	0	2
11	泰州	5	8	3	4	0	1
12	宿迁	17	14	−3	3	4	2
13	省监狱农场	11	4	−7	2	5	4
	全省	283	264	−19	72	38	53

与第一次水利普查相比,《规划》新增灌区 72 个(含列入"十三五"规划重点中

型灌区 8 个),合并灌区 38 个,销号灌区 53 个。设计灌溉面积增加 691 万亩,其中重点中型灌区增加 770 万亩,一般中型灌区经合并减少 79 万亩。各设区市中型灌区数量及设计灌溉面积分布情况如表 1-2 及图 1-1、图 1-2 所示。

表 1-2　设区市《规划(2021—2035)》中型灌区分布情况表

市别	《规划(2021—2035)》数量(处)			设计灌溉面积(万亩)		
	小计	重点中型	一般中型	小计	重点中型	一般中型
全省	264	179	85	2 858.07	2 632.89	225.18
南京	38	12	26	212.98	147.07	65.91
无锡	1	0	1	1.60	0.00	1.60
徐州	43	39	4	654.20	639.00	15.20
常州	2	2	0	14.83	14.83	0.00
南通	24	23	1	338.83	337.58	1.25
连云港	31	14	17	272.27	227.64	44.63
淮安	17	14	3	191.65	184.76	6.89
盐城	40	31	9	417.80	391.70	26.10
扬州	37	18	19	316.91	263.71	53.20
镇江	5	3	2	42.32	40.02	2.30
泰州	8	7	1	123.47	119.97	3.50
宿迁	14	12	2	230.81	226.21	4.60
省监狱农场	4	4	0	40.40	40.40	0.00

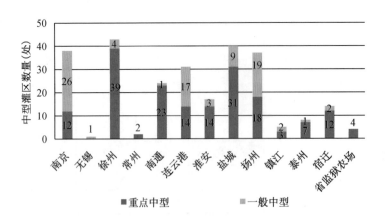

图 1-1　各市中型灌区数量分布图

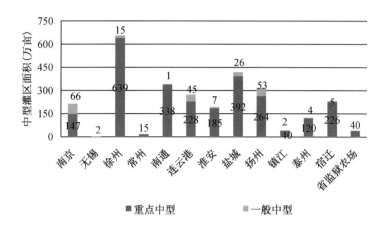

图 1-2　各市中型灌区设计灌溉面积分布图

1.2.2　管理机构

全省 264 处中型灌区均明确了管理单位,其中 109 个灌区成立了专门的灌区管理所(处),其余 155 个灌区主要由县级水利部门、乡镇水利(务)站、农业服务中心或电灌站负责管理。按管理单位性质分,纯公益性 202 个,准公益性 60 个,经营性 2 个。管理人员总数 4 849 人,其中定编人数 2 827 人,占总数的 58.3%;管理人员经费核定 3.49 亿元,落实 3.21 亿元;工程维修养护费核定 3.93 亿元,落实 3.67 亿元;用水合作组织中,农民用水户协会共 991 个、管理面积 2 260.96 万亩,其他用水合作组织 118 个,管理面积 262.86 万亩。

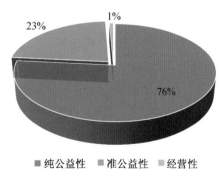

图 1-3　不同性质灌区管理单位结构图

灌区"两费"落实情况。"两费"政策落实,既是难点也是关键点,对于灌区生存和健康发展意义重大。按照水利部、财政部印发的《水利工程管理单位定岗标准》《水利工程维修养护定额标准》，我省绝大部分中型灌区进行了管理人员、管理经费、维修养护经费核定，但存在核定数普遍偏低、未能足额落实到位等问题。据统计，全省 264 处中型灌区，已核定人员经费的灌区 260 处、已落实 261 处，约占总数的 98%；已核定维修养护经费的灌区 260 个、占总数的 98%，已落实 264 个、占总数的 100%。

1.2.3　工程情况

全省 264 处中型灌区，现状共有渠首工程 1163 座，其中完好数量 880 座，完好率 75.7%。骨干灌溉渠道总长 50 036 km，完好长度 34 422 km、衬砌长度 17 685 km，完好率 68.8%、衬砌率 35.3%；骨干灌溉渠道中含管道 2 028 km，完好长度 1 784 km，完好率 88.0%。骨干排水沟总长 55 407 km，完好长度 40 161 km，完好率 72.0%。骨干渠沟道建筑物共 154 396 座，完好 106 524 座，完好率 69.0%。干支渠分水品数量 12 284 处，斗口数量 32 417 处，均配备计量设施。

1.2.4　运行管理

本着"建管并重"的原则，加快实施中型灌区项目建设，加强建后管护。一是积极推行"灌区＋用水者协会＋专业化服务组织"的管理体系，逐步形成政府扶持、用水户参与、专业队伍管护的管理体制，建立政策引导、社会化服务支持、用水户自主管理的运行机制。二是强化对已建农民用水合作组织的监管，促进其规范运行。全省已组建用水合作组织 2 709 个，管理面积 4 487 万亩，占灌溉面积的 71%。其中，中型灌区组建用水合作组织 1109 个、管理面积 2 523.82 万亩，占灌溉面积的 88.3%。三是推进灌区骨干工程管养分离，培育和规范灌排工程维修养护市场。进行机构内部管理体制改革，完善骨干工程管理。加大对村组集体、新型农业经营主体、农民用水合作组织等群管组织的指导，发挥其灌区末级渠系运行管理主体作用。农业灌溉水费应收 6.09 亿元，实收 6.00 亿元，水费实收率 98.5%；用水管理财政总补助经费 2.63 亿元。

农业水价综合改革。一是科学核定改革实施范围。2016 年度中国水利统计年鉴明确我省有效灌溉面积 5 791 万亩，经初步核定，我省应改面积 5 437 万亩，占 94%。二是全面完成改革目标任务。按照在全国率先完成改革任务，坚持标准，加快进度，严格考核。加快推进改革验收，制定《江苏省农业水价综合改革验收办法》于 2020 年底全面完成了改革任务。三是完善农业用水管理机制。完成《江苏省农业灌溉用水定额》，发放大中型灌区取水许可证 298 个，覆盖所有大中型灌区，加强对农业用水量和用水动态监测。四是规范农业用水价格管理。省级制定《农业用水价格核定管理试行办法》，75 个涉农县（市、区）均制定了农业水价核定办法，完成大型灌区和重点中型灌区农业供水成本核算。五是落实精准补贴节水奖励。全省 75 个涉农县（市、区）全部制定了精准补贴和节水奖励办法。各地建立健全与农民承受能力、节水成效、地方财力相匹配的奖励补贴机制，多渠道、多方式落实奖补资金，确保农业水价改革不增加农民负担。

1.2.5　改造情况

自 1998 年以来，我省通过农业综合开发中型灌区节水配套改造项目完成对列入《江苏省中型灌区节水配套改造规划》的重点中型灌区的骨干工程节水配套改造，通过中央财政小型农田水利重点县项目、千亿斤粮食产能规划田间工程项目以及地方水利自办项目等实施完成部分田间工程节水配套改造。

据统计，截至 2020 年，全省累计完成投资 109.59 亿元（设计灌溉面积 2 858.07 万亩，亩均投资仅 383 元/亩）。其中，中央财政资金 45.56 亿元，地方财政资金 59.55 亿元，其他资金 4.48 亿元，如图 1-4 所示。累计完成渠首工程改建 2 857 座、改造 731 座、新建及改造灌溉渠道 15 333 km（其中灌溉管道 1 322 km）、排水沟 8 571 km、渠沟道建筑物 15.90 万座、计量设施 7 830 处。项目实施后，恢复灌溉面

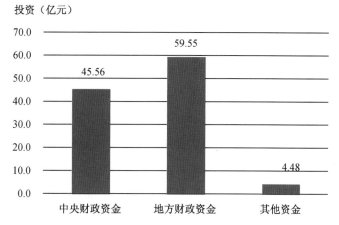

投资（亿元）

图 1-4　已实施改造投资结构图（单位：亿元）

积 144.89 万亩,新增灌溉面积 79.58 万亩,改善灌溉面积 749.75 万亩,年新增节水能力 5.31 亿 m³,年增粮食生产能力 4.35 亿 kg。

1.3 成效经验

1.3.1 建设成效

近年来项目的持续建设进一步健全了我省中型灌区水利基础设施,改善了生产条件,提高了粮食产能,增加了农民收入,促进了产业结构调整,创造了优良生态环境,为实现传统农业向现代化农业转变提供了必要的基础,为农村经济可持续发展提供可靠的保障,产生了显著的工程、生态和社会效益。

一是完善了灌排基础设施。通过项目实施,中型灌区灌排工程基础设施得到完善,灌溉保证率提高到 80%,灌溉水利用系数提高到 0.58,排涝标准由 3~5 年一遇提高到 5~10 年一遇,工程配套率提高 25%,完好率提高 20%;新增灌溉面积 79.58 万亩,恢复灌溉面积 144.89 万亩,改善灌溉面积 749.13 万亩,年新增节水能力 44 504 万 m³,年增粮食生产能力 44 211 万 kg。

二是提高了建设管理水平。通过灌区改造项目的实施和农业综合水价改革的推进,我省 264 处中型灌区均明确了管理单位,部分灌区成立了专门的灌区管理所(处),负责骨干灌排设施的建设管护和灌区用水的科学管理。所有中型灌区基本完成农业水价综合改革,成立了农民用水者协会,负责田间工程设施的管护和灌溉用水的协调,为实现灌溉排水科学调度提供了有力保障。

三是改善了农村生态环境。通过改造,灌区农田林网化密度和植被覆盖率增大,土壤次生盐碱化和水土流失减少;水稻实行节水灌溉,减少了农药化肥流失,减轻了水体污染,提高农副产品品质,同时沟河淤积得到清理,改善了水环境,无水成有水,死水变活水,节省水量可以提高灌区生态调节能力。

四是产生了显著社会效益。灌区改造项目的实施,有助于充分发挥灌区的最大潜力,增强农业发展后劲,极大地改善灌区的生产生活条件,降低灌溉成本,促进农业增产、农民增收。其不但节省了大量的农业用水,而且极大地调动了农村水利建设投入的积极性,促进了灌区现代化管理水平不断提高,同时减少了水事纠纷,减轻了基层政府负担,有利于社会稳定。

1.3.2 主要经验

在灌区多年的建设管理过程中,积极探索灌区建设和管理新机制,大力推进农田灌溉节水化、施工专业化、管护社会化,以现代农村水利设施支撑农业的规模化和现代化。

一是规划引领,整体推进。坚持因地制宜,充分发挥了规划的引领作用。统筹兼顾骨干工程与田间工程、灌溉工程与排水工程等协调发展,保证农村水利整体效益的发挥;统筹农业、发改、财政、自然资源等相关部门的农村水利建设投入,坚持集中治理、连片开发的原则,确保建一片,成一片,发挥一片效益,并注重典型示范带动作用,加强示范项目区建设。

二是典型引路,突出重点。以解决灌区"卡脖子"问题为重点,分清轻重缓急,突出"急难险重",注重从源头治理,解决灌区水源问题,突出关键节点工程。在加快推进灌区建设中注重整合相关资源,着力打造规模适度、效益突出、群众欢迎的灌区示范工程以及具有较强创新性、能复制、可推广的改革典型。通过示范引导、典型引路,加快推动全省灌区创新发展。

三是生态优先,统筹兼顾。在提高输配水效率的同时,紧抓生态优先主线,对漏损严重的输水干线进行生态护砌,对水土流失严重的排水河道进行生态治理,力争河道功能恢复与水环境改善,同时设计、同时实施、同时发挥效益。

四是建立机制,严格执行。在项目建设过程中,严格执行基本建设程序,严把立项、审批、施工、验收等多个环节,推行和完善项目公示制、工程招投标制、建设监理制等管理制度,规范项目建设管理程序。

在建设模式上,按照不同自然地理条件、水文水资源特点实行分区治理,主要分为南水北调供水区、里下河腹部地区、沿海垦区、沿江高沙土区、宁镇扬山丘区。

南水北调供水区治理。提水灌区重点在于泵站经济运行、优化骨干渠道灌溉制度和田间灌水模式;自流灌区重点推广面上工程信息化、灌溉科学配水管理模式,优化骨干渠道灌溉制度和田间灌水模式,在保证灌溉需求的前提下,增大自流灌溉面积,减少水利矛盾,提高水资源利用效率。区内部分山丘区参照宁镇扬山丘区治理模式,废黄河沿线灌区参照沿江高沙土区治理模式(地形有差别)。

里下河腹部地区治理。其主要指里下河腹部部分地区,不包括沿海垦区及列入南水北调供水区的沿运部分地区。圩区治理做到挡得牢、排得畅、降得下、引得进、灌得好、调度灵,交通运输通畅、控制运用自如、生态环境优美。实施圩堤达标、加固改造圩口闸、配套排涝泵站、疏浚圩内沟渠河网水系等,确保人民群众生命财产安全、农田旱涝保收;保护圩区水面,加强水生态环境修复。

沿海垦区治理。以灌排沟渠布置、引淡脱盐治理为重点。沿海垦区地下水矿化度较高,易产生次生盐碱化,因此大、中沟间距较小,中沟和斗渠采用相邻或相间布置。严格控制地下水开采,坚持洪涝旱碱兼治,开挖深沟深河,形成网络。发展低压管道输水灌溉工程和其他田间节水工程措施。

沿江高沙土区治理。以提高水资源利用效率,防治水土流失为重点。采取工程措施、植物措施相结合,在沟、河、渠的土坡和青坎上进行林草护坡,减少水土流失。具体做法是"粘包坡,倒流水,截水沟,防冲槽,植草皮,种树木"。

宁镇扬山丘区治理。丘陵山区治理以保护水土资源、改善生态环境、促进农业产业结构调整为目标,以小流域或片区为单元,以水源工程建设、水土流失防治为核心,注重山、水、田、林、路、渠、村统筹规划,综合治理。重点在于河湖库-"蓄引提"、"长藤结瓜"系统水资源调蓄技术与渠系配水、田间灌溉模式,突出雨洪利用,强化丘陵岗地塘坝作用,按高程、地形和水源状况进行分区治理,推广节水灌溉,建设节水型生态灌区。

1.4 存在问题

经过几十年的建设改造,全省中型灌区已经初步形成了具有一定规模的灌排工程体系,但受资金投入与建设标准的限制,对照乡村振兴、脱贫攻坚等国家战略、国家节水行动、最严格水资源管理、灌区现代化建设以及高质量发展的要求,仍存在设计标准不高、工程配套不完善、组织管理薄弱、信息化管理水平不高、运行管护机制不到位等问题,难以满足现代农业发展新要求。

一是灌排标准有待提高。中型灌区大多兴建于20世纪六七十年代,经多年运行,普遍存在设施设备老化、灌排设施配套不全、灌溉保证率标准不高等问题,难以满足现代农业发展要求。全省中型灌区设计灌溉面积2 858.07万亩,累计完成投资109.59亿元,亩均投资383元/亩;列入《江苏省中型灌区节水配套改造规划》的重点中型灌区设计灌溉面积1 602万亩,累计投入17.7亿元,骨干工程亩均投资仅110元/亩。现状灌溉保证率约80%,灌溉水利用系数约0.58,排涝标准5~10年一遇,骨干工程配套率、完好率仅47.70%,骨干渠道衬砌率约35%,与现代化灌区标准还有较大差距。

二是专业技术力量薄弱。江苏省中型灌区大多位于苏中、苏北地区,人员管理经费不足,人才流失严重,甚至很多灌区十几年都未引进技术人才,特别是信息化、自动化管理人才严重缺乏。据统计,全省中型灌区管理人员总数4 849人,其中定编人数仅2 827人,仅占58%;灌区管理人员年龄结构不合理,40岁以下人员比例不足15%;人才配备和梯队建设不合理,85%以上为助理工程师以下职称;普遍存在学历层次低、专业结构不合理现象,高中及以下人员比例超过50%,部分大中专学历人员的专业与灌区管理无关,人才资源的缺失导致灌区建设管理水平难以跟上灌区现代化建设步伐。

三是灌区信息化手段滞后。大多数中型灌区沿用传统的装备和技术手段,缺乏有效的监测、控制、调度、信息采集与共享服务,信息化、自动化、智能化程度不高,与高质量发展的要求不相适应。灌区管理硬件、软件设施方面总体投入不足,用水计量设施覆盖率低,主要建筑物监测信息及灌区日常运行等仍为传统人工管理模式,与"面上工程信息化、骨干工程自动化、灌溉调度科学化"的要求相比,自动监控和综合管理信息平台建设亟需大力推进。

四是生态治理理念缺乏。近年来,灌区建设管理逐步注重并融入生态治理和山水林田湖草生命共同体的理念,但受原设计、资金投入、设计理念等多重因素影响,总体上说,生态治理的理念仍然缺乏,部分防渗渠道完全采用混凝土衬砌,将生物通道完全隔离;部分建筑物建成后,缺少相应的绿色防护,与周边环境格格不入。同时,由于灌区水系相对独立,缺少与外围水系的联通,加上农药化肥的过量施用带来面源污染加剧,使得灌区生态环境不佳,特别是排水沟道生态环境较差,亟需加大生态灌区建设投入力度。

五是灌溉用水矛盾突显。灌区灌溉工作制度和灌排渠系布局大多在灌区规划之初就已确定,经过多年运行,灌区的水情、工情和种植结构发生调整、变化,仍沿用原有用水管理制度已跟不上灌区发展的实际需要。部分自流灌区,随着外部水源水位的降低,灌区的自流灌溉面积大大减少;由于区划调整,灌排工程布局均发生变化,已有灌排沟(渠)已不能满足灌区的需要,需要重新规划布局和调整用水管理方案;部分灌区由于供水水源变化,渠首灌溉水位达不到设计要求;水稻泡田期用水高峰集中,渠首、渠系建筑物过流能力不足,部分工程已成为"卡脖子"工程,用水矛盾日趋激化。

2

需求分析

2.1 重要意义

灌区作为农业生产活动最为集中的区域,既是农田水利设施最密集、农业用水保证程度最高、农业产出量最大的区域,也是农业农村现代化的基础阵地,灌区现代化则是农业农村现代化的重要组成部分。近年来中央一号文件明确要求推进大中型灌区续建配套节水改造与现代化建设,因此,加快大中型灌区现代化改造在新时期国家发展战略中具有重要意义。

一是保障国家粮食安全的重要基础。江苏省是全国粮食主产区之一,而对于我省来说,承担全省一半以上灌溉任务的 298 处大中型灌区是产粮核心区。近年来,我省粮食生产保持连续增长,但各种制约因素和矛盾不断积累并逐步显现,要稳定农业发展,保持我省粮食连年增产的好势头,确保粮食安全,大中型灌区是重要基础,必须坚持不懈地开展大中型灌区现代化建设,在解决矛盾最为集中、问题最为突出、群众最为期盼的问题上下功夫,进一步增强农业抗灾减灾能力和粮食综合生产能力,以大中型灌区服务能力的不断提升保障粮食生产的持续增长。据统计,2018 年全省粮食作物播种面积 8 213.8 万亩,总产量 366.03 亿 kg,单产 446 kg/亩;大中型灌区粮食作物单产约 590 kg/亩,是全省粮食作物单产的 1.3 倍,是全省旱作物单产(348 kg/亩)的 1.7 倍。每年利用占全省耕地面积 62% 的大中型灌区灌溉面积生产出全省 75% 以上的粮食。已有研究表明,农田灌溉对粮食增产的贡献率约为 56.74%,其中分摊效应为 36.3%,累积效应为 20.4%[①]。

二是推进农业现代化的重要支撑。党的十九大提出"推动新型工业化、信息化、城镇化、农业农村现代化同步发展"的要求。灌区作为江苏省粮食生产和现代农业发展的主力军,其现代化建设,不仅关系到农业农村现代化全局,而且直接关系到乡村振兴战略、美丽江苏建设的实施,无论是人们对更高生存质量的新期待,还是农业向更高层次发展的新要求,都离不开灌区在现代农业体系中无可替代的支撑作用。我省大中型灌区数量众多,但由于长期投入资金偏少,总体上工程标准偏低,配套程度不足,管理粗放、信息化水平低,人才资源缺乏,生态治理理念缺乏,与现代农业发展、乡村振兴战略的要求不相适应,与农业现代化建设的步伐不相协

---

① 康绍忠.加快推进灌区现代化改造 补齐国家粮食安全短板[J].中国水利,2020(9):1-5.

调。必须按照全面、协调、高质量发展的要求,补齐工程短板,加快大中型灌区现代化改造,着力构建标准较高、工程齐全、功能完善、运用灵活的灌排体系,全面建设现代化灌区,为我省农业现代化提供水利支撑。

三是实施乡村振兴的重要抓手。实施灌区现代化改造是改善乡村水环境条件,助力脱贫攻坚,振兴乡村经济,推动城镇进程的迫切需要。2018年中央一号文件《中共中央国务院关于实施乡村振兴战略的意见》明确要求加快灌区续建配套与现代化改造。为贯彻落实乡村振兴发展战略,水利部提出"加快灌区续建配套和现代化改造,加快补齐农村基础设施短板,推动农村基础设施提档升级"的要求,全面启动灌区规划编制及建设工作。针对灌区基础设施建设的突出问题和软肋,紧紧围绕实施乡村振兴战略的新要求,重点解决工程设施配套、建设标准以及灌排功能整体效益发挥等重点、难点问题,加强重要农产品生产区、现代农业示范园区等节水工程建设,同时充分考虑生态涵养,通过灌区水资源高效利用、灌区水系连通、水生态系统恢复等措施,打造适应环境需求的生态灌区,为实施乡村振兴、生态文明建设和美丽江苏建设助力。

四是贯彻新时期治水方针的重要举措。节水优先是总书记针对我国国情水情,着眼中华民族永续发展提出的根本方针,是解决灌区水资源供需矛盾的必然选择,是解决水短缺、水浪费、水污染的优先选项。灌区建设是节水型社会建设的重要组成部分,加强灌区现代化改造,提高农业用水效率、控制用水总量,从而达到控源减排的效果。从现状总体来看,灌区农业用水量占比大,随着近年来农业水价综合改革工作推进,农业节水有了较大进步,但节水改造任务尚未完成,高效节水农业发展仍有待加强。目前我省大中型灌区农业用水效率普遍不高,灌溉水有效利用系数大型灌区0.57、中型灌区0.58,节水潜力仍然很大,必须全面贯彻新时期治水方针,加快推进大型灌区由粗放型用水方式向集约型用水方式的转变,提高用水效率,实现以最小的水资源消耗量获取最大的社会经济效益。通过灌区续建配套与现代化改造提高用水效率、控制用水总量,从而减少污水排放量,一方面提高用水效率,达到节约用水;另一方面从源头上控制用水、减少排水,达到控源减排的效果。

五是水利行业强监管的必然要求。实施灌区现代化改造是解决水利行业强监管和灌排工程长效运行问题的必要条件。灌区管理设施不完备,缺少自动化、信息化等现代管理手段;管理队伍不稳,技术力量有待加强,灌区"两费"测算和落实需要进一步完善,运行管理经费仍存在缺口,虽然大型灌区在推行农业水价综合改革及小型水利工程管理体制改革方面发展取得一定成效,但是农田水利重建轻管的局面尚未得到彻底扭转,一定程度地影响了灌区灌排效益的发挥。从提高灌区灌排保证率、工程安全与建设标准、水资源利用效率等方面看,迫切需要对灌区工程设施体系进行现代化改造、提档升级,保障灌区长效良性发展。

2.2 基本要求

2.2.1 内涵特征

灌区现代化的基本内涵概括为"节水高效、设施完善、管理科学、生态良好"。

(1)节水高效。坚持节水优先、高效利用,以水定需、适水发展,从粗放低效用水向节约高效用水转变,从灌溉供水管理向灌溉用水管理转变。

(2)设施完善。高起点、高标准实施大中型灌区提档升级,结合高标准农田建设,打造标准更高、设施配套、功能完善、运用灵活的灌排工程体系。

(3)管理科学。采用现代管理理念、管理制度、管理方法和管理体制机制改造传统灌区,建立适应现代农业和现代经济发展需求的灌区管理与服务体系。

(4)生态良好。尊重自然、顺应自然、保护自然,大力推进生态文明建设,维系良好水生态和优美水环境,打造河畅、水清、岸绿、景美的生态灌区。

灌区现代化是一个逐步发展、不断成熟、全面实现的动态过程,有其鲜明的标志和特征,即工程完善、管理科学、创新驱动、智慧精准、节水高效、生态良好等。近年来,灌区节水化、生态化、信息化、标准化有序推进,积极改革创新管理体制与运行机制,灌区现代化原则、趋势和理念逐渐趋于明晰。

灌区现代化建设标准包括灌溉、排水、防洪、除涝、生态、管理等方方面面,应与各地自然禀赋和发展水平相适应,标准过高或过低都不利于水灾害的治理。如果标准过低,灌区现代化建设所产生的投入、所建工程与灌区资源、环境和社会需求不匹配,难以发挥应有的作用和效益,造成灌区自然资源的浪费;反之,标准过高,会造成投入过大,效益费用比过小,造成资产浪费。灌区效益的发挥离不开灌区自然禀赋和管理运行状况,由于人类活动导致的下垫面条件和水资源状况变化,相同的灌区工程所发挥的效益并不相同。因此,在灌区现代化建设中,并不建议过度提高灌区标准,而应选择适当的标准,并通过提高管理水平,优化水资源配置、产业结构和种植结构,从而提升灌区支撑经济社会发展的能力。如图 2-1 所示。

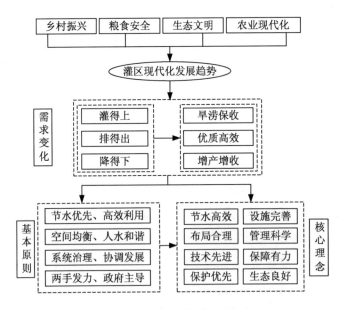

图 2-1　灌区现代化发展趋势

2.2.2　核心要素

灌排设施现代化。以比较完善的现代化灌溉排水工程系统为基础,集约化、高效率地使用水、肥等生产物质投入和农业劳动力投入,从而达到提高农业生产率的目的。

灌排技术现代化。灌区现代化发展过程,实质上是先进科技在灌区广泛应用的过程。新技术、新材料、新能源的出现,将使灌区现状发生巨大的变化。如果离开科技的注入,灌区的现代化就会停滞不前,应广泛采用先进适用的科学技术,提高农产品产量和改善品质、降低生产成本,以适应市场对农产品需求优质化、多样化、标准化的发展趋势。

生产方式现代化。现代化灌区寻求的是经济、社会与自然环境的协调发展。现代化灌区规划应统筹山水林田村,统一规划,系统治理,使灌区与环境相协调。广泛采用机械化、集约化、标准化的生态农业、有机农业、绿色农业等现代绿色高效生产技术和生产模式,实现水、肥、药、土地等农业资源的可持续利用,使灌区成为一个良好的、可循环的生态系统。现代化灌区不仅是生产区也是生活区,不仅是经济区也是生态区,要为人们提供一个高质量的生产、生活环境。

管理方式现代化。灌溉排水管理成为公益性与经营性相结合的产业,通过政府行为解决民生问题,通过市场机制配置水资源,建立完善的水权交易市场体系。广泛采用先进的经营方式、管理技术和管理手段,具有很高的组织化程度。有相对稳定、高效的灌溉排水管理队伍,把分散的农民组织起来的组织体系。

劳动技能现代化。从事灌区管理和农业生产或经营的人,应具备现代化水平的文化知识和技能水平。灌区现代化是以人为本的现代化,提高劳动者的文化知识和技能水平,既是灌区现代化的目标,同时也是要实现目标的可靠保证。

投入产出现代化。灌区农业成为一个有较高经济效益和市场竞争力的产业,产品的商品化率高,有完善的农产品现代流通体系,这是灌区现代化的重要标志。现代化灌区应用现代化的管理技术提高灌区管理水平,有效降低劳动强度和万亩灌片的劳动力人数,提高劳动生产率。

2.2.3 实现路径

利用新技术、新工艺、新材料提升和完善水源工程、灌排体系、道路交通、电力等基础设施;在优化水资源配置的同时,推广应用先进、适用的节水灌溉技术提高灌区水资源利用效率;采用现代先进的管理理念和手段进行灌区建设和运行管理,实现灌区的可持续发展;结合江苏省特色田园乡村建设,以人水和谐的理念进行灌区生态化改造;将生产要素配置+生态景观+政府主导+运行管理等进行优化,实现灌区较高的资源利用率、土地产出率、劳动生产率和产品商品率,保障国家粮食安全和生态安全。

2.2.4 基本要求

在前期续建配套与节水改造的基础上,以骨干工程"补短板、提能力、强生态"为重点,对骨干灌排基础设施进行巩固、提升与生态化改造,对灌区管理和生态文明进行全面改革与建设,达到"节水高效、设施完善、管理科学、生态良好、保障有力"为特征的现代化灌区目标,灌区发展与当地社会经济和生态文明建设相协调。按照现有规范规定的灌溉设计保证率、排涝排渍标准、灌溉水质、工程结构可靠度与耐久性等标准要求,实施工程设施达标改造,在此基础上,按照生态文明建设目标要求,开展灌区水生态环境、水文化和景观等建设,到2025年,完成75处、815万亩中型灌区(约占全省总数的1/3)现代化改造,到2035年全面实现中型灌区现代化。

2.3 规划需求

随着经济社会的快速发展,大型灌区改造进入了新的重要发展阶段。党的十九大提出了一系列生态文明建设的新理念、新思路、新举措,贯彻习近平总书记"节水优先、空间均衡、系统治理、两手发力"的新时代治水思路,大力推进生态文明建设,是当前水利工作的重点和难点。十九大报告中明确提出加快生态文明体制改革,建设美丽中国,"加快水污染防治,实施流域环境和近岸海域综合治理""构建生态廊道和生物多样性保护网络,提升生态系统质量和稳定性""强化湿地保护和恢复"。围绕水利部灌区建设总体部署,建设以"设施完善、用水高效、管理科学、生态友好、保障有力"为特征的现代化灌区是灌区发展的必然选择。

(1)现代化改造需求

结合全省中型灌区现状调查评估,确定现代化改造等级为二级,对渠道、建筑物、信息化等提出了更高的要求。其中渠道过流能力满足设计要求,工程设施完好,达到可靠度和耐久性要求,渠道运维道路通达,量(监)测水设施及安全警示标识标志完善,关键渠段安全防护设施完备,渠道两侧绿化齐全;建筑物工程设施达到可靠度和耐久性要求,关键建筑物安全防护设施完备;在建成信息监测、监视、监控站点及物联网,实现信息管理的基础上,开展智能仿真、诊断、预报和云中心建设,实现辅助决策、自动控制。

全省中型灌区设计灌溉面积2 858.07万亩,有效灌溉面积2 512.91万亩,现状灌溉保证率不足88%,与保障粮食安全和推进农业农村现代化的要求不适应,尚有较大提升空间;灌区现有骨沟渠及配套建筑物完好率不足70%,存在机电设备老化、管理房破损、运行工况不良等问题,工程短板突出,骨干渠系水利用系数不足0.80,与促进节约用水和节水型社会建设的要求不匹配;灌区内骨干河道虽然水系连通性较好,但由于部分河道淤积严重,存在调蓄能力下降、排涝标准低、水环境质量较差,根据近年来监测数据,部分沟渠水质不达标,与实施乡村振兴、美丽江苏建设对灌区管理的高要求相悖。

（2）农业节水需求

节约用水是解决新时期水资源开发、配置、保护和治理中存在的问题，实现区域水资源供需平衡，保障地区经济社会可持续发展的手段。从现状水资源开发利用总体来看，中型灌区农业用水量占比大，随着近年来灌区农业综合水价改革工作推进，农业节水近年来有了较大进步，但灌区续建配套与现代化改造任务还很艰巨，高效节水农业发展仍有待加强。据统计，中型灌区万元 GDP 用水量仍高于全省和万元 GDP 用水水平；农田灌溉水有效利用系数仅为 0.57，灌溉亩均用水量也比江苏平均值高，与国内外先进水平相比还有很大差距。另外，灌区在节水型社会建设中具有重要作用，优化水资源配置格局，着力增强淮河生态经济带水资源水环境承载能力，提高水资源要素与其他经济要素的适配性，加大力度实施中型灌区现代化改造，积极推广高效节水灌溉技术，推广农机农艺相结合的节水措施，提升水资源利用率，实现从输配水到田间的全面节水，以农业水价综合改革试点为契机，实施中型灌区现代化改造，建设节水型灌区，以灌区水效领跑者为引领，助力江苏节水型社会建设。

（3）生态文明需求

水资源是生态环境的主要控制性因素，水生态文明是生态文明的重要内涵，灌区生态文明是水生态文明的重要组成部分，协同推进人民富裕、国家富强、环境美丽，必须加快推进灌区生态文明建设。长期以来，由于重灌轻排，使得灌区沟塘淤积严重，排水系统不畅，既降低了排水系统的连通性，灌区水生态环境较差，必须加强灌区生态文明建设：把节水贯穿于灌区生产生活全过程，以水定产、以水定规模、以水定发展，提高水资源利用效率，从根本上破除水资源短缺瓶颈；注重雨洪资源利用，从源头减少面源输出，着眼于水环境质量总体改善，加强水功能区监督管理，从严核定灌区水域纳污能力；大力实施水生态保护和修复，切实提升河流、湿地等自然生态系统稳定性和生态服务功能，筑牢灌区水生态安全屏障。

（4）管理改革需求

由于投资限制，部分灌区未列入上一轮改造规划，即使列入改造的部分灌区目前仍存在管理设施不完备，缺少自动化、信息化等现代管理手段；管理队伍不稳，技术力量有待加强，灌区"两费"测算和落实需要进一步完善，运行管理经费仍存在缺口，一定程度地影响了灌区灌排效益的发挥。从提高灌区灌排保证率、工程配套与达标、长效运行管护和水生态保护等方面看，迫切需要对灌区工程设施体系进行现代化改造、提档升级，保障灌区长效良性发展。

3
总体规划

3.1 指导思想

坚持以习近平新时代中国特色社会主义思想为指导,全面贯彻党的十九大和十九届二中、三中、四中、五中全会精神,深入贯彻落实习近平总书记视察江苏重要指示,牢固树立生态优先绿色发展理念,科学把握乡村振兴战略总要求,加快中型灌区续建配套与现代化改造,提高灌区基础设施保障能力,加快推进灌区信息化建设,推动供水服务管理体系建设,创新灌区管理体制机制,科学调配灌溉用水,全面打造"节水高效,设施完善,管理科学,生态良好"的现代灌区,努力把灌区建设成为国家粮食安全的保障区、农民生产生活的幸福区、农村经济发展的核心区,实现"水美乡村助振兴,现代灌区惠民生"的美好愿景,为建设美丽江苏、率先实现社会主义现代化走在前列奠定坚实基础。

3.2 基本原则

坚持节水优先,高效利用。践行节水优先理念,普及推广节水灌溉技术,促进农业节约用水。通过灌区工程节水改造和管理改革提升灌区节水意识和节水水平,通过技术示范、节水宣传、节奖超罚、水权转让等逐步提升用水户节水意识。

坚持统筹兼顾,系统治理。统筹兼顾灌区整体性建设,与实施高标准农田、水美乡村、生态灌区的协同推进,系统解决灌区农业生产条件薄弱、水旱灾害频发、水生态弱化等问题,保证灌区整体效益的发挥,更好适应灌区现代化的要求。

坚持问题导向,突出重点。结合乡村振兴、高标准农田对灌区水利建设的要求,加快补齐灌区短板,着重解决水源保障程度低、工程配套不足、河渠生态环境差等突出问题。平原区灌区重点加强河网化建设和水环境治理,低洼圩区灌区优先考虑防洪除涝工程建设,丘陵山区灌区突出水源能力建设。

坚持建管并重,改革创新。按照"先建机制、后建工程",切实强化灌区建设管理和改革创新。进一步深化灌区管理体制改革和农业水价综合改革,加强农村水利工程投融资机制、水价形成机制、工程运行管理机制和用水管理机制等方面的创新,促进农村水利基础设施建设,保障工程的长效运行。

3.3 规划依据

3.3.1 法律法规

《中华人民共和国水法》

《中华人民共和国防洪法》

《中华人民共和国水土保持法》

《中华人民共和国水污染防治法》

《农田水利条例》

《取水许可和水资源费征收管理条例》

3.3.2 相关规划

《乡村振兴战略规划(2018—2020 年)》

《江苏省国家节水行动方案》

《全国现代灌溉发展规划》

《全国水资源综合规划》

《全国高标准农田建设总体规划(2019—2022 年)》

《江苏省乡村振兴战略实施规划(2018—2022 年)》

《江苏省节水行动实施方案》

《江苏省灌溉发展总体规划》

《江苏省水资源综合规划》

《江苏省高标准农田建设规划》

《江苏省乡村振兴战略农村水利发展规划(2018—2022 年)》

《江苏省区域水利治理规划》

《江苏省水利基础设施空间布局规划》

3.3.3 规范标准

《灌溉与排水工程设计标准》(GB 50288—2018)

《灌区改造技术标准》(GB/T 50599—2020)

《农田灌溉水质标准》(GB 5084—2021)

《灌区规划规范》(GB/T 50509—2009)

《节水灌溉工程技术标准》(GB/T 50363—2018)

《渠道防渗衬砌工程技术标准》(GB/T 50600—2020)

《管道输水灌溉工程技术规范》(GB/T 20203—2017)

《江苏省农村水利现代化建设标准(试行)》

《江苏省农村生态河道建设标准》

3.4　规划目标

3.4.1　水平年

《规划》基准年为 2019 年,近期水平年 2025 年,远期水平年 2035 年。

3.4.2　总体目标

对照现代灌区建管要求,全面打造"节水高效、设施完善、管理科学、生态良好"的现代灌区。综合考虑灌区水源工程、输水工程、排水工程、建筑物工程、田间工程、配套设施以及信息化系统建设,用先进技术、先进工艺、先进设备打造灌区工程设施,建立配套完善的灌排工程体系;实施灌区标准化管理,充分运用现代化管理手段,创新管理体制机制,按照"面上工程信息化、骨干工程自动化、灌溉调度科学化"的原则,建设科学高效的现代管理体系;统筹山水林田湖草系统治理,维持灌区自然生态功能,以水生态环境修复保护、水文化挖掘与传承、河湖渠沟水系连通、水土保持为重点,构建人水和谐的生态文明体系。

节水高效:灌区水资源配置合理,农业种植结构合理,田间灌溉推广普及节水灌溉技术,节水制度、机制完善,提升灌区供水服务效率和水平。

设施完善:工程布局合理、灌排功能完备;灌溉水源、输配水工程、排水工程、田间工程设施以及管理设施、配套设施齐全、完好、安全、耐久。

管理科学:形成现代管理制度和良性管理机制,实施"总量控制、定额管理",管理手段先进,管理科学高效,水价与水费计收制度合理并公开透明,工程维护与运行管理经费有保障。实现灌区管理规范化、制度化、标准化、科学化。

生态良好:以提高农业生产和人居环境质量为导向,使灌排设施与自然环境相协调,发挥灌区改善乡村生活质量、调节气候、维持生物多样性、提供景观服务等多重服务功能。无地下水严重超采,基本无重度次生盐碱化和水土流失等。

3.4.3 具体目标

综合考虑灌区水源工程、输水工程、排水工程、建筑物工程、田间工程、配套设施以及信息化系统建设,合理确定灌区现代化改造目标。

灌溉水源保障,工程设施完善,骨干工程无安全隐患,灌溉设计保证率达到85%以上,供水保证率超过100%,耕地灌溉面积恢复至设计灌溉面积;渠系配套齐全,配水口实现有效控制,骨干渠系建筑物配套率、完好率达到90%以上;排水设施健全,涝渍比例明显下降,排涝标准达到10年一遇,地下水位基本上控制在地面以下1~1.5 m,盐碱土地区适当加深;节水控污减排措施完善,水生态修复与保护有效推进,灌溉水利用系数不低于0.61;渠堤道路通达,工程维养交通便捷;标准化规范化管理扎实推进,农业水价综合改革全面完成,用水调度和工程设施管护实现信息化,信息化覆盖度达到80%,斗口计量率100%,"两费"落实率100%,水费收缴率100%。具体指标见下表3-1。

表3-1 中型灌区续建配套与现代化改造规划指标表

序号	指标	2019年基期值	2025年目标值	2035年目标值	备注
1	用水指标(亿 m³)	灌区渠首取水量不超取水许可			约束值
2	供水保证率(%)	100	≥100	≥100	约束值
3	灌溉设计保证率(%)	80	85	90	约束值
4	耕地灌溉率(%)	—	占设计灌溉面积的100%		约束值
5	骨干工程配套率(%)	80	90	95	
6	骨干工程完好率(%)	80	90	95	
7	灌溉用水斗口计量率(%)	100	100	100	
8	灌溉水利用系数	0.58	0.61	0.63	约束值
9	"两费"落实率(%)	85	100	100	

3.4.4 阶段目标

按照全面规划、分年实施的原则,围绕"提升供水能力、确保骨干供排水渠(沟)系畅通、有效控制地下水位"的要求,对1~5万亩的一般中型灌区进行节水配套与达标改造;对5~30万亩的重点中型灌区全面推进灌区提档升级建设,建设配套齐全的骨干灌排工程体系,推广应用先进的灌区供水技术,逐步建成良性供水服务体系,实现灌区用水调度与监管设施提档升级,推动节水化、生态化、信息化、标准化、规范化灌区建设,传承灌区水文化。

到2025年,完成全省约三分之一的中型灌区的续建配套与现代化改造任务,大幅提升中型灌区建设管理水平,提高灌区水土资源利用效率和农业综合生产能力。新增及恢复灌溉面积100万亩,改善灌溉面积400万亩,改善排涝面积300万亩以上。灌区实施改造后,灌溉保证率达到85%,灌溉水有效利用系数达到0.61以上;排涝标准达到10年一遇,雨后1d排出;渠系建筑物配套率90%、完好率90%以上;"两费"到位率100%。

到2035年,完成全省中型灌区的续建配套与现代化改造任务,中型灌区建设管理水平全面提升,基本实现灌溉管理现代化,有效支撑国家粮食安全、乡村振兴与生态文明建设。新增及恢复灌溉面积300万亩以上,改善灌溉面积1200万亩以上,改善排涝面积900万亩以上。灌区实施改造后,灌溉保证率达到90%,灌溉水有效利用系数达到0.63以上;排涝标准达到10年一遇,雨后1d排出;渠系建筑物配套率90%、完好率90%以上;"两费"到位率100%。

3.5 主要任务

在生态文明和乡村振兴战略框架下,转变思路,精准发力,以"因地制宜、分类指导、科技示范"为引领,以"补短板、强监管、提质效"为抓手,开展中型灌区续建配套与现代化改造,重点建立配套完善的农田灌排工程体系,规范高效的管理与服务体系,先进实用的信息化管理体系,人水和谐的生态环境保护体系,努力打造现代化样板灌区。

3.5.1 工程体系

按照江苏省经济社会高质量发展的要求,以提高农业综合生产能力为核心,以保障粮食安全、改善农业生产条件和生态环境为目标,对照现代灌区建设要求,综合考虑灌区水源工程、输水工程、排水工程、建筑物工程、田间工程、配套设施以及信息化系统,进行集中连片建设,构建"渠、沟、路、林、村;闸、站、桥、涵、田"统筹规划,"洪、涝、旱、渍、咸"综合治理,大、中、小工程合理配套,"挡、排、引、蓄、控"功能齐全的工程体系。

综合考虑灌区水源工程、输水工程、排水工程、建筑物工程、田间工程、配套设施以及信息化系统建设,用先进技术、先进工艺、先进设备打造灌区工程设施,建立配套完善的灌排工程体系。

3.5.2 管理体系

充分运用现代科技引领灌区发展,用现代管理手段与制度、良性管理机制强化灌区管理,实施灌区标准化管理,按照"面上工程信息化、骨干工程自动化、灌溉调度科学化"的原则,建设科学高效的现代管理体系。

建立完善专管与群管相结合的管理体系,不断规范和提升现代灌区管理服务水平。足额落实灌区"两费",满足灌区运行管理和工程维修养护需求;加强灌区队伍建设,组建高效敬业的管理队伍,配备合理的年龄结构、专业结构,定期开展技术培训,不断提升灌区管理人员的管理水平和技术人员的专业技能;健全灌区管理制度,建立与管理目标任务相适应的人事制度,严格考评制度,按照农业水价综合改革要求,规范水价核定和水费收缴;构建灌溉优化的供配水制度与工程科学调度的运行管理体系,实施用水总量控制和定额管理,实施精准灌溉、精准计量、精细管理。

以灌区需求为导向,把信息技术贯穿于灌区现代化建设和管理的全过程,包括水量调度、水环境监测、工程管护、智能灌溉、水费征收等灌区管理业务。加大灌区建筑物自动化控制技术、灌区信息传输技术和灌区综合决策支持调度系统研究,建立计算机网络系统为各类信息采集、数据库应用、用水优化调度、运行监控管理等应用提供服务平台,逐渐完善灌区管理信息体系。

3.5.3 生态体系

统筹山水林田湖草系统治理,维持灌区自然生态功能,以水生态环境修复保护、水文化挖掘与传承、河湖渠沟水系连通、水土保持为重点,构建人水和谐的生态文明体系。

合理规划灌区沟渠、河道、库塘、建筑物相对位置,构建适用于不同条件的生态河床和生态护坡。注重水环境治理,大力推进生态河道建设,推广应用新材料、新技术,实现灌区整体水环境整洁优美。合理配置水资源,既要满足农业生产、农村生活,还要满足灌区生态需水要求,寻求水资源在农业生产、农村生活与生态需水之间的合理配置,保障水资源开发利用和生态环境保护同步开展,充分发挥水资源综合效益。

3.6 总体布局

3.6.1 总体布局

根据全省中型灌区分布,参照江苏省水利分区(其中里下河区以通榆河~串场河为界划分为里下河腹部地区和沿海垦区2个分区),将全省分为15个分区进行分片规划、综合治理。15个分区分别为:Ⅰ区—南四湖湖西区、Ⅱ区—骆马湖以上中运河两岸区、Ⅲ区—沂北区、Ⅳ区—沂南区、Ⅴ区—废黄河区、Ⅵ区—洪泽湖周边及以上区、Ⅶ区—渠北区、Ⅷ区—白马湖高宝湖区、Ⅸ区—里下河腹部地区、Ⅹ区—沿海垦区、Ⅺ区—苏北沿江区、Ⅻ区—滁河区、ⅩⅢ区—秦淮河区、ⅩⅣ区—石臼湖固城湖区、ⅩⅤ区—太湖湖西区,见图3-1。

结合15个分区中自然地理、水文气象、水资源状况及种植结构等特点相似的分区,依据《江苏省农业节水规划》《江苏省灌溉发展总体规划》,将15个分区合并为南水北调供水区、里下河腹部地区、沿海垦区、沿江高沙土区、宁镇扬山丘区5个分区。其中Ⅰ区、Ⅱ区、Ⅲ区、Ⅳ区、Ⅵ区、Ⅶ区、Ⅷ区合并为南水北调供水区,Ⅸ区为里下河腹部地区,Ⅹ区为沿海垦区,Ⅺ区为沿江高沙土区(Ⅴ区废黄河区参照Ⅺ区),ⅩⅣ区、ⅩⅤ区、Ⅻ区、ⅩⅢ区合并为宁镇扬山丘区。

以南水北调供水区"基础设施提档升级,灌排标准全面提升"、里下河腹部地区

"洪涝旱渍统筹兼顾,灌排沟渠生态良好"、沿海垦区"灌排分开分级控制,洪涝旱碱综合治理"、沿江高沙土区"节水技术大力推广,水土流失有效防治"、宁镇扬山丘区"灌溉水源蓄引提调,种植结构因地制宜"为规划方向,努力实现"节水高效、设施完善、管理科学、生态良好"的现代灌区。

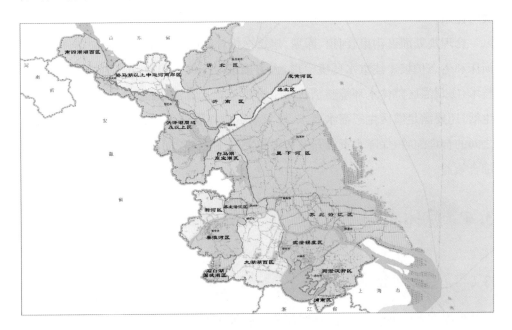

图 3-1 江苏省水利分区图

3.6.2 建设标准

参照《江苏省农村水利现代化建设标准》《灌溉与排水工程设计标准》《灌区改造技术标准》(GB/T 50599—2020)等相关规定和要求,结合全省自然地理条件、水土资源条件、经济社会发展水平、灌溉现状水平和旱涝保收高标准农田建设指标标准,从灌排设计标准、工程设计标准、灌溉水质标准、运行管理标准、生态建设标准等方面,提出以下建设标准。

1) 灌排设计标准

(1)防洪除涝。防洪设计标准达到国家规范,圩区确保新中国成立以来最大洪水不出险。除涝 10 年一遇设计暴雨,农田雨后 1d 排出。遭遇 20 年一遇降雨时,镇区骨干河道水位不超过控制水位。

(2)灌溉节水。淮北、沿海、丘陵地区灌溉设计保证率大于85%,其他地区大于 90%;节水灌溉面积占耕地面积 80%以上;灌溉水利用系数达到 0.61 以上。

（3）农田降渍。控制农田地下水位在雨后 2～3 d 内降至田面以下 0.80 m,盐碱土地区 1.2 m。

（4）工程配套。灌排降工程布局合理;中沟级以上建筑物配套率、完好率 90%。

2）工程设计标准

渠道和渠系建筑物防洪标准参照《灌溉与排水工程设计标准》(GB 50288—2018)、《水利水电工程等级划分及洪水标准》(SL 252—2017)、《防洪标准》(GB 50201—2014)、《治涝标准》(SL 723—2016)、《渠道防渗衬砌工程技术标准》(GB/T 50600—2020)、《管道输水灌溉工程技术规范》(GB/T 20203—2017)、《泵站设计规范》(GB 50265—2010)、《水闸设计规范》(SL 265—2016)、《堤防工程设计规范》(GB 50286—2013);结构安全(稳定、应力及变形)标准参照《混凝土结构设计规范》(GB 50010—2010);生态河道设计标准参照《江苏省农村生态河道建设标准》;水土保持工程设计参照《水土保持工程设计规范》(GB 51018—2014);耐久性标准参照《混凝土结构耐久性设计标准》(GB/T 50476—2019);抗震(工程区地震动峰值加速度值及地震基本烈度)标准参照《中国地震动参数区划图》(GB 18306—2015)。

3）灌溉水质标准

灌溉水质标准符合现行《农田灌溉水质标准》(GB 5084—2021)的规定。

4）运行管理标准

明确管理机构,工程产权明晰,责任主体明确,长效管理措施及运行经费落实;按照水利部、财政部印发的《水利工程管理单位定岗标准》《水利工程维修养护定额标准》,核定并落实管理人员和灌区"两费",管理能力和水平适应农村水利发展需要。

3.6.3　分区治理

1）分区范围

南水北调供水区:地处淮河流域下游,南起江都水利枢纽,北与山东省接壤,西与安徽省交界,东南至里下河地区西、北边缘(2.5 m 高程线以上),东北部直至黄海之滨,涉及扬州、淮安、宿迁、徐州、连云港、盐城六市,包括绝大部分淮北地区和高宝湖区,以及里下河沿运、沿总渠的 2.5 m 高程线以上的自流灌溉面积部分。根据引用北调水源情况不同,又分为直接供水区和补给供水区两部分。直接供水区主要分布于大运河沿线两岸和洪泽湖、骆马湖、微山湖周边及引用三湖水源的邻近地区;补给供水区主要分布于徐州市西部和东北部、连云港市的北部、淮安市盱眙等高亢区,以及连云港南部灌云、灌南的低平区。

里下河腹部地区:位于江淮之间,北以灌溉总渠为界,南至通扬运河,西靠丘陵边缘,东至通榆河和串场河,包括建湖、盐都、兴化的全部面积和高邮、宝应、江都、阜宁、东台、楚州、海安、姜堰的部分面积。该区系古海岸的沿岸沙滩沙岗,地势低平,主要特点是地面低洼、河网密布,洪、涝、渍威胁严重。腹部是大面积低洼水网圩区,地势四周高、中间低,地面高程一般 1.81 m 左右,最高达 3.81 m,最低 1.31 m。该区土质含盐重,水质咸,怕涝渍。

沿海垦区:东临黄海,西以盐河(新沂河以北)及串场河(新沂河以南)为界,北至赣榆东部一线,南至栟茶河。沙性土质,地势平坦,地面高程在 0.81~4.31 m 之间,受海潮顶托,地下水矿化度高,缺少淡水冲洗,因此易旱、易渍、易盐。河道出海口易淤塞,排水不畅,引淡路线远,水源尚不充足,建筑物配套率不高。

沿江高沙土区:主要是通南沿江高沙土区,入江水道以东、扬州至海安 328 国道—如泰运河以南至长江边,涉及扬州、泰州、南通及镇江少部分地区,主要包括江海垦区、沿江圩区、高沙土区等。该区地势宽阔而平坦,系长江冲积物沉积或古沙洲并岸而成,土壤以高沙土为主,高沙土面积占 30.6%,主要分布于泰州与南通两市。地面高程 1.81~5.81 m,地势高低不平,土质沙性大,水土流失相对严重,引水河道常常淤积,农田易旱、易渍、易冲。

宁镇扬山丘区:位于江苏西南部,分为长江南北两部分,其中,丘陵、岗地面积占总面积的 82.3%。江南主要有宁镇山脉、茅山山脉和溧源山地为骨架,涉及南京、镇江、常州三市的土地面积;江北主要有老山山脉、蜀冈余脉,西与安徽交界、东北至高邮湖西、东临扬州市区,涉及南京、扬州、镇江三市。宁镇扬山丘区按不同的流域特点又可分为:高宝湖区、仪六区、秦淮河区、固城石臼湖区、太湖西区五片。该地区除高宝湖区外,地势较为高亢,灌溉以本地库塘蓄水为主,干旱年份需多级提水提引长江或高邮湖水补充灌溉。

2)建设重点

根据江苏省自然地理、水资源分布、作物种植结构等特征,结合全省中型灌区所属分区的特点,各分区紧密围绕提高灌区灌排设计标准和丘陵山区、沿海垦区资源性缺水为重点开展工作。

(1)南水北调供水区

基础设施提档升级,灌排标准全面提升。直接供水区以京杭大运河及沿线调蓄湖泊水源为主,应注重对长江、洪泽湖、骆马湖水资源统一调度、优化配置;补给供水区以拦蓄地方径流、利用回归水、地下水或其他外来水源为主,用水不足部分以北调水源作为补充,应注重地表水、地下水的联合运用;沿线补水供水区的库塘区(主要分布在淮北山丘区),应注重雨水利用,建设与完善蓄、引、提"长藤结瓜"灌溉系统,可发展高效节水灌溉工程,以缓解灌溉水源不足问题。

(2)里下河腹部地区

洪涝旱渍统筹兼顾,灌排沟渠生态良好。以配套完善圩口闸、排涝闸,圩堤达标建设,提高排涝动力、配套排涝泵站,疏浚圩内沟渠为重点。一般年份当地水资源可满足灌溉要求,但干旱年份水量仍然紧缺,农田灌溉得不到保证,沿海垦区土壤次生盐渍化,可着重小型流动机泵灌区配套改造为固定机电灌区,提高灌溉设计保证率。骨干灌排沟渠结合里下河水系整治与圩区治理,以生态恢复为主,建设生态节水型农业。

(3)沿海垦区

灌排分开分级控制,洪涝旱碱综合治理。沿海垦区干旱年份水量紧缺,应加强农、林、牧业结构和作物种植结构调整,严格控制地下水开采,坚持洪涝旱碱兼治,开挖深沟深河,形成网络,平底河道,分级控制,实行梯级河网化;合理控制沿海挡潮闸,平时关闸蓄淡,涝时开闸排水,提高灌溉水源保证率。同时,开展骨干灌排渠系整治与建筑物配套,发展低压管道输水灌溉工程和其他各类适用的田间节水工程措施。

(4)沿江高沙土区

节水技术大力推广,水土流失有效防治。结合灌区内部河道整治工程,实行河道疏浚与高标准农田建设、土地复垦、小型机电灌区改造相结合,全面推广管道灌溉技术。同时,对高沙土区水土流失相对严重的河段,采用生物措施与工程措施相结合的治理方法进行水土保持建设,在护坡堤岸进行综合整治的基础上,建立乔、灌、草立体配置,网、带、片有机结合的高效生态防护体系。针对该区沟、河、站、涵淤积严重等特点,积极推广泵站进水池防淤、沟河排水防冲、坡面护岸等平原高沙土区水土流失综合防治技术。

（5）宁镇扬山丘区

灌溉水源蓄引提调，种植结构因地制宜。以保护水土资源、改善生态环境、促进农业产业结构调整、推动山丘区经济发展、提高农民生活质量为目标，以水源工程建设为重点。坚持"建塘筑库，以蓄为主，以提补蓄，库塘相连，'长藤结瓜'，蓄、引、提、调相结合"的原则，以小流域为单元，发展"长藤结瓜"灌溉系统，库塘河湖联合调配，加强蓄水、补水工程配套，加大地表径流拦蓄；大力整治库塘、大口井及骨干翻水线，修建机电泵站，提高灌溉保证率；调整种植结构，三级以上提水灌区应降低高耗水作物种植比，因地制宜种植粮、经、林、果、草，积极发展适应于山丘区复杂地形的高效节水灌溉工程，全面提高山丘区特种经济作物产量、品质，促进农业增产、农民增收。

3.6.4 分区典型

为说明各分区的不同特点，分别选取南水北调供水区的沭阳县柴沂灌区、里下河腹部地区的扬州市江都区野田河灌区、沿海垦区的盐城市大丰区江界河灌区、沿江高沙土区的如皋市通扬灌区、宁镇扬山丘区的南京市六合区金牛湖灌区为例进行典型说明。

1）南水北调供水区：沭阳县柴沂灌区

（1）灌区基本情况

柴沂灌区位于沭阳县东南片，受益范围有沭城、十字、七雄、章集、李恒和汤涧6个乡镇、99个村，灌区总人口41.77万人，其中农业人口14.72万人。灌区总面积为190 km²，耕地面积21.3万亩，设计灌溉面积17.6万亩，有效灌溉面积15.3万亩，主要种植水稻、小麦、果蔬、玉米及花卉等作物。

灌区内整体地势平坦，西部稍高，地面高程在7.0 m左右，东部略低，高程在3.8 m左右。土质多为黏性土质（约14.8万亩），其余均为沙壤土和砂土（约6.5万亩）；东部为黏性土，西部为沙壤土和砂土；土质较为肥沃。

渠首水源：柴沂灌区引淮沭河水进行灌溉，经淮沭河输送的洪泽湖水是柴沂灌区的灌溉水源。灌区现有柴沂闸、南关洞2座渠首，设计引水位为8.5 m，设计引水流量共49 m³/s。

灌溉渠系：由干、支、斗、农、毛五级组成，其中干渠为柴沂干渠、全长41 km，设计流量 40 m³/s,自西向东贯穿整个灌区将其分割成南北两片,灌溉范围主要位于柴沂干渠以北;共有支渠 23 条、总长 91.3 km,由南向北灌溉;柴沂干渠以南片灌溉面积较少,直接由斗渠接干渠引水灌溉;共有斗渠 83 条、长 190.3 km;农渠 670 条、长 560.1 km。

排涝水系:原规划向沂南河排水,后因沂南河排水不畅,灌区内所有乡镇都存在向柴米河择机排水的现象。因而沂南河、柴米河为灌区的排水干河;徐冲河、内沭河、外沭河、老沭河、圩东河、庙西沟、杨店大沟、界河、官西大沟等组成了灌区的排水网络。灌区内沂南河 32 km,大沟 17 条,总长 85 km,中沟 83 条,总长 107.9 km。

骨干建筑物:骨干灌溉建筑物主要为柴沂闸、南关洞、仲庄节制闸、李恒节制闸和东山节制闸,干渠沿线各支渠进水闸以及灌区末端的灌溉泵站。灌区末梢、柴米河以北及柴沂干渠以南夹滩共分布有灌溉功能泵站 61 座,大多建于 20 世纪七八十年代,其中 7 座已报废,1 座不能运行,12 座设备老化,11 座带病运行。骨干排涝建筑物为七雄退水闸(1 座)、徐冲地下涵洞(1 座)、柴沂干渠沿线穿干渠底排水涵洞(23 座),排除圩区涝水的排涝站(单排站 10 座、灌排结合站 32 座)等。25 座退水闸及排水涵洞中 9 座已破损;10 座单排泵站仅 2 座完好。

骨干工程现状:渠首 2 座,完好 0 座;灌溉渠道 132 km(其中衬砌 34 km),完好率 45%;排水沟 85 km,完好率 48%;渠沟道建筑物 675 座,完好率 60%;专管群管分界面以上分水口数量 83 座,其中有计量设施的分水口 17 座;现状骨干工程配套率 65%、完好率 45%,灌溉保证率 65%,灌溉水利用系数 0.58。

(2) 现状存在问题

工程设计标准低,不能满足灌溉要求;渠系配套率低,浪费水情况严重;渠首闸引水流量和水位不足,且破损严重;干渠渠堤老化、渠坡坍塌、渠顶欠高,影响干渠正常输水;沟渠系控制建筑物严重损坏,影响正常的灌溉和排水;管理配套设施不足,不能适应新时期管理运行需求。

(3) 规划目标任务

加强灌区基础设施建设,提高灌区灌排工程能力,建立完备工程设施体系;深化管理改革,把握灌区为农业生产服务的底线,切实提高服务理念,形成现代灌区管理体系;在此基础上,按照生态文明建设目标要求,开展灌区水生态环境、水文化和景观等建设,打造灌区生态文明体系。

规划实施后,设计灌溉保证率达到85%,灌溉水利用系数达到0.65,有效灌溉面积达到17.60万亩,干支渠完好率达到95%,建筑物配套率达到100%、完好率达到95%,管理信息化达到85%,生态用水保证率达到85%。

(4)工程建设内容

水源工程:拆建灌区渠首闸2座;输水工程:护砌干支渠143.2 km;排水工程:疏浚骨干排涝沟44.3 km,生态护砌长26.6 km;建筑物工程:更新改造泵站10座、水闸137座、涵洞113座、农桥13座、其他建筑物71座、配套量水设施46处、安全护栏77.65 km,铺设管理道路26 km,新建生态走廊26.6 km;信息化建设1项。

(5)投资估算

规划工程投资为35 200万元,其中渠道工程投资13 132万元,排涝沟整治工程投资7 651万元,建筑物工程投资7 835万元,计量设施投资158万元,安全护栏投资2 691万元,管理道路及生态走廊投资4 854万元,信息化投资880万元。

2)里下河腹部地区:扬州市江都区野田河灌区

(1)灌区基本情况

野田河灌区始建于1977年,位于扬州市江都区东北片,野田河以东,郭村镇向阳河及韩阳圩以北,北与高邮、兴化接壤,东与泰州接壤。下辖郭村、小纪、武坚等3个乡镇。据统计,灌区总人口9.3万人、其中农业人口7.3万人。灌区总面积172.27 km²,设计灌溉面积11.56万亩、有效灌溉面积11.56万亩,节水灌溉面积8.81万亩。地面高程一般在1.6~3.0 m,土壤肥沃,多为亚黏土,主要种植水稻、小麦。

水源工程。灌区通过干渠引新通扬运河水,支渠沿干渠一侧分布,通过支渠引水进入生产河。灌溉泵站大多布置在支渠和生产河上,提水入田间灌溉。支渠同时作为灌区的排水河道,排水入野田河。排水工程的设置与灌溉渠系相对应,田间设置小沟、中沟,生产河以上灌排结合,既能引水灌溉,又能承泄涝水外排。

灌溉体系。干渠野田河长28.37 km;支渠88条、长309.63 km,沿干渠一侧分布,斗渠374条、长263.6 km,农渠1 127条、长495.9 km,渠道防渗43条,长度68.2 km。灌溉泵站85座、流量11.41 m³/s、装机容量936.5 kW。现状灌区灌溉保证率80%,灌溉模数2.85 m³/(s•万亩),灌溉水利用系数0.60。

排涝体系。骨干沟渠灌排结合,骨干排水沟即干支渠,共有排涝泵站122座、流量154.23 m³/s、装机容量5 535 kW。中沟以上建筑物621座、配套率84%、完好率为74%。中沟以下建筑物583座,配套率63%、完好率76%,现状排涝模

数 $0.8 \mathrm{~m}^3 /(\mathrm{s} \cdot \mathrm{km}^2)$。

（2）现状存在问题

沟渠调蓄能力减弱。干支渠大部分是土渠灌溉，河道水流速度小，加之水土流失，多年运行后淤积严重，影响了引排功能。

防洪排涝能力不足。部分排涝站建于 20 世纪 90 年代，建设标准偏低，与里下河地区水利规划排涝标准仍存在差距，不能满足排涝要求。部分圩口闸存在混凝土碳化、露筋、护砌冲毁、翼墙倾斜开裂、闸门启闭机损坏等问题，存在防洪安全隐患，亟需改造。

部分区域灌溉保证率不高。灌溉泵站大多建于 20 世纪七八十年代，仍有 504 座泵站设备陈旧，建筑物老化，装置效率偏低。另有部分高亢地区，灌溉水源不足，需新建提水泵站。

（3）规划目标任务

按照全面规划、分年实施的原则，全面推进野田河灌区续建配套与现代化改造，将野田河灌区建设成为节水灌区、生态灌区。全面建成配套齐全的生态骨干灌排工程体系；进一步推进农业水价综合改革，建成良性供水服务体系；完成灌区管理信息化建设，实现灌区用水调度与监管设施提档升级。

项目实施后，灌溉水利用系数由 0.6 提高到 0.65，灌溉设计保证率达到 90%；骨干工程配套率达 90%、完好率达 90%，泵站工程完好率达到 85%。

（4）工程建设内容

输水工程：疏浚河道 55 km，生态挡墙 10 km，生态护砌 11.4 km，疏浚总土方 82.5 万 m^3；排水工程：疏浚河道 5 条，总长 8.5 km，疏浚总土方 12.75 万 m^3；加固圩堤 85.6 km，加固用土方 85.6 万 m^3；建筑物工程：共 903 座，其中泵站 648 座、水闸 181 座、涵洞 46 座、桥梁 28 座；新增量测水设施 200 处、信息化建设 3 处。

（5）投资估算

规划工程总投资估算为 23 120 万元，其中泵站工程 7 046 万元，水闸工程 4 842 万元，涵洞工程 63 万元，农桥工程 878 万元，输水工程 7 604 万元，排水工程 2 308 万元，计量设施 150 万元，信息化建设 229 万元。

3）沿海垦区：盐城市响水县双南干渠灌区

（1）基本情况

双南干渠灌区位于江苏省盐城市响水县境内，北部紧临灌河，东南至陈港疏港公路,西至响坎河。灌区总面积 200 km²,设计灌溉面积 21.30 万亩,现状有效灌溉面积约 18.00 万亩,实际灌溉面积 18.00 万亩。灌区涉及 5 个乡镇 53 个行政村。该灌区种植结构以粮食作物为主,是响水县的重要粮食种植基地。

灌溉水源主要为灌区东南侧的双南干渠,双南干渠水源为经响坎河取自废黄河,水源通过双南干渠沿线分布进水闸进入灌区。灌区水源流向主要为由南向北,通过区内东西向排河串通水源,以满足灌溉泵站提水需要。

灌区现有骨干渠道 33 条 273.2 km。其中干渠 1 条 40 km,支渠 32 条 233.2 km。灌区内渠系建筑物 844 座,骨干建筑物配套率达 90%、完好率 63%。现状灌溉保证率 75%,灌溉水利用系数 0.60,排涝标准为 10 年一遇。近些年来灌区内多次实施高标准农田及高效节水农田建设项目,截至 2020 年已建成高标准农田面积和高效节水灌溉面积约 0.58 万亩。

(2) 存在问题

灌区渠首控制建筑物老化,内部缺少控制建筑物,供水能力不足;灌区灌排水渠系存在部分淤积,供排水水平不足;部分排水建筑物老化损坏,排水能力不足;灌区管理技术落后,运行管理体制欠佳。

(3) 目标任务

加强灌区基础设施建设,提高灌区灌排工程能力,建立完备工程设施体系;深化管理改革,把握灌区为农业生产服务的底线,切实提高服务理念,形成现代灌区管理体系;在此基础上,按照生态文明建设目标要求,开展灌区水生态环境、水文化和景观等建设,打造灌区生态文明体系。

项目实施后,灌溉水有效利用系数达 0.65,灌溉保证率 85%,建筑物配套率 95%,沟渠完好率 95%,建筑物完好率 90%。改善灌溉面积 1.3 万亩,新增及改善排涝面积 4.3 万亩,年增节水能力 660 万 m³,年均增产粮食 296 万 kg。

(4) 建设内容

拆建 4 座渠首闸,疏浚沟渠 22.82 km,整治岸坡 81.91 km;新、拆建建筑物工程 34 座;信息化建设等。

(5) 估算

估算总投资 12 200 万元。其中灌排工程投资 11 647 万元,灌区信息化工程投资 493 万元;专项工程投资 60 万元。

4) 沿江高沙土区:如皋市通扬灌区

（1）灌区基本情况

通扬灌区始建于 1958 年,位于如皋市东部,南至通州界、北至海安界、东至如东界、西至如海灌区,涉及如城、东陈、丁堰、白蒲、城南、城北 6 个镇(街道)86 个行政村。灌区总面积 446 km²,耕地面积 31.96 万亩,设计灌溉面积 29.72 万亩,有效灌溉面积 29.52 万亩。灌区农业种植以稻麦两熟为主。

水源及渠首:通过九圩港闸引自长江,通过骨干渠道输水送到各个镇、村。由于农田比干渠正常水位高 3 m 左右,所以农田灌溉需建站提水。

灌溉渠系:灌区现有通扬总干渠 1 条,长 47.92 km;干渠 9 条,长 66.43 km;分干渠 97 条,长 339.1 km。灌区现有斗、支渠道 1 593.6 km,其中已衬砌 1 486.8 km。各级渠道完好率约 82%。

排涝水系:干渠同时兼有引、排功能,农田排涝通过四级河道排向各级干渠(又称一、二、三级河道)。灌区现有四级河(中沟)长 743.3 km、小沟长 1 219.1 km,各级排水沟完好率约 76%。

骨干建筑物:灌区现有灌溉泵站 596 座,配套功率 16 104 kW,灌排配套建筑物 15 959 座,完好率约 75%。目前灌区配有量水设备的分水口 30 个。

（2）现状存在问题

部分灌溉泵站老化失修。灌区现有灌溉泵站 596 座,现仍有 145 座泵站设备老化、泵房损坏,目前亟待改造。

明渠改暗渠占比较小。灌区位于沿江高沙土区,节水要求高。暗渠较明渠具有节水、节电、节工、省地、安全、环保、耐久等诸多优点。灌区现状暗渠长度只占骨干渠道的 12%。

生态河道建设起步较晚。据统计,通扬灌区三、四级河道总长 1 082.4 km,现有生态河道只有 44.8 km,占比只有 4.1%。

工程管护机制有待创新。由于管护经费限制,整体上管护效果仍有不尽如人意的地方,尤其是渠道护渠土方缺失还很严重,迫切需要创新开展管护工作。

水利现代化水平有待提升。近几年,结合灌区项目建设新建了部分信息化工程,但覆盖率较低、使用频率不高,与建设现代灌区的要求还有很大的差距。

（3）规划目标任务

按照"民生水利、资源水利、生态水利、景观水利、智慧水利"理念,重点做好灌溉泵站改造、明渠暗渠化改造、渠系建筑物配套、河道生态修复、灌区信息化建设五个工程规划。围绕精准灌溉,落实综合节水措施,实现农业增效、农民增收。围绕"盘活河网水系、注重生态修复、综合治理污染源"开展水生态环境保护,实现水系畅通,水系优美,营造人水和谐和健康优美的水生态环境,全面提升河网水系的水生态健康水平。

规划实施后,设计灌溉保证率达到90%,灌溉水利用系数达到0.65,有效灌溉面积达到29.72万亩,干支渠完好率达到95%,建筑物配套率达到100%、完好率达到95%,管理信息化覆盖率达到90%,生态用水保证率达到90%。

（4）工程建设内容

输水工程:干渠整治疏浚土方14.04万 m^3 ,生态护岸13.2 km;明渠暗渠化改造242.445 km。排水工程:衬砌排水沟22 km;四级河整治疏浚土方15.59万 m^3 ,生态护岸15.29 km。建筑物工程:共5 820座,其中:拆(新)建灌溉泵站73座、涵洞14座、农桥6座;配套检查井3 024座、节制闸240座、分水闸2 463座。配套设施:新建巡检道路42.9 km,配备泵站管理设施496处,配备安全设施596处,配备支渠计量设施500处。信息化工程:同步配齐智能化控制系统、信息化管理系统。

（5）投资估算

工程总投资约64 440万元,其中:输水工程投资29 852万元,排水工程投资10 914万元,建筑物工程投资9 454万元,配套设施投资9 946万元,信息化工程投资4 274万元。

5）宁镇扬山丘区:南京市六合区金牛湖灌区

（1）灌区基本情况

金牛湖灌区位于南京市六合区东北部,西与山湖灌区接壤、北接安徽省天长市,东与仪征市交界,南与六合区新篁镇相接,涉及冶山和金牛湖两个街道。灌区总面积298 km²,耕地面积14.36万亩,设计灌溉面积14.36万亩,有效灌溉面积12.74万亩。灌区地形以东、北部的丘陵山区和沿河平原圩区为主,丘陵山区土层土质情况复杂,部分区域表层覆盖10 cm左右的黏壤土或壤土,其下以砂壤土为主。灌区粮食作物结构占比85%,经济作物结构占比15%,复种指数为1.8。

水源:一般年份,灌区灌溉水源主要以金牛山水库、毛营水库、唐公水库、赵桥水库、南阳水库、区内塘坝等蓄水,以及八百河河道水源为主;干旱年份,则通过金牛山水利枢纽引长江之水,补水至八百河,再经金牛山新老泵站引八百河水补充金牛山水库之后,通过尖山翻水线对灌区进行灌溉。

八百河:主要水源,长度 24.84 km,长期未进行疏浚,河道淤积严重。

中小型水库:中型水库 2 座,大河桥水库(安徽)和金牛山水库,小Ⅰ型水库 9 座,小Ⅱ型水库 2 座。

塘坝:现有重点塘坝 31 座,总集水面积 45.9 km²,总库容为 498.2 万 m²,兴利库容 399 万 m²;多建于 20 世纪六七十年代,现状大多坝体无护砌、单薄杂乱,无坝顶道路,渗漏严重,缺乏必要的管理设施。

渠首:金牛老站和金牛新站,干旱年份通过两座泵站提引八百河水进入金牛山水库,通过尖山翻水线对灌区进行灌溉。

翻水站:灌区北部以山丘区为主,主要利用库塘坝等蓄水设施和灌区内部河道进行灌溉,在灌区水库和河流水源不足的情况下,通过金牛新站、老站对金牛山水库补水,经尖山翻水站入毛营水库和唐公水库,补充该两座水库的水源。

灌溉渠系:灌区骨干渠道主要分为两部分,即灌区北部丘陵山区以金牛山等水库为灌溉水源的丘陵山区骨干渠系和沿八百河、西阳河沿线的灌溉渠系。灌区内骨干灌溉渠道总长 120.7 km,其中已衬砌长度为 49.9 km,衬砌率 41.3%。灌区主要渠系配套建筑物包括泵站 39 座、水闸与节制闸 15 座,骨干渠系建筑物配套率 80%、完好率 80%。

排涝水系:灌区的排水系统布置格局基本成型,山丘区为自排区,沿河圩区为抽排区。灌区共有排水沟 10 余条,这些河道平均淤积深度 1.0～1.5 m,已严重影响了灌区行洪和水环境的改善,亟需进行整治。灌区排涝泵站主要集中在沿河圩区,现有骨干排涝泵站 14 座,完好率 85%。

(2)现状存在问题

水源供给能力不足,灌溉水源紧张;翻水工程运行成本高,工程联合运行难度较大;工程设备老化,建筑物配套率、完好率仍需提高;节水灌溉工程仍显不足,灌溉水利用系数有待进一步提高;部分引水河道淤积严重,引水矛盾突出;管理机构不完善,管理设施尚显落后。

(3)规划目标任务

根据灌区水源、农业生产、地形地貌和种植结构等,对照现代灌区建管要求,综合考虑灌区水源工程、输水工程、排水工程、建筑物工程、田间工程、配套设施以及信息化系统建设,将金牛湖灌区规划形成蓄、引、提相结合的"长藤结瓜"式灌溉系统。灌区水源起于滁河支流八百河,途经八百河—金牛山水库—尖山翻水线—赵桥水库—包庄渠—川桥干渠,终点为川桥倒虹吸,沿线串联 2 座中型水库,5 座小Ⅰ型水库,形成主干"长藤结瓜"系统。对于沿河圩区,规划不做大的调整,只对其中损坏严重的灌溉与排水泵站进行拆建与维修。

规划实施后,设计灌溉保证率达到 85%,灌溉水利用系数达到 0.66,有效灌溉面积达到 13.50 万亩,干支渠完好率达到 95%,建筑物配套率达到 100%、完好率达到 90%,生态用水保证率达到 100%。

(4) 工程建设内容

水源工程:清淤整治塘坝 28 座;翻水线路:补水渠道混凝土衬砌 3.0 km;输水工程:渠道清淤衬砌 7 081 km;排水工程:生态整治骨干排水河道 63.67 km;建筑物工程:拆建灌溉泵站 7 座,拆建圩口闸、泄洪闸 4 座;计量设施:安装计量设施 45 台套。

(5) 投资估算

规划工程总投资 28 720 万元。其中塘坝清淤整治 6 400 万元;翻水线泵站工程投资 132 万元,翻水线渠道工程投资 450 万元;骨干渠道工程投资 9 172 万元,渠系建筑物工程投资 1 033 万元;河道/沟道清淤整治、生态治理工程投资 10 338 万元;计量设施安装 45 万元;管理设施安装 600 万元;安全设施安装 150 万元;信息化工程建设 400 万元。

4

工程体系

按照江苏省高质量发展要求,以提高农业综合生产能力为核心,以保障粮食安全、改善农业生产条件和生态环境为目标,对照现代灌区建设要求,综合考虑灌区水源工程、输水工程、排水工程、建筑物工程、田间工程、配套设施以及信息化系统,进行集中连片建设,构建"沟、渠、路、林、村;闸、站、桥、涵、田"统筹规划,"洪、涝、旱、渍、咸"综合治理,大、中、小工程合理配套,"挡、排、引、蓄、控"功能齐全的工程体系。

注重河湖生态修复,加强河湖空间管控,合理划定河湖管理保护范围,衔接空间规划"三区三线"布局。骨干工程改造与江苏省水利基础设施空间布局规划、江苏省区域水利治理规划相衔接。

结合高标准农田建设、生态河道建设、生态清洁小流域建设、土地整理及规模化节水等多源整合,巩固农业水价综合改革成果,提升管理能力、信息化水平,重点突出水源工程、骨干渠系及配套建筑物能力建设,以提高灌溉保证率、灌溉水有效利用系数、排涝标准为目标,《规划》主要建设内容:渠首改建 259 座、改造 193 座,灌溉渠道新建 3 615.52 km、改造 19 103.81 km,排水沟新建 936.09 km、改造 17 452.78 km,渠(沟)系配套建筑物新建 6.69 万座、改造 6.06 万座,新建及改造管理设施 1.77 万处、安全设施 4.16 万处;实施灌区管理信息化改造 164 处、计量设施改造 1.70 万处。

4.1 水源工程

为保障中型灌区灌溉水源,根据全省中型灌区水源工程配套与运行实际,确定对 264 处中型灌区中 164 处灌区进行水源工程配套与改造。在水源水位、地质条件以及引水高程、引水流量复核的基础上,合理确定塘坝、渠首、泵站更新改造方案;对确需移址重建的工程进行了充分论证;塘坝、渠首、泵站工程改造主要根据不同工程老化程度、部位、原因制定相应改造措施。

经统计,全省共改建及改造提水泵站、引水涵闸等渠首工程 347 座,总投资 46.93 亿元。其中:① 改建水源工程 223 座,其中改建涵闸 104 座,改建泵站 119 座、装机 17 472 kW;② 改造水源工程 124 座,其中改造涵闸 63 座,改造泵站 61 座、装机 23 945kW。

全省中型灌区水源工程建设以市级区划为单元统计见表 4-1,以灌区为单元统计见附表 6。

表 4-1　全省中型灌区规划水源工程统计表

设区市	涉及灌区数量	改建			改造		
		涵闸（座）	泵站		涵闸（座）	泵站	
			数量（座）	装机（kW）		数量（座）	装机（kW）
南京市	29	28	27	1 675	36	8	290
无锡市	1	0	3	165	0	0	0
徐州市	25	8	5	1 260	24	35	18 155
南通市	11	5	1	1 000	3	20	2 200
连云港	14	11	30	755	5	10	1 650
淮安市	15	10	25	8 000	1	0	0
盐城市	35	28	23	2 117	10	15	465
扬州市	19	27	20	1 780	5	0	0
镇江市	2	0	0	0	0	2	690
泰州市	0	0	0	0	0	0	0
宿迁市	10	3	8	490	6	4	675
省监狱农场	3	3	4	220	7	2	110
全省	164	104	119	17 412	63	61	23 945

4.2　输水工程

根据各灌区实际条件，充分考虑水土资源变化，规划对现有灌溉渠系布局、设计流量、设计水位等进行复核，确定改造方案，保证设计输水能力、边坡稳定和水流安全通畅；确保各级渠道之间和渠道各分段之间的水面平顺衔接；复核渠道的纵、横断面，确定改造方案。

经统计，全省共新建及改造骨干灌溉渠道 22 720 km，总投资 228.42 万元。其中：①新建骨干渠道 361.6 km，其中衬砌只统计长度 3 549 km；②改造骨干渠道中，生态恢复 8 589 km，衬砌 10 515 km；③新建及改造骨干渠道中，灌溉管道新建 2 074 km，改造 544 km。

全省中型灌区骨干灌溉渠道工程以市级区划为单元统计见表 4-2，以灌区为单元统计见附表 6。

表 4-2 全省中型灌区规划骨干灌溉渠道工程统计表 单位:km

设区市	新建		改造		其中灌溉管道	
	总长度	其中衬砌	生态恢复	衬砌	新建	改造
南京市	213	213	403	728	44	11
无锡市	0	0	16	0	0	0
徐州市	23	23	3791	1607	35	17
常州市	228	228	210	0	0	0
南通市	1 810	1 810	754	2 785	1 576	167
连云港	531	480	1 058	1 732	208	62
淮安市	169	169	301	478	90	3
盐城市	207	207	844	774	12	0
扬州市	97	97	396	1 474	56	4
镇江市	55	39	7	55	7	3
泰州市	44	44	290	316	5	272
宿迁市	219	219	489	567	39	0
省监狱农场	20	20	30	0	2	5
全省合计	3 616	3 549	8 589	10 516	2 074	544

4.3 排水工程

规划根据灌区的排水任务与目标、地形与水文地质条件,综合考虑投资、占地等因素,科学确定排水沟道(含圩堤)改造方案(疏浚、生态恢复或工程护砌)。

经统计,全省共新建及改造骨干排水沟 15 389 km,总投资 96.68 亿元。其中:①新建骨干排水沟 936 km;②改造骨干排水沟 14 453 km,其中生态恢复 1 300 km,护砌 3 658 km,圩堤加固改造 495 km。

全省中型灌区骨干排水沟工程以市级区划为单元统计见表 4-3,以灌区为单元统计见附表 6。

表 4-3　全省中型灌区规划骨干排水沟工程统计表

设区市	新建	改造			
		小计	生态恢复	护砌	圩堤
南京市	12	1 121	504	617	0
无锡市	0	16	16	0	0
徐州市	3	1 357	1 153	204	0
常州市	138	516	516	0	0
南通市	439	3 163	2 091	962	110
连云港	81	2 983	2 612	369	2
淮安市	42	1 668	431	1 040	197
盐城市	138	1 270	1 143	48	79
扬州市	48	1 221	987	154	80
镇江市	15	110	81	18	11
泰州市	0	135	119	0	16
宿迁市	0	652	426	226	0
省监狱农场	20	241	221	20	0
全省合计	936	14 453	10 300	3 658	495

4.4　建筑物工程

经统计,全省共新建及改造骨干渠沟系配套建筑物工程 36 274 座,总投资 127.21 亿元。其中:①新建骨干渠沟系配套建筑物工程 16 406 座,全部包括新建泵站 2 590 座、装机 89 385 kW,水闸 3 573 座,涵洞 5 919 座,农桥 2 814 座,渡槽、倒虹吸、跌水、陡坡、撇洪沟等其他配套建筑物工程 1 510 座;②改造骨干渠沟系配套建筑物工程 19 868 座,主要包括泵站 5 215 座、装机 175 229 kW,水闸 4 685 座,涵洞 4 998 座,农桥 3 483 座,其他工程 1 487 座。全省中型灌区规划配套建筑物工程以市级区划为单元统计见表 4-4,以灌区为单元统计见附表 6。

4.4.1　泵站工程

对灌区内部灌排泵站的结构尺寸、水力要素、设置数量等进行复核。对不能满足设计要求的泵站,进行加固、改建、扩建或新建。全省共新建泵站2 590座、装机89 385 kW,改造泵站5 215座、装机175 229 kW。全省中型灌区规划泵站工程以市级区划为单元统计见表4-4,以灌区为单元统计见附表6。

表4-4　全省中型灌区规划骨干渠系配套建筑物工程统计表　　　　单位:座

设区市	新建						改造					
	小计	泵站	水闸	涵洞	农桥	其他	小计	泵站	水闸	涵洞	农桥	其他
南京市	121	15	8	12	3	83	1443	56	104	726	140	417
无锡市	100	20	20	20	0	40	85	15	20	15	0	35
徐州市	795	206	250	139	155	45	5 233	2 383	855	697	1 151	147
常州市	80	2	25	30	10	13	133	55	45	30	0	3
南通市	2724	312	728	665	654	365	1 936	357	850	250	240	239
连云港	4266	121	1513	1 426	667	539	2 294	441	754	340	504	255
淮安市	460	63	77	62	123	135	1556	193	545	317	251	250
盐城市	3321	969	395	1 500	257	200	1 352	617	247	283	191	14
扬州市	3238	661	279	1 583	710	5	3 831	756	545	1 887	534	109
镇江市	341	27	34	247	30	3	93	25	37	14	17	0
泰州市	218	34	50	66	58	10	126	30	54	30	12	0
宿迁市	578	106	144	129	127	72	1 685	252	603	379	433	18
省监狱农场	164	54	50	40	20	0	101	35	26	30	10	0
全省合计	16 406	2 590	3 573	5 919	2814	1 510	19 868	5 215	4 685	4 998	3 483	1 487

4.4.2　水闸工程

对灌区内部节制闸、圩口闸、排涝闸等水闸的结构尺寸、水力要素、设置数量等进行复核。对不能满足设计要求的水闸,进行加固、改建、扩建或新建。全省共新建水闸3 573座,改造水闸4 685座。全省中型灌区规划水闸工程以市级区划为单元统计见表4-4,以灌区为单元统计见附表6。

4.4.3　涵洞工程

对灌区内部涵洞工程的结构尺寸、水力要素、设置数量等进行复核。对不能满足设计要求的涵洞,进行加固、改建、扩建或新建。全省共新建涵洞5 919座,改造涵洞4 998座。全省中型灌区规划涵洞工程以市级区划为单元统计见表4-4,以灌区为单元统计见附表6。

4.4.4 农桥工程

对灌区实施影响的农桥工程的结构尺寸、设计荷载、设置数量等进行复核。对不能满足设计要求的农桥,进行加固、改建、扩建或新建。全省共新建农桥2 814座,改造农桥3 483座。全省中型灌区规划农桥工程以市级区划为单元统计见表4-4,以灌区为单元统计见附表6。

4.4.5 其他建筑物

对灌区内部渡槽、倒虹吸、跌水、陡坡、撇洪沟等工程的结构尺寸、水力要素、设置数量等建筑物进行复核。对不能满足设计要求的建筑物,进行加固、改建、扩建或新建。全省共新建其他建筑物工程1 510座,改造1 487座。全省中型灌区规划其他建筑物工程以市级区划为单元统计见表4-4,以灌区为单元统计见附表6。

4.5 田间工程

灌区田间工程规划是以彻底改变农业生产条件,建设高产稳产农田适应农业现代化的需要为目标,以健全田间灌排渠系和实现治水改土为主要内容,对水、田、林、路等全面规划和综合治理的一项农田基本建设工程。主要包括:土地平整、渠系及建筑物工程、路林网工程、节水灌溉工程和技术推广等,由农业农村部门实施,规划充分征求农业农村部门意见,建设拟达到以下标准:

土地平整。按《高标准农田建设通则》(GB/T 30600—2014)的要求,与土地平整、土壤改良、田间道路、农田防护与生态环境保持、农田输配电以及其他工程统一规划,布局合理,配套齐全。

渠系及建筑物工程。按照设计定型化、制作工厂化、施工机械化等标准化的要求,建设田间灌溉工程,提高田间渠系的质量水平和使用年限;按排涝、降渍、盐碱化治理要求,完善田间排水系统,根据生态建设需要,建设控制排水及排水再利用设施,提高水利用率,减少面源污染。

路林网工程。按照现代农业和集约化、机械化生产和生态建设需求的需要,实现路林网格化,完善田间道路、完善林网建设。

节水灌溉工程和技术推广。田间工程应根据灌区总体布局以及灌溉方式的调整情况,采用改进型地面灌和高效节水灌溉方式,大力推广节水技术,完善工程配套设施,强化节水示范区建设。

4.6　配套设施

配套设施主要包括管理设施、安全设施、计量设施等。根据全省灌区实际情况,进行方案比选,合理提出基于用水管理需求和提高供水服务水平的灌区用水量测方案;合理配套渠系交通、维护、安全、生产管理等附属设施。

4.6.1　管理设施

管理设施包括巡检道路、维护、生产管理等设施。规划新建及改造管理设施17 721处(其中道路7 652处)。其中,新建管理设施9 795处(其中道路4 210处),改造管理设施7 926处(其中道路3 443处)。全省中型灌区规划管理设施以市级区划为单元统计见表4-5,以灌区为单元统计见附表6。

表 4-5　全省中型灌区规划配套设施统计表　　　单位:处

序号	设区市	管理设施		安全设施		计量设施	
		新建	改造	新建	改造	新建	改造
1	南京市	14	170	122	9	0	488
2	无锡市	20	0	20	0	0	8
3	徐州市	5 077	4 942	10 907	6 267	0	4 078
4	常州市	0	120	70	140	0	140
5	南通市	2 746	1 894	11 253	1 344	0	4 151
6	连云港	820	197	5 011	295	0	1 975
7	淮安市	102	90	785	161	0	450
8	盐城市	174	59	1 343	71	0	1 590
9	扬州市	330	157	2 268	264	0	3 041
10	镇江市	44	26	338	0	0	76
11	泰州市	242	8	263	28	0	0
12	宿迁市	226	240	545	50	0	981
13	省监狱农场	0	23	0	15	0	9
全省合计		9 795	7 926	32 925	8 644	0	16 987

4.6.2　安全设施

安全设施主要指渠道两侧设置的救生踏步、安全警示牌、防护栏杆,以及配套建筑物需要设置的防护栏杆和安全井盖等设施。全省规划新建及改造安全设施 41 569 处。其中,新建安全设施 32 925 处,改造安全设施 8 644 处。全省中型灌区规划安全设施以市级区划为单元统计见表 4-5,以灌区为单元统计见附表 6。

4.6.3　计量设施

计量设施包括建筑物量水、超声波、液位计、测控一体闸等各种量水设施设备。全省规划改造计量设施 16 942 处。全省中型灌区规划计量设施以市级区划为单元统计见表 4-5,以灌区为单元统计见附表 6。

4.7　信息化建设

江苏水利信息化经过多年建设,已建成水利地理信息服务平台、省水利数据中心、水利统一门户以及多个业务应用系统,"智慧水利"支撑体系基本形成。江苏省中型灌区信息化建设总体思路是"利用资源、总体规划、有序推进"。充分利用江苏省智慧大型灌区平台建设成果,以及江苏省水利云中心提供的软硬件资源开展江苏省智慧大中型灌区平台软件系统建设。

按照省、市、县、灌区集中展示功能、灌区一张图功能、灌区标准化功能、灌区个性化功能的顺序,有序进行系统开发建设。各地应以本次项目为契机,充分利用现代信息技术,包括信息采集、传输、存储、建模和处理等,深入开发和利用灌区信息资源,提高信息采集和加工的准确性、时效性,建成水利数据中心统一平台与共享交换平台体系,不断提升灌区建设管理现代化水平,逐步实现全省灌区"面上工程信息化、骨干工程自动化、灌溉配水科学化"的管理模式。

4.7.1　总体思路

(1) 利用资源

充分利用江苏省智慧大型灌区平台的建设成果,以及江苏省水利云中心提供的软硬件资源,包括网络资源、服务器资源、软件资源(操作系统、数据库、中间件、公共服务接口),开展江苏省智慧大中型灌区平台软件建设,并在水利云中心进行部署。

(2)总体规划

江苏省智慧大中型灌区平台软件建设以灌区业务管理为主,兼顾市县水利局灌区业务管理,重点梳理灌区各项业务,优化业务管理流程,整合灌区关键业务数据,提高灌区管理效率和管理水平。

建立实用、可扩展的灌区业务管理标准框架,提供规范化的二次开放框架,降低后续项目开发难度、缩短开发周期、节约开发成本,且保证多期项目建设的软件成果平台统一,风格一致。

(3)有序推进

按照空间数据、管理数据收集入库,全面推广灌区管理标准功能,典型灌区管理软件定制三步走的顺序,有序进行项目建设。

4.7.2 总体框架

"江苏省智慧大中型灌区平台"采用"1-2-3-4"的总体架构进行整体建设,即:统一平台、两类应用、三化管理、四级用户,如图 4-1 所示。

图 4-1 江苏省智慧大中型灌区平台总体架构图

(1)统一平台

江苏省智慧大中型灌区平台包括灌区管理一张图系统、灌区管理可视化集中展示系统、灌区业务管理系统、灌区管理移动智能终端系统等四大子系统。通过统一部署、统一整合、统一培训和统一运维实现平台的统一管理。

统一部署。采用集中部署的方式,省、市、县水利主管部门和灌区管理单位通过电脑的浏览器和手机 App 即可访问平台业务应用。

统一整合。对硬件整合,打造标准数据交换系统,规范各项自动化设备的数据整合;对软件整合,打造标准二次开发接口,规范各灌区自建软件系统的整合。

统一培训。对各级用户进行制度化、常态化的培训,统一培训工作大纲、培训材料、操作手册。

统一运维。搭建服务于灌区的运维监控平台,对整个平台的服务器安全、系统数据、软件系统的应用等实行统一运维管理。

(2)两类应用

电脑平台和手机平台,采用成熟软件的界面设计风格,降低用户陌生感:电脑平台采用 Windows 操作系统的设计风格;手机平台采用微信的设计风格,含监测监控、通讯录、发现、我等四大功能版块。

(3)三化管理

即工作流程规范化、工作成果标准化、监督管理智能化。

工作流程规范化包括项目管理规范化、工程管理规范化、量水管理规范化和水费管理规范化。

工作成果标准化包括指标信息标准化、台账信息标准化和实时信息标准化。

监督管理智能化包括地图管理综合化、数据分析可视化和业务管理移动化。

(4)四级用户

平台按省、市、县、灌区四级模式进行用户管理,用户权限分为功能权限和行政权限。

功能权限:根据省、市、县、灌区不同人员工作的关注内容不同,可分配给用户不同的功能权限。

行政权限:省、市、县、灌区各级用户只能使用和查看本机单位、下级单位,以及管理范围内的功能信息。

4.7.3 建设原则

(1)需求主导性

针对省、市、县、灌区四级管理部门对中型灌区管理的需要,设计建设符合用户实际需求的平台软件。

（2）资源共享性

充分利用智慧大型灌区平台的建设成果及智慧水利云平台的信息资源,在保证原系统数据、设备等安全的情况下,利用可用的现有资源,避免重复建设。

（3）实用与先进性

充分利用成熟、先进的技术,满足各级用户业务管理需要,操作直观、简便。

（4）开放与拓展性

系统设计与开发遵守国家相关标准,并具有较强的开放性和可拓展性,能够与其他江苏水利信息数据互联、互操作,提供规范化的二次开放框架。

（5）方便易用性

系统操作简单、易用、直观,操作界面友好,具备灵活方便的展示功能,可以通过丰富的形式展示实时数据、历史数据及趋势,方便对动态图形、报表进行定义和修改,满足不同管理需求,支持个性化用户登录界面,根据不同用户的职能授权操作。

（6）安全可靠性

信息安全和网络安全满足国家网络安全的相关要求,打造安全可靠的基础软硬件环境。

4.7.4　建设目标

在江苏省智慧大型灌区平台基础上,结合中型灌区业务特点对平台软件进行重构、整合、拓展,实现大中型灌区的标准化、规范化管理,促进大中型灌区的平衡发展。

（1）标准化、规范化的管理

江苏省智慧大中型灌区平台软件的建设是通过将全省中型灌区的空间数据、管理数据的全面接入,使原有智慧大型灌区平台软件扩展中型灌区的信息数据。同时,将平台软件与江苏省智慧水利平台全面融合,既能充分利用江苏省智慧水利平台的丰富资源,实现数据的互联互通,也能为江苏省智慧水利平台丰富全省中型灌区的信息数据。

江苏省智慧大中型灌区平台软件的建设,在原有功能的基础上,接入的空间数据和管理数据,采用统一维护管理、统一数据格式、统一相关标准、统一数据接口、统一传输模式等管理模式,打破数据之间的壁垒,增加数据的共享程度,实现全省大中型灌区的资源整合、统一管理。

(2)灌区管理的智能应用

以业务管理为核心、管理数据为主线、智慧大型灌区管理平台为基础,搭建长序列、系统的基础数据体系和数据监测体系,为市县及灌区管理单位提供高效实用的中型灌区信息管理工具,实现全省大中型灌区业务范围内数据管理的全覆盖,为灌区管理业务提供有效的系统支撑。同时,开展典型灌区的个性化管理软件定制研发,满足管理业务差异或职能调整导致的业务需要。

(3)学习交流平台

以灌区实际需求为基础,通过信息化手段,全面展示灌区建设面貌、人文景观,逐层逐级地展示灌区管理情况,为灌区水文化、水历史、水景观的管理提供丰富的技术手段,为灌区间的学习与交流提供相应的平台。

4.7.5 建设任务

2021—2035年,全省规划实施264处中型灌区续建配套与节水改造项目,主要内容包括对泵站等水源工程进行流量监控,主要闸门实施水情和开度信息监测和控制,安装计量设施,建设灌区智能应用体系和信息服务平台,配套软硬件设施等。

(1)中型灌区空间数据收集入库

按照原始地图收集及处理、地图矢量化、地图服务发布、GIS系统联调四大工作流程,将264处中型灌区的空间数据进行标准化、规范化。

(2)中型灌区管理数据收集入库

将264处中型灌区的管理数据接入"江苏省智慧大中型灌区平台",通过一张图管理系统,以二、三维电子地图为媒介,展示中型灌区的灌区概况、项目情况、水价管理情况、灌溉面积情况、工程管理情况等信息,实现全省中型灌区的工程上图、属性入库。

(3)中型灌区管理软件定制开发

以明确灌区管理需求为前提,根据全省中型灌区的实际情况,选取管理方式上有代表性的典型灌区,定制满足中型灌区管理需求的实用软件,开展个性化功能开发。

(4)中型灌区管理软件运行维护

包括空间数据、管理数据,以及系统运行状态检测、系统使用答疑、系统数据备份、系统问题响应、系统发布实施、系统权限配置、系统培训等内容,确保平台软件高效、可靠。

4.7.6 建设需求

全省共规划信息化改造 264 处,以市级区划为单元统计见表 4-6,以灌区为单元统计见附表 6。

表 4-6 全省中型灌区规划信息化改造统计表

单位:处

序号	设区市	信息化改造灌区数量				
		小计	基础	初级	中级	高级
1	南京市	38	36	0	2	0
2	无锡市	1	1	0	0	0
3	徐州市	43	11	0	31	1
4	常州市	2	2	0	0	0
5	南通市	24	11	0	11	2
6	连云港	31	3	0	28	0
7	淮安市	17	5	0	12	0
8	盐城市	40	16	1	23	0
9	扬州市	37	21	0	16	0
10	镇江市	5	2	0	3	0
11	泰州市	8	3	0	5	0
12	宿迁市	14	3	0	11	0
13	省监狱农场	4	3	0	1	0
全省合计		264	117	1	143	3

5

生态体系

坚持保护优先、自然恢复为主，以"恢复沟渠水生态系统"为核心思想，重点开展水生态修复，重构自然和谐的水生态系统；结合灌区未来集聚提升、城郊融合、特色村庄保护及相关规划，配合各项水生态修复措施，重点打造生态湿地和沟渠植被恢复点，提升灌区生态环境和人居环境水平；以建设生态沟渠为目标，以保障河道防洪安全、供水安全、生态安全为重点，在以往沟渠疏浚整治初步成效的基础上，对部分骨干灌排沟渠进一步开展生态治理，解决河道淤积、功能衰减、水环境恶化等突出问题，着力构建"河畅、水清、岸绿、景美"的生态型灌区。《规划》实施骨干生态渠道 8 589 km，骨干生态排水沟 10 300 km。

5.1　治理目标

以建设生态沟渠为目标，以保障河道防洪安全、供水安全、生态安全为重点，在以往沟渠疏浚整治初步成效基础上，对部分骨干灌排沟渠进一步开展生态治理，解决河道淤积、功能衰减、水环境恶化等突出问题，着力构建"河畅、水清、岸绿、景美"的生态型灌区。

生态沟渠治理参照生态河道治理目标，包括自然生态河道和人工生态河道。自然生态河道指不受人类活动影响，其发展和演化的过程完全是自然的河道。人工生态河道，是指通过人工建设或修复，河道的结构类似自然河道，同时提供诸如供水、排水、航运、娱乐与旅游等诸多社会服务功能的河道。具体目标如下：

（1）形态结构稳定

生态河道往往具有引水、除涝、防洪等功能。为了保证这些功能的正常发挥，河道的形态结构须相对稳定。河道的形态结构包括平面形态、横断面形态和纵断面形态。在平面形态上，避免发生摆动；在横断面形态上，保证河滩地和堤岸的稳定；在纵断面形态上，不发生严重的冲刷或淤积，或保持冲淤平衡。

（2）生态系统完整

生态系统完整包括河道形态完整和生物结构完整两个方面。主河槽、行洪滩地、边缘过渡带、缓冲带等构成了完整的河流形态，动物、植物及各种浮游微生物构成了河流完整的生物结构。在生态河道中，这些生态要素齐全，生物相互依存，相互制约，相互作用，发挥生态系统的整体功能，使河流具备良好的自我调控能力和自我修复功能，促进生态系统的可持续发展。

（3）功能多样化

传统的人工河道功能单一,可持续发展能力差。生态河道在具有某些社会服务功能的同时,还具备栖息地功能、过滤屏蔽功能、廊道功能和汇源功能等。

（4）生物本地化和多样性

岸坡选择栽种的林草,尽可能用本地的、土生土长、成活率高、便于管理的林草,甚至可以选择当地的杂树杂草。生态河道生物多样性丰富,能够使河流生物有稳定的基因遗传和食物网络,维持系统的可持续发展。河道整治不当可能会对自然原生态造成破坏,因此,建设生态河道时须关注恢复或重建陆域和水体的生物多样性,尽可能减少不必要的硬质工程。

（5）形态结构多样化

生态河道以蜿蜒性为平面形态基本特征,宜保持原河道的蜿蜒性。不宜把河道整治成河床平坦、水流极浅、断面单一的河道,致使鱼类生息的浅滩、深潭及植物生长的河滩消失,这样的河道既不适于生物栖息,也无优美的景观可言。生态河道具有天然河流的形态结构,水陆交错,蜿蜒曲折,形成主流、支流、河湾、沼泽、急流和浅滩等丰富多样的生境,为众多的河流动物、植物和微生物创造赖以生长、生活、繁衍的栖息地。

（6）人与自然和谐共处

一般认为,生态河道是亲水型河道,体现以人为本的理念,但以人为本不能涵盖人与自然的关系。现代社会中河道整治不再是改造自然、征服自然,也不强调以人为本,而是提倡人与自然和谐共处,注意保护河流生态系统中的各种生物,避免水利工程建设对河流生态系统的破坏。

5.2 生态修复

灌区内河网众多,骨干引排河道、田间排水沟承担着灌区内排涝、降渍的任务,目前灌区内许多河道及渠道均杂草丛生,普遍生有水花生,河道淤塞严重,淤积深度均达 1.0 m 以上,排涝能力不足,同时为了控制和削减灌区农业面源污染,提高入江水质,计划对灌区内部分沟渠进行底泥疏浚,并在此基础上将部分排水河道建成生态河道,建设生态拦截工程。采用荣勋挡墙、木桩、生态袋等实施岸堤生态防护;通过生态浮床、岸坡水生植物的设置,削减水体中 N、P 等营养素;局部节点采取原位生物接触氧化技术,利用植物在生理活动过程与周边环境的物质交流来吸收降解水体污染物质,使水体的自净能力得以提升。

1)骨干引排河道生态修复

规划对灌区内骨干引排河道采用底泥疏浚、原位生物接触氧化技术及岸坡水生植物配置技术等技术方式进行生态修复。

(1)底泥疏浚。农田面源污染被排水沟截污后,沉积在沟底的营养物质仍可逐步释放而导致藻类繁殖,水质恶化。因此治理面源污染,必须采取"内外兼治"的措施,既要控制外源性营养物质的输入,又要通过底泥疏浚达到治理内源污染的目的。本次通过底泥的疏挖去除沟底泥所含的污染物,清除污染水体的内源,减少底泥污染物向水体的释放,并为水生生态系统的恢复创造条件。清除淤泥用于植被生态系统恢复或还田利用。

(2)原位生物接触氧化技术。由于灌区排水最终将入长江,为了提升入江河道水质,必须降低河道的污染负荷。因此,规划在支河汇入通江河道处采用原位生物接触氧化技术,在浮床底下悬挂悬浮填料。填料为生物膜的生长提供了基地,它不仅增加了生物膜的数量,而且使其活性得到提高。微生物附着在固体介质表面上,对水质变化适应性强,并且处理效率高(因为附在上面的微生物种类较多),降解产物污泥量少。在河道一定水体空间设置悬浮填料,可实现生物-生态控污的协同作用。每组装置面积 6 m×4 m,见图 5-1。

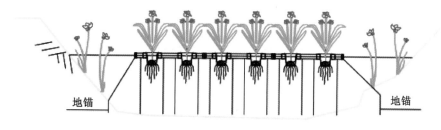

图 5-1 支河入骨干河口处浮床与悬浮填料布置图

(3)种植水生植物。自水深 0.6 m 处往河堤方向,交替种植水生植物(千屈菜＋花叶芦竹,水生美人蕉＋菖蒲,菖蒲＋香蒲,水葱＋再力花,见图 5-2),宽度为 1 m,每种植物配置方式种植 100 m。

(4)生物浮床—人工水草组合技术。沿施汤中沟约间隔 100 m 布置一组生物

菖蒲　　　　　　　　　　　　　　　香蒲

图 5-2　水生植物配置组合图

浮床-人工水草装置,每组装置面积 10×6 m,共 3 组,180 m²。生态浮床塑料网格浮体、种植篮规格 PEφ150-50,从市场购置成品,生物浮床单元剖面见图 5-3。

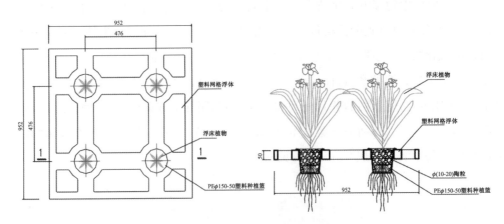

图 5-3　生物浮床单元剖面图(单位:mm)

(5)岸坡缓冲带。施汤中沟沿路一侧构建乔-灌-草复合群落,选用垂柳、黄杨间隔种植,间距均为 6 m;草坪采用狗牙根,复播黑麦草。见图 5-4。

2)农田面源污染治理

灌区内河网纵多,水系发达,农田灌排系统是典型的农业面源污染汇集系统,水体中富含大量的 N、P 等污染物,这些污染物最终随水系汇入长江,本项目灌排系统水环境改善方案采用过程控制、末端治理技术,针对不同类型地区的特点采用不同的生态处理措施。本项目的设计思路是通过沟、渠、塘等生态修复与治理,利用植物在生理活动过程与周边环境的物质交流来吸收降解水体污染物质,使水体

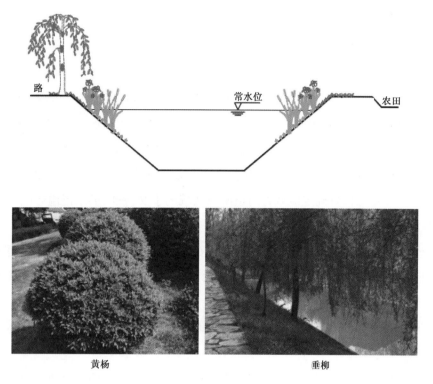

图 5-4 岸坡缓冲带

的自净能力得以提升。技术路线如图 5-5 所示。

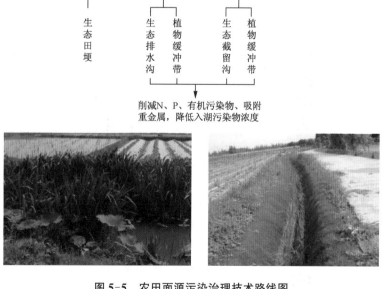

图 5-5 农田面源污染治理技术路线图

5.3　生态走廊

各灌区沿河、沿渠(沟)、沿库塘水系构建生态走廊,构建灌区乔木、灌木和草本植物合理配置的生态系统,构筑灌区水生态屏障体系,发挥灌区改善乡村生活环境、调节气候、提供景观服务等多重服务功能。生态走廊构建技术应充分考虑生态走廊位置、植物种类、结构和布局及宽度等因素,以充分发挥其功能,并满足下列要求:

① 生态走廊位置确定应调查河道所属区域的水文特征、洪水泛滥影响等基础资料,宜选择在洪泛区边缘。

② 从地形的角度,生态走廊一般设置在下坡位置,与地表径流的方向垂直。对于长坡,可以沿等高线多设置几道生态走廊以削减水流的能量。溪流和沟谷边缘宜全部设置生态走廊。

③ 生态走廊种植结构设置应考虑系统的稳定性,设置规模宜综合考虑水土保持功效和生产效益。

④ 植被缓冲区域面积应综合分析确定,在所保护的河道两侧分布有较大量的农业用地时,缓冲区总面积比例可参照农业用地面积的3～10%拟定。

⑤ 生态走廊宽度确定应综合考虑净污效果、受纳水体水质保护的整体要求,尚需综合考虑经济、社会等其他方面的因素进行综合研究,确定沿河不同分段的设置宽度。

生态走廊的植物种类配置及设计宜满足下列要求:

① 植物配置应具有控制径流和污染的功能,并宜根据所在地的实际情况进行乔、灌、草的合理搭配。

② 宜充分利用乔木发达的根系稳固河岸,防止水流的冲刷和侵蚀,并为沿水道迁移的鸟类和野生动植物提供食物及为河水提供良好的遮蔽。

③ 宜通过草本植物增加地表粗糙度,增强对地表径流的渗透能力和减小径流流速,提高缓冲带的沉积能力。

④ 宜兼顾旅游和观光价值,合理搭配景观树种。

⑤ 植物的种植密度或空间设计,应结合植物的不同生长要求、特性、种植方式及生态环境功能要求等综合研究确定。

5.4 工程措施

优先考虑生态渠道、生态沟道建设,采用绿色混凝土、生态工法、增设动物生态通道等生态衬砌措施,增加水土沟通交流,增强水系连通、库塘渠沟湿地水生态保护,形成点线面相结合、全覆盖、多层次、立体化的水生态安全网络。

1）生态渠道建设

为减少渠道渗漏、提高输水效率,我省灌区现状渠道普遍采用混凝土和浆砌石对渠道进行衬（护）砌,使水系与附水生物环境相分离,致使相应自净能力等生态功能消失,无法参与缓解水污染,对生物多样性及环境气候造成不利影响。

本次规划中,各地充分考虑上述问题,根据灌区实际,因地制宜,采用多种形式对渠系进行衬砌改造。具体包括:采用绿色环保植被混凝土,无沙大孔隙混凝土进行衬砌,有利于后期植被生长;对渠道设计水位以下断面进行衬砌,以上部分种植草皮;对混凝土衬砌渠道采用护坡不护底及复合式衬砌型式,或采用植生型防渗砌块、原生态植被防护、三维土工网垫等衬砌技术,在保证渠系水利用率的同时,保护环境,重塑健康生态系统（图 5-6 所示）。

图 5-6　生态渠道典型效果图

2）生态沟道建设

目前灌区现状沟道的建设中为了实现最优输水、排水功能,多运用混凝土、浆砌石等刚性护砌,片面追求水力学中最佳水力断面等设计思路不同,生态型排水沟在满足排水沟正常排水功能的同时,更注重生态效应的发挥、生态系统的平衡和生物多样性的保护。规划对生态沟道的设计重点注重如下几点:

（1）保证排水沟的基本排水功能，及时排除农田余水、地下水以及地表径流，保证不冲不淤、工程结构安全。

（2）尊重农田排水沟建设前已有的自然生态环境，尽量减少水利工程建设中对原有自然生态环境造成破坏的人工材料的使用，以自然、原生、生态化为设计原则，保障田间生物的自由通行不受阻碍、减少排水沟护坡的硬质化。

（3）排水沟要具备一定的透水性，既能发挥正常的排水功能，又要保证排水沟内的正常水位，涵蓄地下水源，使农田排水沟的生态系统内的水循环通畅。

（4）排水沟中适当设置田间生物栖息避难场所及多孔质空间，保护田间生物，增加水路两侧绿化和与周围自然景观的配合。

（5）排水沟断面的型式要多样化，较小的排水沟的断面可选用梯形断面，排水标准要求较高、流量较大的排水沟可选用复式断面，营建多样化的排水沟环境。经过严格设计后，确实需要使用混凝土做排水沟护坡护砌时，在满足水力学条件的前提下，尽量与生态材料（如生态混凝土）等综合使用。

3）生态护坡建设

生态护坡是指不破坏河道自然生态系统的护坡，它拥有自然河床与河岸基底、丰富的河流地貌，可以充分保证河岸与河流水体之间的水分交换和调节功能，同时具有一定的防护性能。生态型护坡型式主要有：植物护坡、土工网复合植被技术护坡、生态型混凝土砌块护坡、石笼或格宾结构生态型护坡、绿化混凝土护坡、铰接式护坡等。在满足岸坡防护要求的情况下，自然植物护坡是首选的生态护坡技术。

5.5 非工程措施

在工程建设与改造的基础上，结合各项目区实际，采取农业田间节水技术、农艺措施、优化施肥施药和管理等非工程措施，与工程措施综合集成应用，发挥最大效益。

1）优化作物种植布局

轮作制度或者耕作制度不同，化肥投入量及水分管理方式也会不同，从而造成面源污染产生情况也不尽相同。作物种植尽量做到统一布局、连片种植，避免水旱作物混种，以利统一灌排，缩短输水路线，减少输水损失，避免不同作物用水矛盾。按降雨时空分布特征及地下水资源与水利工程现状，合理调整作物布局，选用作物需水与降水耦合性好、耐旱,增加雨热同期对雨水利用率高的作物。同时,调整播种期使得作物生育期耗水与有效降雨量耦合,是提高作物降水利用率、避免干旱的有效途径。

2) 推广田间节水技术

农业田间节水技术主要包括田间节水灌溉技术、农艺节水技术及其他节水技术几方面。它与农业节水工程措施有着同等的重要性,节水潜力十分巨大,但往往被人们所忽视。

(1) 田间节水灌溉技术。也即非工程节水灌溉技术,它是对传统地面灌溉技术的改进,其推广应用,具有投资省、节水效果好、见效快、农民易于掌握等优点。田间节水灌溉技术主要分为:水稻有浅湿灌溉、控制灌溉及先进的精确灌溉技术等;旱作有沟灌、畦灌等。田间节水灌溉技术的运用,可充分利用降雨,减少深层渗漏和无效蒸发损失,大大提高田间水分利用率,节约灌溉用水。如能正确使用好田间节水灌溉技术,其节水潜力是相当大的。

(2) 农艺节水技术。水稻旱育旱种,旱作薄膜覆盖、生物覆盖、深耕深翻、坐水种、选育抗旱优良品种等节水栽培农艺技术措施,将工程节水措施与田间节水灌溉技术措施、农艺节水措施紧密结合,从多种途径实施农业节水。

3) 加强管理与技术服务

完善工程建设、建后管护制度,健全计划用水、节约用水制度,推进农业水价综合改革。全面落实"先建机制,后建工程"制度;制定吸引社会资本和市场主体投资工程建设的政策措施,鼓励企业、专业种植公司、农业合作社、农民用水户参与工程建设与管理;明确工程主体,落实管护责任,建立持续运行的管护机制。构建以基层水利站、专业服务组织为基础的技术推广服务体系,有效引导科学灌溉、科学施肥、大力推广先进技术,充分发挥工程效益。

6

管理体系

建立完善专管与群管相结合的管理体系,不断规范和提升现代灌区管理服务水平。足额落实灌区"两费",满足灌区运行管理和工程维修养护需求;加强灌区队伍建设,组建高效敬业的管理队伍,配备合理的年龄结构、专业结构,定期开展技术培训,不断提升灌区管理人员的管理水平和技术人员的专业技能;健全灌区管理制度,建立与管理目标任务相适应的人事制度,严格考评制度,按照农业水价综合改革要求,规范水价核定和水费收缴;构建灌溉优化的供配水制度与工程科学调度的运行管理体系,实施用水总量控制和定额管理,实施精准灌溉、精准计量、精细管理。

6.1　建设管理

在工程建设管理上,按照基本建设程序,严格执行"四制",同时推广项目公示制和农民义务监督员制度。要充分发挥纪检、监察、审计部门的作用,建立农村水利项目建设巡视检查制度,确保安全生产和工程质量。在工程资金管理上,要严格实行专户存储、专账管理,建立信息通报和社会公示等机制。

（1）组织管理

项目的规划设计等前期工作由县级水行政主管部门负责组织实施,专门成立项目建设管理处,进行灌区项目的全面建设管理,负责协调各有关部门之间的关系、工程项目的建设管理、审查和监督各项目计划和工程建设进度,保证工程保质保量按时完成。

（2）项目管理

在工程项目管理上,完善规划许可、竞争立项、专家评审、绩效评估、稽查督查制度,保证投资效益。在工程建设管理上,按照《江苏省工程建设项目招标范围和规模标准规定》《水利工程建设程序管理暂行规定》《江苏省水利工程建设项目招标投标管理办法》等文件的规定,工程建设严格执行项目法人制、招标投标制、施工监理制、合同管理制、竣工验收制以及项目公示制、农民义务监督员制、第三方检测制等八项制度,全面加强工程质量安全管理,落实安全生产责任制,确保工程质量和施工安全。工程建设应严格按照规划要求实施,分期实施计划可以根据轻重缓急、经济发展水平等作适当的调整。

（3）资金管理

严格实行专户存储、专项管理,全面推行财政资金报账制度,加大对重点项目、重点环节的资金使用监督检查力度,确保财务规范、资金安全。多渠道筹集落实项目地方建设资金,鼓励和吸引社会资本参与项目建设和运营管理,确保地方投资与中央投资同步、足额到位。建立健全资金使用的各项规章制度,严格审批,设立专账、专户存储,实行专款专用,严禁截留、挤占、挪用建设资金,在项目实施过程中定期对工程资金进行财务审计,竣工后进行专项审计等机制,并建立信息通报和社会公示。

(4)质量管理

推行工程公开招投标制,灌区建设工程按照招投标办法,组织公开招标,择优选择施工单位。市相关部门全过程监督工程招标、议标工作,杜绝无资质施工,杜绝串标等违规发包。

强化纪律监察和财务支出监督机制,坚持"工程合同"和"廉政合同"双签制,完善工程施工队伍考核机制,实行动态管理,建立"准入、清出"机制。严格按照支付流程做好工程款项的审核,做到手续齐全,不早付、不迟付、不超付。

加大工程监理和检测力度,通过竞标制择优录用监理单位,建立监理单位考核机制,提高工程的施工质量,确保工程进度和安全生产。委托水利工程质量检测单位对所有建筑物工程进行水下基础、水上主体和竣工三阶段检测评定,建立临时抽检和通报制,定期发布工程现场质量检测情况通报,强化施工质量意识。

完善考核制度,严格工程验收制度,确保工程保质保量,实行施工队伍备案制度,完善农水工程施工队伍和监理单位考核制度,实行动态管理。推行水建、工管、财务、监理、检测等多条线联合验收,做到验收和工程交接同步到位。河道清淤按照标准验收一条,放水一条;河道综合整治工程在"六个一"的基础上按照建筑物工程要求验收;建筑物工程实行主管科室和监理初验合格、检测单位出具合格以上检测报告、工程竣工资料和决算编制完成后由联合验收小组进行验收和交接。

6.2 运行管理

深化灌区水管体制改革,落实公益性人员经费和公益性工程维修养护经费。按照水利部、财政部印发的《水利工程管理单位定岗标准》和《水利工程维修养护定额标准》测算管理人员、管理经费、维修养护经费;推进灌区骨干工程管养分离,培育和规范灌排工程维修养护市场。灌区专业管理机构进一步进行机构内部管理体制改革,完善骨干工程的管理;田间工程加大对村组集体、新型农业经营主体、农民用水合作组织等群管组织的指导,发挥其灌区末级渠系运行管理主体作用。灌区运行管理方面需加强以下几个方面工作:

一是落实安全责任制,确保工程运行安全。以灌区各引水河、排涝河泵闸站以及堤防涵闸的运行为重点,落实各类水利工程尤其是堤防涵闸安全责任制和安全运行各项规章制度;建立及落实主要负责人、分管负责人、安全管理人员、各岗位安全生产责任制;加强应急机构和应急队伍建设;建立和完善安全事故预防、预警、预报应急机制。着重检查堤防、泵站、涵闸闸门及启闭设备和电气设备的使用维护情况;工程临水临边防护、高低压电器防护、消防设施配备管理情况。

二是建立长效管护机制,加强考核监督。农田水利工程管理工作已与农村河道管护项目同步纳入省农田水利建设管护项目绩效考评中。各地建立健全长效管护工作机制,结合小型水利工程管理体制改革、农田水利设施产权制度改革、水价改革等工作,严格考核措施,积极推行农村小型农田水利工程管护模式“市场化”、管护人员“专业化”、管护考核“绩效化”等管理目标。加强检查监督考核,建立切实可行的考核细则,定期和不定期组织开展专项督查,确保已建好的项目能够长效运行。继续坚持月度督查和季度考核相结合,定期考核与不定期检查相结合,加大农村河道长效管护考核力度,不间断地对全区农村河道管护情况全方位督查,并将考核结果与评优评先挂钩。

三是继续深化改革,加强用水合作组织建设。加强乡镇水利站服务能力建设,统筹推进人才队伍建设、改善基础设施、强化技术装备、健全管理制度等各项工作,禁止乡镇水利站以任何方式承接施工项目。推动已明确为公益性全额拨款事业单位水利站的人员、运行等经费足额到位,切实将水利站的工作重心转移到管理与服务上来。健全村级水管员制度,加快构建以乡镇水利站为纽带,农民用水合作组织、抗旱排涝服务队、专业化服务公司和村级水管员、水利工程建设义务监督员等共同构建的基层水利服务网络。完善和壮大农民用水合作组织,对依法进行登记注册的农民用水合作组织,进一步明确功能定位,拓展服务范围,健全管理机制,探索农民用水合作组织向农村经济组织、专业化合作社等多元化方向发展,扶持其成为农田水利工程建设和管护的主体,充分发挥其在工程管护、用水管理、水费计收等方面的作用。

四是加强队伍建设,加大培训力度。加强农村水利设施管护组织及队伍建设,建立健全各项管护制度,各类农村水利设施应有专人负责管护,有管护合同、管护记录,管护费用按合同发放。同时做好档案管理工作,保障各项档案真实完整,包括工程核查登记、移交手续、规章制度、队伍建设、经费安排和使用、日常维修养护、检查考核等。加大宣传统计人员培训力度,提高农村水利宣传队伍人员素质。建立健全统计数据报送审核机制,提高农村水利统计数据的客观性、准确性、科学性。

6.3　用水管理

根据灌区用水取水许可情况和用水需求,结合用水管理分界面,合理提出基于用水管理需求和提高供水服务水平的灌区用水方案。在特殊用水年型和突发用水情况下,合理配置水资源,制定用水管理方案。在全面完成水价改革的基础上,继续完善有利于节水的水价机制,建立灌溉用水精准补贴和节水奖励机制,积极落实财政补贴和奖励资金来源,提高灌溉用水效率和效益,保障灌区长期良性运行。结合灌区水土资源条件、不同作物类型等,按照最严格水资源管理制度的要求,制定相应的灌溉用水管理规章制度,强化灌区灌溉用水管理。

一是实施总量控制定额管理。以每年下达各地的农业灌溉用水总量为控制指标,逐级分解落实到各用水单元,制订科学、详细的用水计划,按用水计划调控各灌区用水量,逐步推行量水到干、支、斗渠,实现农业灌溉用水总量控制。根据各用水单元分配的灌溉用水量,通过合理调整种植结构,大力发展节水灌溉,节水灌溉工程措施与农艺技术措施相结合,通过灌溉试验研究制定不同作物灌溉制度,注重宣传引导,强化节水意识,有效开展灌溉用水定额管理。

二是完善农业水价形成机制。为规范水价核定工作,制定农业水价核定管理办法,对灌区农业用水价格实行政府定价管理,农业用水按计量收费,并实行两部制水价。逐步实行农业用水价格分类水价,区别粮食作物、经济作物、养殖业等用水类型,统筹考虑用水量、生产效益、区域农业发展政策等,合理确定各类用水价格。农业用水按照"谁供水谁收费,谁用水谁缴费"的原则实行计量收费。建立灌溉用水精准补贴和节水奖励机制,积极落实财政补贴和奖励资金来源,提高灌溉用水效率和效益,保障灌区长期良性运行。

三是加快建立用水计量体系。对于新建、改建和扩建的工程需要配备同步的建设计量设施,对于还未配备相应计量设施的工程要抓紧进行改造。近期重点建设渠首取水工程及骨干渠道量水设施;自流灌溉干支渠量水以渠系建筑物量水为主,提水灌区渠首量水宜直接计量泵站水泵出流。尽量采用易于观测、性能可靠的量水设备,以及数据采集、传输及管理技术;干支渠宜利用水位传感器自动采集上、下游水位及闸门开启高度,并自动计算流量及累计水量;斗、农渠尽量采用可累计直读的量水设备,有条件灌区宜对观测水量进行自动采集及无线远传。

暂未安装计量设施的,可采用"以电折水""以时折水"方法,并定期率定水泵水量电量关系。

6.4 科技推广

因地制宜推广节水灌溉技术、水土保持技术、泵站节能改造技术、装配式建筑物技术、生态河道治理技术等,在推广已有新技术和成功经验的同时,针对农村水利建设中的重点和难点,大力开展新材料、新工艺的研究和推广,依靠科技进步,提升农村水利建设水平。加快物联网、大数据、区块链、人工智能、第五代移动通信网络、智慧气象等现代信息技术在灌区信息化领域的研究与推广应用,着力推进自动化、生态化、现代化灌区建设进程。

6.5 灌溉水利用系数

灌溉水利用系数是《国民经济和社会发展第十三个五年规划纲要》和水资源管理"三条红线"控制目标的一项主要指标,是推进水资源消耗总量和强度双控行动、全面建设节水型社会的重要内容。切实做好农田灌溉水有效利用系数测算分析工作,是贯彻新时期治水思路和落实水利改革发展总基调的重要内容,对于客观反映灌区工程状况、用水管理能力、灌溉技术水平,有效指导灌区规划设计,合理评估灌区节水潜力,乃至促进区域水资源优化配置等具有重要意义。

根据水利部统一部署,严格按照《灌溉水利用率测定技术导则》《全国农田灌溉水有效利用系数测算分析技术指导细则》规定的测算方法和要求,持续做好灌区灌溉水有效利用系数测算分析工作,确定各阶段工作目标和任务,建立工作机制,制定工作方案,保障工作经费,加强过程管理与监督检查,提高基础数据采集的可靠性、及时性和连续性,严格执行测算分析程序和方法,确保成果的合理性。一是规范工作过程。建立省、市、县、样点灌区四级测算体系,从组织领导、经费落实、技术支撑、样点选择、方案制订、技术培训、现场指导、水量观测、资料整理、成果审核等方面分层落实,层层把关,严格规范,科学操作,保证了测算成果的质量。制定市级工作方案、成果报告编制提纲,对市级工作方案进行严格把关;加大灌溉期间实地技术指导和监督检查力度。二是落实工作经费。按照考评办法规定,足额落实测算经费、加大样点灌区的工程投入、计量设施及管理设施的建设投入,为样点灌区测算提供可靠的物质条件和经费保障。三是分析测算成果。在实测资料的基础上,逐级汇总分析测算成果,结合灌区实际,从灌区规模、工程投入、运行管护、降水量分布、灌溉试验成果等方面对成果进行分析,确保成果具有较强的合理性和准确性。

7

投资估算

7.1　编制依据

7.1.1　依据

采用省水利现行相关费用标准及其配套建筑工程定额和材料预算基价。对已有前期工作的项目,以前期工作提出的投资为准,其他项目可根据实际情况进行估算。投资估算主要依据:

(1)《江苏省水利工程设计概(估)算编制规定》;

(2)《江苏省水利工程概算定额建筑工程》;

(3)《江苏省水利工程概算定额安装工程》;

(4)《江苏省水利工程施工机械台时费定额》;

(5)《江苏省水利工程预算定额动态基价标》;

(6)《省水利厅关于调增安全文明措施费和项目建设管理费两项费率标准的通知》;

(7)《省水利厅关于发布江苏省水利工程人工预算工时单价标准的通知》;

(8)《水利水电工程设计工程量计算规定》;

(9)国家及地方有关政策法规。

7.1.2　价格水平年

投资估算编制的价格水平年采用 2019 年度第四季度价格。

7.1.3　估算方法

参考各市类似工程项目和本地区大宗建筑材料行情,采用典型工程概算指标法进行投资估算,即根据全省各市已建典型工程,分析得出各类工程单位投资指标,再结合各市规划水平年确定的各类工程建设规模,以灌区为单元,进行各类工程投资估算,最后累计得到 2021—2035 年全省中型灌区规划工程总投资。

7.2 投资估算

7.2.1 骨干工程

规划主要内容:渠首改建 259 座、改造 193 座,灌溉渠道新建 3 615.52 km、改造 19 103.81 km,排水沟新建 936.09 km、改造 14 452.78 km,渠系配套建筑物新建 1.64 万座、改造 1.99 万座,新建及改造管理设施 1.77 万处、安全设施 4.16 万处;实施灌区管理信息化改造 264 处、计量设施改造 1.70 万处。

经初步估算,《规划》总投资约 565.39 亿元。其中渠首工程投资 46.93 亿元,占总投资的 8.3%;骨干灌溉渠道工程投资 228.42 亿元,占总投资的 40.4% 左右;骨干排水沟工程投资 96.68 亿元,占总投资的 17.1% 左右;配套建筑物工程投资 127.21 亿元,占总投资的 22.5% 左右;管理设施投资 41.84 亿元,占总投资的 7.4% 左右;安全设施投资 7.35 亿元,占总投资的 1.3% 左右;计量设施投资 3.39 亿元,占总投资的 0.6% 左右;信息化投资 13.57 亿元,占总投资的 2.4% 左右。

全省不同工程投资比例如下图 7-1 所示。

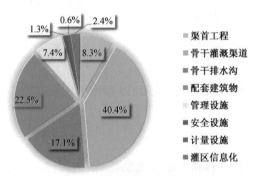

图 7-1 规划投资结构图

表 7-1 各设区市《规划》中型灌区投资分析表

市别	设计灌溉面积(万亩)			投资(亿元)			亩均投资(元/亩)		
	小计	重点中型	一般中型	小计	重点中型	一般中型	小计	重点中型	一般中型
南 京	212.98	147.07	65.91	41.10	28.58	12.52	1 930	1 943	1 899

续表

市别	设计灌溉面积(万亩)			投资(亿元)			亩均投资(元/亩)		
	小计	重点中型	一般中型	小计	重点中型	一般中型	小计	重点中型	一般中型
无　锡	1.60	0.00	1.60	0.32	0.00	0.32	2 000	—	2 000
徐　州	654.20	639.00	15.20	133.26	130.54	2.71	2 037	2043	1786
常　州	14.83	14.83	0.00	2.97	2.97	0.00	2 000	2 000	—
南　通	338.83	337.58	1.25	67.67	67.41	0.26	1997	1 997	2 094
连云港	272.27	227.64	44.63	61.36	52.41	8.95	2 254	2 302	2 004
淮　安	191.65	184.76	6.89	38.17	37.01	1.16	1 992	2 003	1 681
盐　城	417.80	391.70	26.10	84.37	79.26	5.11	2 019	2 024	1 957
扬　州	316.91	263.71	53.20	56.23	45.35	10.89	1 774	1 720	2 046
镇　江	42.32	40.02	2.30	8.46	8.00	0.46	2 000	2 000	2 000
泰　州	123.47	119.97	3.50	17.54	16.84	0.70	1 421	1404	2 000
宿　迁	230.81	226.21	4.60	45.86	45.40	0.46	1 987	2 007	1 000
省监狱农场	40.40	40.40	0.00	8.08	8.08	0.00	2 000	2 000	—
全　省	2 858.07	2 632.89	225.18	565.39	521.86	43.54	1 978	1 982	1 933

根据《规划》表格,汇总各设区市灌区设计灌溉面积、规划工程投资、亩均投资如表 7-1 所示。由表可知,全省中型灌区 264 处,设计灌溉面积 2 858.07 万亩,总投资 496.56 亿元,亩均投资 1 978.21 元/亩。其中,重点中型灌区 179 处,设计灌溉面积 2 632.89 万亩,投资 521.86 亿元,亩均投资 1 982.06 元/亩;一般中型灌区 85 处,设计灌溉面积 225.18 万亩,投资 43.53 亿元,亩均投资 1 933.21 元/亩。

7.2.2　田间工程

田间工程按照农业农村部门高标准农田建设标准进行投资估算,见表 7-2。

表 7-2　各设区市田间工程投资标准统计表

序号	设区市	设计灌溉面积(万亩)	亩均投资(元/亩)
1	南　京	212.98	2700
2	无　锡	1.60	3000
3	徐　州	654.20	2700
4	常　州	14.83	3000
5	南　通	338.83	3000

序号	设区市	设计灌溉面积(万亩)	亩均投资(元/亩)
6	连云港	272.27	2 500
7	淮 安	191.65	2 000
8	盐 城	417.80	2 000
9	扬 州	316.91	2 500
10	镇 江	42.32	2 500
11	泰 州	123.47	2 300
12	宿 迁	230.81	2 500

7.3 资金筹措

中型灌区项目建设属于公益性和准公益性的基础设施建设,社会效益显著,经济效益是间接的。因此,以政府投入为主导,建立多元化、多层次、多渠道的投融资机制,通过政策带动,社会联动,鼓励社会投资和吸引民间资本,共同参与中型灌区项目建设和管理。加大财政对灌区建设投入力度,一方面,积极争取中央和各级政府的财政投入,另一方面,也要争取不同行业的专项资金,如农业综合开发项目、国土整治项目等的投入。要采取具体有效的措施,发挥行业优势,资金捆绑使用,避免重复投资,提高资金使用效率。

① 工程建设资金要坚持中央和地方共同事权的原则,积极争取中央、省级财政投资补助,切实落实地方财政投入的责任,共同筹措规划工程建设资金。灌区骨干工程建设由各级水行政主管部门组织实施,田间工程建设由农业农村部门组织实施。

② 积极落实管理改革中灌区专管机构的人员和运行经费,多渠道落实农业用水精准补贴和节水奖励资金,落实好灌区水费征收制度,确保工程良性运行和工程效益的发挥。

③ 鼓励和引导社会资本参与中型灌区节水配套改造与提档升级工程建设、运营管理。探索通过水权交易、灌区改造新增耕地指标交易等方式,筹集灌区节水配套改造与提档升级建设资金。

7.4 实施安排

全省共 264 处中型灌区,设计灌溉面积 2 858.07 万亩、总投资 565.39 亿元,其中重点中型灌区 179 个、总投资 521.86 亿元,一般中型灌区 85 个、总投资 43.53 亿元。根据中央资金投资计划,规划至 2025 年,完成全省约 1/3 中型灌区改造任务,至 2035 年,完成全省 264 处中型灌区改造任务。

近期安排(2021—2025),实施完成中型灌区 75 处、设计灌溉面积 845.72 万亩、总投资约 150.69 亿元。其中 2021—2022 年已列入中央投资计划 27 处、设计灌溉面积 221 万亩,总投资 22.18 亿元,亩均投资约 1 000 元/亩。

远期安排(2026—2035),完成剩余中型灌区续建配套与现代化改造任务,即实施完成中型灌区 1 189 处、设计灌溉面积 2 012.35 万亩、总投资约 414.70 亿元,亩均投资约 2 000 元/亩。

按照规划任务的需求根据实际情况确定规划实施期,1～5 万亩灌区主体工程 1～2 年完成,5～30 万亩灌区主体工程 2 年完成。按照集中建设、连续投入的方式,建一个销号一个。

8

实施评价

8.1　环境评价

8.1.1　评价依据及目标

1）评价依据

（1）《中华人民共和国环境影响评价法》；

（2）《建设项目环境保护管理条例》（2017年修订）；

（3）《规划环境影响评价技术导则　总纲》（HJ 130—2019）；

（4）《水利水电工程环境影响评价规范（试行）》（SDJ 302—88）；

（5）《灌溉与排水工程设计规范》（GB 50288—2018）。

2）环境保护目标

通过采取预防或者减轻不良环境影响的对策措施，努力消除或降低不利影响至最低限度，充分发挥全省中型灌区建设项目对环境的有利影响，促进灌区工程与周围环境相互融合、相互协调；确保灌区建设有利于地区水土资源可持续利用、经济可持续发展、生态环境良性循环。

8.1.2　环境影响评价

1）对环境的有利影响

① 规划建设项目实施以后，可使贫瘠土壤增加肥力，改变土壤团粒结构，从而达到增产的目的，灌区经济效益得以提高，为农业可持续发展奠定基础。同时，随着农业生产条件的改善，作物复种指数将会大幅度提高，经济作物种植面积将逐年增加，作物品种将由旱作低产向喜水高产品种转变，从而使灌区农村经济得到快速发展。

② 规划建设项目实施以后，全省平均灌溉水利用系数从0.58提高到0.61，将节约水资源9亿m³，缓解了区域工农业用水矛盾，促进了水资源可持续利用。同时，在很大程度上也减少了灌区化肥、农药的面源对水体的污染，农村的生态环境将发生显著的改观，大大改善了农村的生活环境。

③ 规划建设项目实施以后，对灌区气候将产生有利影响。在灌区对田间小气候影响效应历时之内，春、夏、秋三季灌溉可使白天气温降低，夜间气温升高，空气相

对温度增大,地温降低,蒸发量减少;冬季可使地温增加,空气相对温度增加,蒸发量增加,这些效应将增加农作物抗旱保墒能力,防止或减弱农业灾害性气象发生。另外,整个灌区经过统一规划,结合水土保持治理,使灌区内林草覆盖率得以大大提高,改变生态环境、形成局部小气候,使得灌区内生态环境逐渐趋于平衡,并促进灌区社会经济持续、健康、快速增长。同时,也给鸟类及昆虫的生存繁衍创造优良环境。

④ 排水沟道整治将大大改善灌区河道引排调蓄功能,减少因洪水泛滥、排水不畅造成的危害,从总体上减少因洪涝灾害而引发的环境问题;同时,沟道整治恢复了水体的自然风貌,水流通畅,水体自净能力提高,水陆气候相互调节能力增强,为区域经济的持续高速发展提供良好的生态环境、社会环境和投资环境。

⑤ 对于利用地下水灌溉的灌区,通过有计划地开采地下水,可增加地下水垂直径流排泄的循环次数,增加土壤、空气湿度,植被增多,有效改善农田小气候,有利于发展农业生产。

2) 对环境的不利影响

(1) 对水环境的影响

工程建设期间,由于材料运输、混凝土拌和、施工现场的雨水径流等产生的施工废水和施工人员产生的污水,由于难以统一管理,对施工工地附近水域将造成一定程度的影响,水体中悬浮物和有机污染物增加。

在施工期间应将排放的大量施工生产污水和施工人员生活污水通过一级或二级处理,处理达标后排放,以减少对水环境的污染影响。另外,由于施工期时间不长,施工场地分散,因此影响是暂时的,在工程竣工后,不利影响将逐步消失。

(2) 施工开挖与弃土对环境的影响

在规划工程项目施工过程中,由于建筑物基坑开挖、输水管道铺设而产生弃土、弃渣等,若不采取措施任意堆放将引起水土流失,影响周围居民正常生活。施工中应对弃土周边采取保护措施,在施工过程中及时清理垃圾及剩余建筑材料,恢复原有环境、尽量减少对周边环境的影响。

施工期间,骨干沟渠清淤整治产生的大量淤泥如不及时清理,极易对环境造成二次污染,散发的气味影响空气质量,逢到降雨时,淤土再次流失进入附近河道或污染路面,淤土风干后也易在风力作用下产生风沙。

(3) 施工噪音、废气对环境的影响

施工噪音主要来自施工机械以及施工辅助生产企业,废气主要来自施工现场燃油施工机械和机动车辆的尾气、水泥和泥石料的运输卸及混凝土中产生的粉尘。噪音、废气和粉尘可能会对周围的大气质量、声环境质量、人群身体健康和日常生活带来一些不利影响。由于大量施工、运输车辆的进出,对交通将产生一定的压力。

3）环境影响评价结论

从上述灌区改造工程建设的有利影响和不利影响分析结果来看,灌溉工程体系的健全发展和良性运行,可以改善灌区人民的生产条件、生活质量和生态环境。只要工程建设单位将各项环保设施落实到位,严格执行国家有关环境质量标准,加强施工期间的防护,不利影响是暂时的、可以缓减或者避免的,工程建设从环保角度看是完全可靠的,不存在制约工程兴建的环境问题,完全可以做到环境效益和经济效益相得益彰。因此,从环境角度分析,规划对生态环境的影响利大于弊,规划实施是可行的。

8.1.3 环境保护对策

针对灌区规划建设项目对环境产生的不利影响,在工程建设过程中,应提高环保意识,加强环境保护,提出以下预防或减轻不良环境影响的对策与措施:

① 合理规划、布置,减少工程占地;加强水土流失治理,对施工期间临时占地,在工程结束后进行植被恢复。

② 坚持土地的用养结合,增加有机肥施用量,少施化肥;对质地比较黏重的土壤,通过采用生物改土措施进行培肥,改善土壤理化性质,提高土壤肥力。

③ 农业生产中合理使用化肥和农药。选择高效、低毒、低残留、半衰期短的农药品种,减少农田弃水对水环境的污染。工业废水统一收集,设置沉淀池处理后,用于施工区降尘洒水。修建防渗厕所,将生活污水排入其中。

④ 施工期尽量采用罐车运输物料,不能罐装的用篷布遮挡,防止物料洒落。施工区的扬尘、粉尘可通过洒水降尘减免;途经村屯附近的扬尘量可通过减缓车辆行驶速度降低。尽量选用低污染物排放的高质量燃油,并通过尾气净化装置减少施工机械及车辆对大气环境的影响。

⑤ 施工时尽量采用低噪声的设备,并加强机械设备的维护与保养。运输车辆行经居民区时应限速行驶,并禁止鸣笛。运行期将水泵、机电设备布设在封闭性好,隔音效果强的泵房及设备间内,设置值班人员操作间。对于接触高噪声设备的

操作人员,提供必要的劳动保护用品,减少噪声对操作人员健康的威胁。

⑥ 在工程施工前应对施工区进行清理消毒,为施工人员提供较好的居住条件和生活条件,搞好施工区卫生,有效预防各类传染性、流行性疾病的暴发流行,加强施工人员的卫生防疫,杜绝肝炎患者、携带者及其他严重传染病患者等进入施工队伍。

⑦ 加强环境管理和水资源保护,防止水资源受到污染。保护现有农田防护林,杜绝乱砍滥伐,防止发生水土流失。施工期间应避免伤害鸟类兽类等动物,保护生物多样性,保护区域生态环境。

8.2 水保评价

认真贯彻"预防为主、全面规划、综合防治、因地制宜、加强管理、注重实效"的水土保持方针,合理配置生物与工程、临时性与永久性措施,以形成有效的防治体系,保护和合理利用资源;坚持与主体工程同时设计、同时施工、同时投产使用的"三同时"政策;坚持综合治理与绿化美化相结合,实现生态、经济和社会效益同步协调发展。通过在施工区全面布置水土保持工程措施和生物措施,使原有的水土流失得到基本控制,工程水土流失治理程度达到80%以上,因工程建设损坏的水土保持设施恢复到90%以上。工程建设完成后,对建设过程中损坏的植被进行恢复。

1) 水土流失的危害

水土流失是在水力、风力、重力、冻融等自然外界力或人类活动等作用下,水土资源和土地生产力的破坏和损失,包括土地表层侵蚀和水土损失,其造成的危害主要为:

① 破坏土地资源,土壤颗粒表面的营养物质在径流和土壤侵蚀作用下,随径流泥沙向下游输移,从而造成养分损失,养分流失后土壤日益贫瘠、土壤肥力和土地生产力降低。

② 随着水土流失,土壤颗粒输移至下游河道,造成河湖淤积,缩窄过水断面、减小防洪库容,影响防洪安全。

③ 水土流失和面源污染密切相关,水土流失在输送大量径流与泥沙的同时,也将各类污染物输送到河流、湖泊、水库,造成面源污染,土壤侵蚀与富营养化是自

然现象,但不合理的人类活动加速此过程时就会导致水质恶化。

2）水土流失现状

沿江高沙土区的灌区,土质松散,黏结力弱,抗蚀性差,且灌区多为土质沟河,每逢暴雨易产生土壤侵蚀,造成水土流失,容易造成河道及沟道的岸坡坍塌、淤积和淤塞,削弱河道正常的引排、调蓄等功能。灌区工程建设过程中,由于场地的开挖和平整,必然扰动原地表形态,损坏原地表土壤、植被,并形成松散的土石及边坡,降低表层土壤的抗蚀性,易造成新的水土流失。

3）水土保持措施

各灌区《规划》设计中充分考虑水土保持措施,在生态修复、生态走廊、工程措施等生态系统建设中营造多样化的水土保持林草措施体系,保护了土地资源,减少了可能产生的水土流失数量,也对水土保持、生态环境保护有利,符合水土保持要求。灌区改造中,需综合考虑水土流失治理任务,治理策略是:改良土壤,保护农田,大力推进高标准农田建设,加强农田林网建设和河道、沟渠边坡防护,控制水土流失,保护土壤资源,防治面源污染,维护水质安全。针对细沟侵蚀、重力侵蚀,主要是进行河道整治、边坡防护。规划水土流失防治措施体系,结合工程特点、当地自然条件,针对灌区水土流失特征及危害,从实际出发,采用点、线、面相结合,全面治理与重点治理相结合,防治与监督相结合的办法,因地制宜、因害设防。按工程措施、植物措施和临时防护措施进行布设,从保护生态环境,有效防治水土流失的目的出发,合理配置各项防治措施,建立科学完善的水土保持体系,达到水土流失综合防治和生态环境保护的目的。

（1）工程措施

表土剥离及回覆。表土是很珍贵的资源,对 30 cm 厚的表土进行剥离,剥离的表土后期回填于林草措施处。

生态护坡。生态护坡在满足边坡稳定、水流冲刷的基础上,最大程度保持水与土的物质、能力交换,具有良好的水土保持、环境保护效益。

（2）植物措施

本规划生态体系建设中,大量的植物设计,可稳固堤岸,防止水流的冲刷和侵蚀,减少面蚀及溅蚀,保持水土。

（3）临时措施

临时苫盖。临时苫盖可以有效地降低施工过程中土壤的流失,降低扬尘对周边环境的污染,具有很好的水土保持作用。

临时拦挡。对临时堆土四周采用临时拦挡可以有效地降低施工过程中土壤的流失,降低对周边环境的污染。

临时排水沟及沉砂池。临时排水沟、沉砂池可以有效降低施工过程中的土壤流失,具有很好的水土保持作用。

8.3 实施效果

中型灌区续建配套与现代化改造规划的实施,可全面提升灌区基础设施水平,改善灌区农业生产基本条件、水资源状况和生态环境,促进农业增产,农民增收,保障粮食生产安全,改善农村生产生活条件,推动经济持续稳定健康发展,将产生显著的经济效益、环境效益和社会效益。规划实施后,拟新增灌溉面积104万亩、恢复灌溉面积244万亩、改善灌溉面积1022万亩、改善排涝面积905万亩、年新增供水能力8.2亿 m^3 、年新增节水能力6.5亿 m^3 、年增粮食生产能力6.4亿 kg。

8.3.1 经济效益

增产增收。由于水资源的短缺,许多耕地仍然"靠天收"或高成本用水,生产条件差,产量低而不稳,丰产而不增收,严重影响农民种田积极性。通过全规划的工程建设,特别是节水灌溉的发展,可以较大幅度地提高灌溉水利用系数,从而节约灌溉用水量,也相应地提高农田灌溉保证率,增强农作物抗御水旱灾害的能力,保证农作物的高产稳产,提高作物水分生产率;先进灌水技术的使用,可大大地促进农业结构的调整,为高效农业的发展奠定基础,能够适时、适量地满足作物对水的需求,灌溉均匀度高,既能提高作物产量,又能保证产品品质,增加农民收入。

节地效益。田间节水灌溉工程的兴建,可以较大幅度地减少渠道占地率,提高耕地利用率,从而产生较大的节地效益。据相关研究测定和分析,渠道衬砌防渗与土渠相比节省土地1~2%,低压管道、喷微灌工程与渠道衬砌相比,可节省耕地2~3%。

节水效益。农业用水的节省主要表现在能源的节约,从而产生节能效益。由于灌溉水利用系数的提高,农田的用水量大为减少。全省中型灌区灌溉水利用系数从现状0.58提高到0.61,每年将节省大量的抽水能耗,产生可观的节水效益。

省工效益。渠道防渗工程、低压管道灌溉工程和喷微灌工程等先进节水工程技术的运用,每年可以节省大量土渠的整治用工。与土渠相比,一般平均可节省用工 50～60%。

减污效益。灌区灌排体系的完善,特别是农业节水工程与技术的运用,可实现农田水、肥、药的高效利用,减少田间水、肥、药向河道的排放和流失,同样也减少了肥料和农药向地下水的入渗和迁移,有效地保护周边水环境;同时,农业灌溉用水量的大量减少,使河道环境用水量增加,增加河水的纳污能力和自净能力,有利于水环境质量的提高。另外,农业节水灌溉可以减少地下水的抽取量,对防止地下水的超采和恶化起到非常积极的作用。

8.3.2 环境效益

随着规划建设项目的实施,将进一步减少抽引江、河、湖水量,增加水体环境容量,提高水体的自净能力;减少地下水的超采和地下水的恶化。其不但保护了水环境,而且增加了可利用的洁净水源。同时,规划工程的实施,可使田、林、路和灌溉系统得到统一规划,田间工程进一步配套完善。另外,发展管道输水灌溉可以避免对农田自然生态的破坏,极大地改善农田生态条件和环境质量。

8.3.3 社会效益

规划的实施除了具有巨大的经济效益与生态环境效益以外,还具有较为深远的社会效益。

① 推进农业结构调整,加快发展农业生产。随着农业结构战略性调整和高效农业、现代农业的发展,对以水为重点的生产条件提出了全新的要求。一方面,农业结构调整对灌溉的高效性和先进性提出了更高的目标,客观上推动了全省灌区建设的发展;另一方面,先进的灌溉技术可以为农业结构调整提供良好的基础条件,加快农业结构调整的步伐,促进传统农业向现代农业的转变。

② 加快农业基础设施的建设,改善农业生产条件,保障粮食安全。随着农业现代化建设的不断深入,对农田水利建设提出了越来越高的要求。规划的实施,可以进一步改善全省农田水利基本建设与经济发展相适应的状况,促进全省农业灌溉再上新台阶,这对加快农业基础设施建设、改善农业生产条件起到巨大的促进作用;同时,可以最大限度地提高农田水分生产率和粮食产出率,稳定和促进农业生产,解决江苏省人口多、耕地少的矛盾,保障粮食安全。

③ 推动社会经济的全面发展,保障人民生活用水安全。随着国民经济和其他社会事业的飞速发展,工业、旅游、交通、环境生态及人民生活用水的总量急剧增长。规划的实施,降低了农业用水定额,农业灌溉用水量比例逐步下降,可以缓解农业与工业、城市及乡村争水矛盾,增加交通、旅游和环境生态用水量。水资源的短缺对江苏省经济发展的严重制约可以得以缓解。同时,规划的实施,将有效地提高农业生产水平,对推动全省社会经济的全面发展与可持续发展具有十分重要的意义。

④ 完善管理体制,实现灌区管理现代化。在建设灌溉工程的同时,加强农业用水管水体制改革。建立完善的管理体制与人事分配体制,确立水管理部门的权限与义务,更好地为农业供水服务;与此同时,全面实行总量控制、定额管理,加强用水计量,改革现行的水价政策,形成自我积累、自我发展的良性循环机制。以完善的体制与法规,实现以法治水,转变人们过去的用水观念与管理理念,加快江苏灌区现代化步伐。

9

保障措施

9.1 加强组织领导

针对江苏省中型灌区续建配套与现代化改造规划涉及面广、工程投资大的实际情况,全省各级政府、部门要高度重视,并把中型灌区建设摆在农村水利建设的突出位置,从政策、资金、技术等各方面予以扶持,加强规划衔接,强化宣传引导,凝聚全社会力量,形成全民共识、齐抓共管、合力推进的格局,确保中型灌区续建配套与现代化改造规划顺利推进。

省级成立专门的领导小组,负责全省中型灌区规划的编制与实施,定期部署、督促和检查以推动各地工作进程。充分发挥政府在规划编制、资金筹集、体制机制创新等方面的主导作用,加强组织协调和监督检查,建立绩效考核和激励奖惩机制。各级政府、部门要把中型灌区规划的编制与实施作为重点工作来抓,建立健全政府领导牵头负责,水利、发改、财政、农业、自然资源、住建等部门协同配合、各负其责的工作机制,制定规划、落实措施、抓出成效。各级水利部门要把灌区建设管理作为民生水利工程来抓,主要负责人要亲自过问,分管负责人全力抓,把灌区建设管理各项任务分解到岗位、环节和步骤,层层传导压力,推动各项工作落实落细。组织社会公众参与,民主决策,宣传和引导社会公众参与规划实施的全过程。

要严格实施水工程建设规划保留区制度。与自然资源部门进行对接,衔接空间规划"三区三线"布局,按照适度超前的原则,预留水利工程建设国土空间,落实用地计划,确保工程实施。

9.2 严格项目管理

为了保障规划的顺利实施,需保持政策的稳定性和连续性,充分发挥"集中投入、整合资金、竞争立项、连片推进"等建设管理模式的优势,以渠系工程配套改造、信息化建设、沟渠生态建设、水稻节水灌溉技术推广为重点,结合高标准农田水利建设、农村河塘整治和水系连通、渠系配套改造、高效节水灌溉等,实施中型灌区续建配套与现代化改造。实行项目申报制,坚持竞争立项,公正、公开和公平遴选项目,激发受益区政府和农民积极性、增强技术、资金保障能力。各级人民政府要采取有效措施,建立健全各项规章制度,加强计划管理和项目实施全程管理,确保资金到位和工程质量。同时,地方发改、财政、国土、税务等部门应出台相应的优惠政策法规,以保障规划的顺利实施。

项目需参照基本建设程序,推行招投标制、项目法人制、工程建设监理制和合同管理制,进一步加强对灌区工程建设市场的监管,建立健全具有法人地位的项目建设责任主体,逐步建立水利市场准入制度、市场主体信用体系、工程质量安全监督体系,完善合同管理制、竣工验收制,推行质量体系认证与设计招标制度,保证项目按质、按工期、按投资完成;并对已完成的工程量进行验收、签证、整理竣工资料;项目完成后,与项目相关的文件、技术档案、资金使用报告、图片(含影像资料)及验收文件应及时归档,由专人负责整理保管。

9.3 完善投入机制

强化中型灌区的基础性和公益性,以及在实施乡村振兴战略中的重要地位,突出政府主导地位,切实把中型灌区建设纳入公共财政投入优先保障领域,进一步加大财政投入,用好用足金融支持政策,多方筹集资金。省市县各级政府要全面落实政府可用财力、水利建设资金等各项用于灌区建设的投入政策,逐步增加各级政府预算内用于灌区建设资金,建立长期稳定的政府投入机制。同时要加大对灌区工程运行管理的财政支持,足额落实灌区管理人员经费和工程维修养护经费,保障工程的正常有效运行。

强化财政投入的撬动作用,建立政府和市场有机结合的投入机制,引入社会资本开展项目建设,调动农民、农村集体经济组织、农民用水合作组织、新型农业经营主体等加大灌区建设与管理的投入,可采取"以奖代补、先建后补"等方式对其按照规划和标准开展工程建设与管护给予财政补助。按照谁投资、谁建设、谁所有、谁受益的原则,转变观念,将单纯依靠水利部门办水利转变为全社会办水利;将单纯依靠财政拨款办水利转变为拨款、贷款、群众自筹资金办水利;改变无偿投入为有偿投入,加快水利投资结构和投资机制改革,做到受益者合理负担与政府扶持相结合,以进一步完善多层次、多元化、多渠道的灌区投入机制。

9.4 强化人才保障

优化人才结构。各地需加快灌区人才队伍建设,优化水利党政人才、专业技术人才、技能人才、管理人才队伍结构,进一步改善基层水利人才队伍专业结构,建立基层人才激励机制,鼓励专业人才到基层灌区管理单位锻炼服务,着力解决当前灌区管理单位人才严重紧缺问题。

强化队伍管理。落实定岗、定人、定责措施,灌区管理体制上需打破目前现有的松散型管理体系,积极推行"灌区管理所+用水者协会+专业化服务组织"的新型紧密型管理体系,逐步形成政府扶持、用水户参与、专业队伍管护的管理体制,逐步形成政策引导、社会化服务支持、用水户自主管理的运行机制。

加强教育培训。建立技术人才培训机制,围绕灌区建设管理目标,制定职工教育培训规划,不断调整、优化和加强职工教育培训的内容,建立职工学习考核制度、学习教育鼓励制度、职称评聘制度、技术创新奖励制度等,健全鼓励职工学习钻研的激励机制。建立健全以财政投入为主,单位、个人和社会相结合的多元化人才发展培训投入机制,加大对水利人才发展的培养投入,提高人才效率,打造并保护灌区建设管理技能中坚。

9.5 提升科技水平

各级政府要把农田水利关键技术研发、技术创新和技术推广列入当地科技发展计划,加大灌区关键技术研究和推广力度,推动科技创新与成果转化,解决建设和管理的重大问题,逐步提高规划设计、建设管理、建后运行的科技水平。建立健全以基层水利、农技服务组织为主体,科研、高校、企业、管理单位广泛参与,政府扶持和市场引导相结合的科技服务推广平台,研究、开发、推广农田水利工程最新成果(包括新结构、新材料、新工艺、新技术及新型量水设施等,特别是装配式建筑物、生态渠道和高效节水灌溉等方面的发明、实用新型成果),并为灌区建设管理提供科技咨询、项目评估和技术服务,开拓水利科技成果转化与应用市场,推动现有科技成果转化为生产力。

加强灌溉试验及其成果应用,结合项目建设、工程管理和改革创新,抓好政策法规、技术标准、关键技术、现代科技等培训工作,切实提升灌区建设管理支撑能力。大力发展灌区信息化技术,研究开发灌区信息化管理平台,构建包括水源工程、骨干灌排沟渠与配套工程、田间工程、管理体制等子模块组成的灌区数据信息库,全面推行规划、设计、建设、投资、管理、运行、监测等信息化管理,实现数据上报审核、项目申报审批、数据查询浏览、数据统计分析、电子地图查询等方面的信息化、数字化管理,不断提高灌区建设管理信息化和现代化水平。

附　表

附表 1 江苏省中型灌区基本信息表

灌区类型 类型	序号	灌区名称	设计灌溉面积	建成开灌时间	水源工程类型	灌区功能 农业供水	工业供水	生活供水	生态供水	防洪	除涝	发电	地貌类型	有效灌溉面积(万亩)	2018—2020年平均实灌面积(万亩)	节水灌溉面积(万亩) 总计	其中 渠道防渗	高效节水灌溉面积	灌溉作物结构占比(%) 粮食作物	经济作物	行政隶属	所在地市	受益县区	是否属于原832个国家级贫困县范围	是否产粮大县
1	2	3	4	5	6	7	8	9	10	11	12	13	14	15	16	17	18	19	20	21	22	23	24	25	26
南京市			212.98											183.22	181.00	129.27	104.26	25.01							
重点中型灌区	1	横溪河—赵村水库灌区	13.91	1960s	泵站水库	√		√		√			丘陵	13.91	13.91	10.40	8.49	1.92	90	10	县管	南京	江宁	否	否
	2	江宁河灌区	10.19	1960s	泵站	√					√		丘陵	10.19	10.19	7.62	6.22	1.41	70	30	县管	南京	江宁	否	否
	3	汤水河灌区	17.12	1970s	泵站	√					√		丘陵	14.68	14.68	10.98	8.95	2.03	70	30	县管	南京	江宁	否	否
	4	周岗圩灌区	7.61	1960s	堰闸	√					√		圩垸	6.87	6.87	5.14	4.19	0.95	90	10	县管	南京	江宁	否	否
	5	三岔灌区	9.42	1989	水库	√		√					丘陵	5.95	5.95	4.00	4.00	0.00	25	75	县管	南京	浦口	否	否
	6	侯家坝灌区	5.40	1960s	泵站	√				√			丘陵	2.87	2.87	1.83	1.23	0.60	40	60	县管	南京	浦口	否	否
	7	汊湖灌区	8.91	1960s	泵站	√					√		丘陵	8.90	8.90	5.66	3.12	2.54	30	70	县管	南京	溧水	否	是
	8	石臼湖灌区	9.00	1960s	堰闸	√			√		√		圩垸	9.00	9.00	5.72	3.15	2.57	20	80	县管	南京	溧水	否	是
	9	永丰圩灌区	7.15	1960s	堰闸	√		√	√		√		圩垸	1.80	1.80	1.17	1.04	0.12	20	80	县管	南京	高淳	否	否
	10	新禹河灌区	16.00	1960s	泵站	√			√	√	√		丘陵	15.00	13.04	11.66	10.65	1.01	88	12	县管	南京	六合	否	否
	11	金牛湖灌区	14.36	1960s	水库泵站	√			√	√	√		丘陵	12.74	12.74	9.90	9.05	0.85	85	15	县管	南京	六合	否	否
	12	山湖灌区	28.00	1960s	泵站水库	√			√		√		丘陵	22.00	22.00	17.09	15.62	1.47	90	10	县管	南京	六合	否	否

续表

灌区类型 类型	序号	灌区名称	设计灌溉面积	建成开灌时间	水源工程类型	灌溉功能							地貌类型	有效灌溉面积(万亩)	2018—2020年平均实灌面积(万亩)	节水灌溉面积(万亩)			灌溉作物结构占比(%)		行政隶属	所在地市	受益县区	是否属于原832个国家级贫困县范围	是否属产粮大县
						农业供水	工业供水	生活供水	生态供水	防洪	除涝	发电				总计	其中 渠道防渗	高效节水灌溉面积	粮食作物	经济作物					
1	2	3	4	5	6	7	8	9	10	11	12	13	14	15	16	17	18	19	20	21	22	23	24	25	26
一般中型灌区	13	东阳万安圩灌区	4.98	1970s	堰闸	√					√		圩垸	3.95	3.95	2.95	2.41	0.55	70	30	县管	南京	江宁	否	否
	14	五圩灌区	1.50	1960s	堰闸	√					√		圩垸	1.43	1.43	1.07	0.87	0.20	70	30	县管	南京	江宁	否	否
	15	下坝灌区	2.56	1970s	泵站	√							丘陵	2.38	2.38	1.78	1.45	0.33	15	85	县管	南京	江宁	否	否
	16	星辉洪幕灌区	2.04	1960s	泵站	√							丘陵	2.04	2.04	1.53	1.24	0.28	80	20	县管	南京	江宁	否	否
	17	三合圩灌区	2.28	2008	堰闸	√					√		圩垸区	2.28	2.28	1.50	1.00	0.50	60	40	县管	南京	浦口	否	否
	18	石桥灌区	1.41	1980s	堰闸	√							丘陵	1.27	1.27	0.81	0.55	0.27	50	50	县管	南京	浦口	否	否
	19	北城圩灌区	1.15	1960s	堰闸	√				√	√		圩垸	1.15	1.15	0.73	0.49	0.24	40	60	县管	南京	浦口	否	否
	20	草场圩灌区	1.02	1960s	堰闸	√				√	√		圩垸	1.02	1.02	0.65	0.44	0.21	40	60	县管	南京	浦口	否	否
	21	浦口沿江灌区	4.23	2009	堰闸	√				√	√		圩垸区	3.69	3.69	2.00	2.00	0.00	70	30	县管	南京	浦口	否	否
	22	浦口沿滁灌区	4.86	2006	堰闸	√		√		√	√		圩垸区	4.69	4.69	2.50	2.50	0.00	80	20	县管	南京	浦口	否	是
	23	方便灌区	4.80	1960s	水库	√				√			丘陵	4.80	4.80	3.05	1.68	1.37	60	40	县管	南京	溧水	否	是
	24	卧龙水库灌区	3.84	1970s	水库	√				√			丘陵	3.80	3.80	2.41	1.33	1.08	60	40	县管	南京	溧水	否	是
	25	无想寺灌区	2.03	1960s	水库	√							丘陵	2.00	2.00	1.27	0.70	0.57	10	90	县管	南京	溧水	否	是
	26	毛公铺灌区	1.61	1960s	泵站	√							丘陵	1.60	1.60	1.02	0.56	0.46	90	10	县管	南京	溧水	否	是
	27	明觉环山河灌区	1.13	1960s	水库	√				√			丘陵	1.05	1.05	0.67	0.37	0.30	70	30	县管	南京	溧水	否	是
	28	赭山头水库灌区	1.80	1970s	水库	√				√			丘陵	1.30	1.11	0.83	0.46	0.37	80	20	县管	南京	溧水	否	是

续表

灌区类型	序号	灌区名称	设计灌溉面积	建成开灌时间	水源工程类型	灌区功能							地貌类型	有效灌溉面积(万亩)	2018—2020年平均实灌面积(万亩)	节水灌溉面积(万亩)			灌溉作物结构占比(%)		行政隶属	所在地市	受益县区	是否属于原832个国家级贫困县范围	是否产粮大县
						农业供水	工业供水	生活供水	生态供水	防洪	除涝	发电				总计	其中渠道防渗	高效节水灌溉面积	粮食作物	经济作物					
1	2	3	4	5	6	7	8	9	10	11	12	13	14	15	16	17	18	19	20	21	22	23	24	25	26
一般中型灌区	29	新桥河灌区	4.00	1960s	堰闸	√							圩垸	4.00	4.00	2.54	1.40	1.14	20	80	县管	南京	溧水	否	是
	30	长坡圩灌区	1.06	1970s	堰闸	√					√		圩垸	0.86	0.86	0.69	0.52	0.16	60	40	县管	南京	江北	否	否
	31	玉带圩灌区	2.80	1960s	堰闸	√					√		圩垸	1.21	1.21	0.97	0.74	0.23	30	70	县管	南京	江北	否	否
	32	延佑双城灌区	2.27	1960s	堰闸	√					√		圩垸	1.42	1.42	1.14	0.87	0.27	10	90	县管	南京	江北	否	否
	33	相国圩灌区	3.00	1940s	堰闸	√					√		圩垸	2.70	2.70	1.75	1.57	0.18	20	80	县管	南京	高淳	否	否
	34	永胜圩灌区	2.31	1960s	堰闸	√					√		平原	2.15	2.15	0.91	0.46	0.45	10	90	县管	南京	高淳	否	否
	35	胜利圩灌区	1.55	1960s	堰闸	√					√		平原	1.46	1.46	0.61	0.61	0.00	10	90	县管	南京	高淳	否	否
	36	保胜圩灌区	1.15	1960s	堰闸	√					√		平原	1.15	1.10	0.15	0.15	0.00	10	90	县管	南京	高淳	否	否
	37	龙袍圩灌区	4.19	1960s	堰闸	√			√	√	√		圩垸	4.10	4.10	3.19	2.91	0.27	92	8	县管	南京	六合	否	否
	38	新集灌区	2.35	1960s	堰闸	√			√	√	√		平原岗地	1.80	1.80	1.40	1.28	0.12	83	17	县管	南京	六合	否	否
无锡市			1.60											1.60	1.60	0.80	0.80	0.00							
一般中型灌区	39	溪北圩灌区	1.60	2007	泵站	√			√	√	√		圩垸区	1.60	1.60	0.80	0.80	0.00	95	5	县管	无锡	宜兴	否	是
徐州市			654.20											562.04	513.44	368.49	314.01	54.48							
重点中型灌区	40	复新河灌区	29.60	1975	泵站	√			√	√	√		平原	26.05	20.84	17.09	12.50	4.58	81	19	县管	徐州	丰县	否	否
	41	四联河灌区	22.50	1999	泵站	√			√	√	√		平原	19.80	15.84	12.99	9.50	3.48	50	50	县管	徐州	丰县	否	否
一般中型灌区	42	苗城灌区	17.20	1982	水库	√			√	√	√		平原	12.10	12.10	7.94	5.81	2.13	85	15	县管	徐州	丰县	否	否
	43	大沙河灌区	24.70	1989	水库	√		√	√	√	√		平原	21.74	17.39	14.26	10.44	3.83	78	22	县管	徐州	丰县	否	否

续表

灌区类型	序号	灌区名称	设计灌溉面积	建成开灌时间	水源工程类型	农业供水	工业供水	生活供水	生态供水	防洪	除涝	发电	地貌类型	有效灌溉面积(万亩)	2018—2020年平均实灌面积(万亩)	节水灌溉面积 总计(万亩)	其中 渠道防渗	高效节水灌溉面积	粮食作物	经济作物	行政隶属	所在地市	受益县区	是否属于原832个国家级贫困县范围	是否产粮大县
1	2	3	4	5	6	7	8	9	10	11	12	13	14	15	16	17	18	19	20	21	22	23	24	25	26
	44	郑集南支河灌区	23.60	1997	泵站	√			√	√	√		平原	20.77	16.61	13.63	9.97	3.66	61	40	县管	徐州	丰县	否	否
	45	灌婴灌区	10.69	1978	泵站	√				√	√		平原	9.49	9.49	6.90	5.60	1.30	60	40	县管	徐州	沛县	否	否
	46	侯阁灌区	20.47	1976	堰闸	√				√	√		平原	18.87	18.42	8.20	6.70	1.50	50	50	县管	徐州	沛县	否	否
	47	邹庄灌区	19.97	1978	泵站	√				√	√		平原	18.77	17.97	8.10	7.00	1.10	60	40	县管	徐州	沛县	否	否
	48	上级湖灌区	11.78	1988	泵站	√				√	√		平原	10.22	10.22	9.00	8.60	0.40	80	20	县管	徐州	沛县	否	否
	49	胡寨灌区	8.67	1985	泵站	√				√	√		平原	8.31	7.80	7.10	6.80	0.30	80	15	县管	徐州	沛县	否	否
	50	苗洼灌区	13.38	1984	泵站	√				√	√		平原	11.51	11.51	9.20	8.50	0.70	95	5	县管	徐州	沛县	否	否
	51	沛城灌区	14.22	1986	泵站	√				√	√		平原	12.62	12.62	7.20	6.60	0.60	65	35	县管	徐州	沛县	否	否
	52	五段灌区	7.80	1986	泵站	√				√	√		平原	6.50	6.50	5.80	5.30	0.50	80	20	县管	徐州	沛县	否	否
重点中型灌区	53	陈楼灌区	17.52	1985	泵站	√							平原	15.80	15.77	10.50	9.80	0.70	95	5	县管	徐州	沛县	否	是
	54	王山站灌区	29.60	1970	泵站	√							平原	28.00	26.13	16.91	13.44	3.47	72	28	县管	徐州	铜山	否	是
	55	运南灌区	18.20	1965	泵站	√							平原	18.05	18.05	10.90	8.66	2.24	92	8	县管	徐州	铜山	否	是
	56	郑集河灌区	29.00	1970	堰闸	√							平原	28.00	22.42	16.91	13.44	3.47	70	30	县管	徐州	铜山	否	是
	57	房亭河灌区	11.10	1970	泵站堰闸	√							平原	7.20	6.43	4.35	3.46	0.89	70	30	县管	徐州	铜山	否	是
	58	马坡灌区	5.50	1970	堰闸	√							平原	5.20	5.20	3.14	2.50	0.64	70	30	县管	徐州	铜山	否	是
	59	丁万河灌区	9.02	1970	泵站	√							平原	6.82	4.85	4.12	3.27	0.85	70	30	县管	徐州	铜山	否	是

灌区类型	序号	灌区名称	设计灌溉面积	建成开灌时间	水源工程类型	灌区功能							地貌类型	有效灌溉面积（万亩）	2018—2020年平均实灌面积（万亩）	节水灌溉面积（万亩）			灌溉作物结构占比（%）		行政隶属	所在地市	受益县区	是否属于原832个国家级贫困县范围	是否产粮大县
						农业供水	工业供水	生活供水	生态供水	防洪	除涝	发电				总计	其中渠道防渗	高效节水灌溉面积	粮食作物	经济作物					
1	2	3	4	5	6	7	8	9	10	11	12	13	14	15	16	17	18	19	20	21	22	23	24	25	26
重点中型灌区	60	湖东滨湖灌区	11.20	1970	泵站	√							平原山区	6.90	2.33	4.17	3.31	0.86	70	30	县管	徐州	铜山	否	是
	61	大运河灌区	11.48	1970	泵站	√							平原	9.40	9.40	6.93	5.51	1.42	70	30	县管	徐州	铜山	否	是
	62	奎河灌区	6.02	1970	堰闸	√							平原	5.70	5.12	3.44	2.74	0.71	70	30	县管	徐州	铜山	否	是
	63	高集灌区	15.00	1989	泵站	√	√		√		√		平原	10.40	9.80	7.77	7.38	0.38	78	22	县管	徐州	睢宁	否	是
	64	黄河灌区	29.90	1973	泵站	√	√		√		√		平原	22.40	22.40	13.00	11.50	1.50	76	24	县管	徐州	睢宁	否	是
	65	夫庙灌区	10.00	1975	泵站	√	√		√		√		平原	7.50	7.50	6.70	6.20	0.50	78	22	县管	徐州	睢宁	否	是
	66	庆安灌区	9.30	1959	水库	√		√	√		√		平原	6.80	6.80	8.50	7.50	1.00	75	25	县管	徐州	睢宁	否	是
	67	沙集灌区	29.90	1984	泵站	√	√		√		√		平原	22.40	22.40	16.80	16.50	0.30	79	21	县管	徐州	睢宁	否	是
	68	岔河灌区	29.50	1991	泵站	√	√		√		√		平原	28.00	23.15	16.21	14.35	1.85	80	20	县管	徐州	邳州	否	否
	69	银杏湖灌区	14.20	1995	堰闸	√			√		√		平原	12.00	9.00	8.54	7.56	0.98	10	90	县管	徐州	邳州	否	否
	70	邳城灌区	23.50	1982	泵站	√	√		√		√		平原	23.00	18.00	12.60	11.16	1.44	30	70	县管	徐州	邳州	否	否
	71	民便河灌区	8.60	1960	泵站堰闸	√	√			√	√		圩垸	8.60	8.50	5.95	5.27	0.68	90	10	县管	徐州	邳州	否	否
	72	沂运灌区	13.00	1968	堰闸	√	√			√	√		平原	9.50	9.50	5.20	5.20	0.00	75	25	县管	徐州	新沂	否	是
	73	高河灌区	12.00	1966	水库	√	√		√		√		平原丘陵	12.00	12.00	8.78	7.68	1.10	65	35	县管	徐州	新沂	否	是
	74	棋新灌区	16.46	1968	堰闸	√	√		√		√		丘陵	14.80	14.80	10.83	9.47	1.36	60	40	县管	徐州	新沂	否	是
	75	沂沭灌区	25.42	1971	泵站	√			√		√		平原	22.92	22.92	10.20	10.20	0.00	68	32	县管	徐州	新沂	否	是

续表

灌区类型	序号	灌区名称	设计灌溉面积	建成开灌时间	水源工程类型	农业供水	工业供水	生活供水	生态供水	防洪	除涝	发电	地貌类型	有效灌溉面积(万亩)	2018—2020年平均实灌面积(万亩)	节水灌溉面积(万亩)总计	其中渠道防渗	其中高效节水灌溉面积	灌溉作物结构占比(%)粮食作物	灌溉作物结构占比(%)经济作物	行政隶属	所在地市	受益县区	是否属于原832个国家级贫困县范围	是否产粮大县
1	2	3	4	5	6	7	8	9	10	11	12	13	14	15	16	17	18	19	20	21	22	23	24	25	26
重点中型灌区	76	不牢河灌区	19.00	1970	河湖泵站	√	√			√	√		丘陵平原	14.50	14.50	12.69	10.73	1.96	80	20	县管	徐州	贾汪	否	否
	77	东风灌区	5.00	1976	河湖泵站	√	√			√	√		丘陵	2.00	1.75	1.75	1.48	0.27	95	5	县管	徐州	贾汪	否	否
	78	子姚河灌区	5.00	1955	河湖泵站	√	√			√	√		丘陵	3.50	3.50	3.06	2.59	0.47	95	5	县管	徐州	贾汪	否	否
	79	河东灌区	4.50	1978	泵站	√	√		√	√	√		平原	3.60	3.60	2.69	2.56	0.13	82	18	县管	徐州	睢宁	否	否
	80	合沟灌区	4.20	1970	堰闸	√	√		√	√	√		平原	4.00	4.00	2.93	2.56	0.37	70	30	县管	徐州	新沂	否	否
	81	运南灌区	3.00	1989	河湖泵站	√	√			√	√		平原	3.00	3.00	2.63	2.22	0.41	85	15	县管	徐州	贾汪	否	否
一般中型灌区	82	二八河灌区	3.50	1989	河湖泵站	√	√		√	√	√		平原	3.30	3.30	2.89	2.44	0.45	65	35	县管	徐州	贾汪	否	否
		常州市	14.83											4.24	3.74	2.83	2.59	0.25							
重点中型灌区	83	大溪水库灌区	7.60	1965	水库	√		√		√			丘陵	2.60	2.10	1.74	1.59	0.15	100	0	县管	常州	溧阳	否	是
	84	沙河水库灌区	7.23	1962	水库	√		√		√			丘陵	1.64	1.64	1.10	1.00	0.10	95	5	县管	常州	溧阳	否	是
		南通市	338.83											320.88	281.84	228.19	194.11	34.07							
重点中型灌区	85	通扬灌区	29.72	1958	堰闸	√	√		√	√	√		平原	29.52	23.79	23.97	20.37	3.60	69	31	县管	南通	如皋	否	是
	86	焦港灌区	22.50	1957	堰闸	√	√		√	√	√		平原	22.36	10.11	18.16	15.43	2.73	64	36	县管	南通	如皋	否	是
	87	如皋港灌区	7.92	1991	堰闸	√	√		√	√	√		平原	7.84	5.27	6.37	5.41	0.96	72	28	县管	南通	如皋	否	是
	88	红星灌区	8.20	1972	泵站	√	√			√	√		平原	8.03	7.56	7.22	7.11	0.11	58	42	县管	南通	海安	否	是

续表

灌区类型类型	序号	灌区名称	设计灌溉面积	建成开灌时间	水源工程类型	灌区功能							地貌类型	有效灌溉面积（万亩）	2018—2020年平均实灌面积（万亩）	节水灌溉面积（万亩）			灌溉作物结构占比（%）		行政隶属	所在地市	受益县区	是否属于原832个国家级贫困县范围内	是否产粮大县
						农业供水	工业供水	生活供水	生态供水	防洪	除涝	发电				总计	渠道防渗	其中高效节水灌溉面积	粮食作物	经济作物					
1	2	3	4	5	6	7	8	9	10	11	12	13	14	15	16	17	18	19	20	21	22	23	24	25	26
重点中型灌区	89	新通扬灌区	29.89	2008	泵站	√	√	√	√	√	√		平原	28.00	27.34	18.45	12.07	6.38	75	25	县管	南通	海安	否	是
	90	丁堡灌区	14.55	2003	泵闸	√	√	√		√	√		平原	13.93	13.93	10.18	8.75	1.43	71	29	县管	南通	海安	否	是
	91	江海灌区	28.90	1970	堰闸	√		√			√		平原	27.50	27.50	22.14	20.08	2.06	71	29	县管	南通	如东	否	是
	92	九洋灌区	26.00	1972	堰闸	√				√	√		平原	21.80	21.80	17.55	15.91	1.64	69	31	县管	南通	如东	否	是
	93	马丰灌区	27.50	1972	堰闸	√					√		平原	23.70	23.70	19.08	17.30	1.78	80	20	县管	南通	如东	否	是
	94	如环灌区	8.10	1970	堰闸	√				√	√		平原	7.20	7.20	5.80	5.26	0.54	78	22	县管	南通	如东	否	是
	95	新建河灌区	8.01	1987	堰闸	√				√	√		平原	6.81	6.81	6.61	6.61	0.00	70	30	县管	南通	如东	否	是
	96	掘苴灌区	9.97	1972	堰闸	√				√	√		平原	9.97	9.97	6.50	5.86	0.64	60	40	县管	南通	如东	否	是
	97	九遥河灌区	14.75	1972	堰闸	√		√		√	√		平原	14.75	14.75	7.01	6.83	0.18	68	32	县管	南通	如东	否	是
	98	九圩港灌区	22.12	1996	堰闸	√	√	√	√	√	√		平原	22.12	16.59	17.70	14.16	3.54	75	25	县管	南通	通州	否	是
	99	余丰灌区	15.85	1985	泵站	√	√	√	√	√	√		平原	15.85	9.99	12.68	10.14	2.54	65	35	县管	南通	通州	否	否
	100	团结灌区	15.87	1999	泵站	√	√	√	√	√	√		平原	15.87	10.32	12.70	10.79	1.91	65	35	县管	南通	通州	否	否
	101	合南灌区	6.10	2006	泵站	√	√	√	√	√	√		平原	5.54	5.54	2.58	1.50	1.08	61	39	县管	南通	启东	否	否
	102	三条港灌区	6.96	2003	泵站	√	√	√	√	√	√		平原	6.61	6.61	0.68	0.00	0.68	56	44	县管	南通	启东	否	否
	103	通兴灌区	5.86	2002	泵站	√	√	√	√	√	√		平原	5.51	5.51	0.21	0.00	0.21	67	33	县管	南通	启东	否	否
	104	悦来灌区	11.59	2001	泵站	√	√	√	√	√	√		平原	10.14	10.14	4.82	4.20	0.62	47	53	县管	南通	海门	否	否
	105	常乐灌区	6.58	2010	泵站	√	√	√	√	√	√		平原	6.21	6.21	2.65	2.00	0.65	46	54	县管	南通	海门	否	否
	106	正余灌区	5.33	2010	泵站	√	√	√	√	√	√		平原	5.08	5.08	2.16	1.50	0.66	46	54	县管	南通	海门	否	否
	107	余东灌区	5.31	1996	泵站	√	√	√	√	√	√		平原	5.31	5.31	2.00	2.00	0.00	40	60	县管	南通	海门	否	否

续表

灌区类型 类型	序号	灌区名称	设计灌溉面积	建成开灌时间	水源工程类型	农业供水	工业供水	生活供水	生态供水	防洪	除涝	发电	地貌类型	有效灌溉面积(万亩)	2018—2020年平均实灌面积(万亩)	节水灌溉面积(万亩) 总计	其中 渠道防渗	高效节水灌溉面积	粮食作物	经济作物	行政隶属	所在地市	受益县区	是否属于原832个国家级贫困县范围	是否产粮大县
1	2	3	4	5	6	7	8	9	10	11	12	13	14	15	16	17	18	19	20	21	22	23	24	25	26
一般中型灌区	108	长青沙灌区	1.25	1987	堰闸	✓	✓		✓		✓		平原	1.23	0.82	1.00	0.85	0.15	72	28	县管	南通	如皋	否	是
连云港市			272.27											238.15	216.66	167.30	154.59	12.71							
重点中型灌区	109	安峰山水库灌区	10.70	1959	水库	✓			✓	✓	✓		平原	10.70	9.40	7.42	6.63	0.78	90	10	县管	连云港	东海	否	是
	110	红石渠灌区	13.00	1974	泵站	✓			✓	✓	✓		丘陵	10.50	9.10	7.28	6.51	0.77	90	10	县管	连云港	东海	否	是
	111	官沟河灌区	23.90	1968	泵站	✓			✓	✓	✓		平原	21.11	20.50	14.14	13.51	0.63	75	25	县管	连云港	灌云	否	是
	112	叮当河灌区	20.60	1969	泵站	✓			✓	✓	✓		平原	16.81	13.60	11.26	10.76	0.50	80	20	县管	连云港	灌云	否	是
	113	界北灌区	20.00	1967	泵站	✓			✓	✓	✓		平原	19.18	17.00	12.85	12.28	0.58	85	15	县管	连云港	灌云	否	是
	114	界南灌区	25.83	1968	泵站	✓			✓	✓	✓		平原	22.35	17.05	14.97	14.30	0.67	85	15	县管	连云港	灌云	否	是
	115	一条岭灌区	28.30	1968	泵站	✓			✓	✓	✓		丘陵平原	22.60	18.20	15.14	14.46	0.68	70	30	县管	连云港	灌南	否	是
	116	柴沂灌区	6.04	1974	堰闸	✓		✓	✓		✓		平原	5.90	5.90	4.40	4.19	0.21	96	4	县管	连云港	灌南	否	是
	117	柴塘灌区	6.02	1974	堰闸	✓		✓	✓		✓		平原	5.83	5.83	4.35	4.14	0.21	98	2	县管	连云港	灌南	否	是
	118	涟中灌区	29.80	1959	堰闸	✓		✓	✓		✓		平原	28.90	28.87	21.56	20.52	1.04	92	8	县管	连云港	灌南	否	是
	119	灌北灌区	17.50	1966	堰闸	✓		✓	✓		✓		平原	17.15	17.15	12.79	12.18	0.62	94	6	县管	连云港	灌南	否	是
	120	淮涟灌区	10.37	1966	堰闸	✓		✓	✓		✓		平原	10.25	10.25	7.65	7.28	0.37	97	4	县管	连云港	灌南	否	是
	121	沂南灌区	8.38	1968	堰闸	✓			✓	✓	✓		平原	8.15	8.15	6.08	5.79	0.29	96	4	县管	连云港	灌南	否	是
	122	古城翻水站灌区	7.20	1975	泵站	✓			✓		✓		丘陵	5.30	5.10	3.89	2.28	1.61	96	4	县管	连云港	赣榆	否	否

灌区类型 类型	序号	灌区名称	设计灌溉面积	建成开灌时间	水源工程类型	灌区功能 农业供水	工业供水	生活供水	生态供水	防洪	除涝	发电	地貌类型	有效灌溉面积(万亩)	2018—2020年平均实灌面积(万亩)	节水灌溉面积(万亩) 总计	渠道防渗	其中 高效节水灌溉面积	灌溉作物结构占比(%) 粮食作物	经济作物	行政隶属	所在地市	受益县区	是否属于原832个国家级贫困县范围	是否产粮大县
1	2	3	4	5	6	7	8	9	10	11	12	13	14	15	16	17	18	19	20	21	22	23	24	25	26
一般中型灌区	123	昌黎水库灌区	4.00	1958	水库	√				√			丘陵	3.88	3.88	2.69	2.41	0.28	90	10	县管	连云港	东海	否	是
	124	羽山水库灌区	2.00	1980	水库	√		√					丘陵	1.20	1.20	0.83	0.74	0.09	90	10	县管	连云港	东海	否	是
	125	贺庄水库灌区	2.00	1959	水库	√				√			平原	1.00	1.00	0.69	0.62	0.07	90	10	县管	连云港	东海	否	是
	126	横沟水库灌区	4.00	1958	水库	√				√	√		丘陵	2.00	2.00	1.39	1.24	0.15	80	20	县管	连云港	东海	否	是
	127	房山水库灌区	4.00	1959	水库	√	√			√	√		丘陵	1.20	1.20	0.83	0.74	0.09	90	10	县管	连云港	东海	否	是
	128	大石埠水库灌区	1.80	1961	水库	√				√	√		丘陵	1.50	0.50	1.04	0.93	0.11	90	10	县管	连云港	东海	否	是
	129	陈枝水库灌区	1.20	1973	水库	√				√	√		平原	0.70	0.30	0.49	0.43	0.05	70	30	县管	连云港	东海	否	是
	130	芦窝水库灌区	1.50	1958	水库	√					√		丘陵	1.30	1.20	0.90	0.81	0.09	80	20	县管	连云港	东海	否	是
	131	灌西盐场灌区	1.50	1970	泵站	√		√			√		平原	1.30	1.30	0.87	0.83	0.04	80	20	县管	连云港	灌云	否	是
	132	涟西灌区	4.65	1958	堰闸	√		√			√		平原	4.49	4.49	3.35	3.19	0.16	98	2	县管	连云港	灌南	否	是
	133	蔺岭翻水站灌区	2.50	1955	泵站	√							丘陵	2.00	1.70	1.47	0.86	0.61	74	26	县管	连云港	赣榆	否	否
	134	八条路水库灌区	2.90	1958	水库	√		√		√			丘陵	2.20	2.20	1.84	1.08	0.76	70	30	县管	连云港	赣榆	否	否
	135	王集水库灌区	1.50	1958	水库	√		√		√			丘陵	1.50	0.60	1.10	0.65	0.46	50	50	县管	连云港	赣榆	否	否
	136	红领巾水库灌区	2.21	1958	水库	√		√					丘陵	1.20	1.19	0.88	0.52	0.36	50	50	县管	连云港	赣榆	否	否
	137	黄山水库灌区	1.17	1957	水库	√		√					丘陵	0.25	0.10	0.18	0.11	0.08	80	20	县管	连云港	赣榆	否	否
	138	孙庄灌区	4.20	1970	泵站	√							平原	4.20	4.20	2.71	2.52	0.19	100	0	县管	连云港	海州	否	否
	139	刘顶灌区	3.50	1975	泵站	√							平原	3.50	3.50	2.26	2.10	0.16	100	0	县管	连云港	海州	否	否

续表

灌区类型类型名称	序号	灌区名称	设计灌溉面积	建成开灌时间	水源工程类型	灌区功能农业供水	工业供水	生活供水	生态供水	防洪	除涝	发电	地貌类型	有效灌溉面积(万亩)	2018—2020年平均实灌面积(万亩)	节水灌溉面积(万亩)总计	其中渠道防渗	高效节水灌溉面积	灌溉作物结构占比(%)粮食作物	经济作物	行政隶属	所在地市	受益县区	是否属于原832个国家级贫困县范围	是否产粮大县
1	2	3	4	5	6	7	8	9	10	11	12	13	14	15	16	17	18	19	20	21	22	23	24	25	26
淮安市			191.65											160.80	142.97	108.71	99.28	9.43							
重点中型灌区	140	运西灌区	21.70	1958	堰闸	√				√			平原	19.50	19.50	14.04	13.46	0.59	100	0	县管	淮安	淮安	否	是
	141	淮南圩灌区	16.15	1960	堰闸	√							圩垸	14.95	14.95	9.55	8.97	0.58	86	14	县管	淮安	金湖	否	是
	142	利农河灌区	9.61	1960	堰闸	√			√				丘陵	8.73	8.73	5.58	5.24	0.34	86	14	县管	淮安	金湖	否	是
	143	官塘灌区	5.40	1960	堰闸	√				√			丘陵	5.20	4.82	3.32	3.12	0.20	91	9	县管	淮安	金湖	否	是
	144	涟中灌区	25.72	1958	堰闸	√		√			√		平原圩垸	20.80	20.80	14.54	13.94	0.60	82	18	县管	淮安	涟水	否	是
	145	顺河洞洞灌区	11.70	1959	堰闸	√				√			平原	9.70	7.80	6.63	5.53	1.11	53	47	县管	淮安	清江浦	否	否
	146	蛇家坝灌区	10.30	1958	堰闸	√			√				平原	6.90	5.20	4.72	3.93	0.79	60	40	县管	淮安	清江浦	否	否
	147	东灌区	28.36	1960	泵站	√						√	丘陵	22.50	18.70	13.34	11.48	1.87	90	10	县管	淮安	盱眙	否	是
	148	官滩灌区	7.50	1959	泵站	√							丘陵	6.20	4.80	3.68	3.16	0.51	90	10	县管	淮安	盱眙	否	是
	149	桥口灌区	8.30	1979	泵站	√							丘陵	6.00	5.00	3.56	3.06	0.50	95	5	县管	淮安	盱眙	否	是
	150	姬庄灌区	7.32	1979	泵站	√							丘陵	5.90	4.80	3.50	3.01	0.49	95	5	县管	淮安	盱眙	否	是
	151	河桥灌区	6.20	1974	泵站	√					√		丘陵	5.40	4.00	3.20	2.75	0.45	70	30	县管	淮安	盱眙	否	是
	152	三墩灌区	6.50	1960	泵站	√					√		丘陵	5.50	3.80	3.26	2.81	0.46	90	10	县管	淮安	盱眙	否	是
	153	临湖灌区	20.00	1957	堰闸	√					√		平原	16.86	13.54	15.53	14.84	0.69	100	0	县管	淮安	淮阴	否	是
一般中型灌区	154	振兴圩灌区	3.06	1960	堰闸	√				√	√		圩垸	2.83	2.75	1.81	1.70	0.11	86	14	县管	淮安	金湖	否	是
	155	洪湖圩灌区	2.20	1960	堰闸	√				√	√		圩垸	2.20	2.20	1.41	1.32	0.09	95	5	县管	淮安	金湖	否	是
	156	郑家圩灌区	1.63	1960	堰闸	√				√	√		圩垸	1.63	1.58	1.04	0.98	0.06	95	5	县管	淮安	金湖	否	是

续表

灌区类型 类型	序号	灌区名称	设计灌溉面积	建成开灌时间	水源工程类型	灌区功能 农业供水	工业供水	生活供水	生态供水	防洪	除涝	发电	地貌类型	有效灌溉面积(万亩)	2018—2020年平均实灌面积(万亩)	节水灌溉面积(万亩) 总计	渠道防渗	其中 高效节水灌溉面积	灌溉作物结构占比(%) 粮食作物	经济作物	行政隶属	所在地市	受益县区	是否属于原832个国家级贫困县范围	是否产粮大县
1	2	3	4	5	6	7	8	9	10	11	12	13	14	15	16	17	18	19	20	21	22	23	24	25	26
		盐城市	417.80											362.11	354.84	205.28	181.41	23.87							
	157	六套干渠灌区	15.93	1975	泵站	√			√	√	√		平原	13.13	13.13	10.65	10.30	0.35	85	15	县管	盐城	响水	否	是
	158	淮北干渠灌区	7.95	1973	泵站	√			√	√	√		平原	6.15	6.15	5.62	5.36	0.26	85	15	县管	盐城	响水	否	是
	159	黄响河灌区	18.64	1979	泵站	√			√	√	√		平原	16.04	16.04	14.38	14.10	0.28	90	10	县管	盐城	响水	否	是
	160	大寨河灌区	7.85	1980	泵站	√			√	√	√		平原	5.95	5.95	6.31	6.21	0.10	85	15	县管	盐城	响水	否	是
	161	双南干渠灌区	21.30	1974	泵站	√			√	√	√		平原	18.00	18.00	16.67	16.09	0.58	70	30	县管	盐城	响水	否	是
	162	南干渠灌区	11.43	1975	泵站	√			√	√	√		平原	9.83	9.83	8.90	8.80	0.10	90	10	县管	盐城	响水	否	是
	163	陈涛灌区	22.00	1958	泵站	√			√	√			平原	18.80	18.00	13.05	11.47	1.58	70	30	县管	盐城	滨海	否	是
重点中型灌区	164	南干灌区	21.76	1959	泵站	√			√	√			平原	16.20	16.20	11.24	9.88	1.36	70	30	县管	盐城	滨海	否	是
	165	张弓灌区	25.00	1958	泵站	√			√	√			平原	20.20	20.20	14.02	12.32	1.70	65	35	县管	盐城	滨海	否	是
	166	渠北灌区	16.55	1957	堰闸	√			√	√	√		平原	15.60	14.10	10.73	10.14	0.59	69	31	县管	盐城	阜宁	否	是
	167	沟墩灌区	9.58	1975	泵站	√		√	√	√	√		平原	8.41	8.41	0.70	0.30	0.40	85	15	县管	盐城	阜宁	否	是
	168	陈良灌区	6.10	1978	泵站	√		√	√	√	√		平原	6.10	5.90	0.00	0.00	0.00	97	3	县管	盐城	阜宁	否	是
	169	昊滩灌区	9.13	1972	泵站	√			√	√			平原	8.11	8.05	0.22	0.00	0.22	82	18	县管	盐城	阜宁	否	是
	170	川南灌区	15.60	1974	泵站	√			√	√	√		平原	8.32	8.32	5.04	4.58	0.47	65	35	县管	盐城	大丰	否	是
	171	斗西灌区	10.02	2009	泵站	√			√	√	√		平原	9.57	9.04	7.66	6.24	1.42	90	10	县管	盐城	大丰	否	是
	172	斗北灌区	23.93	2008	泵站	√			√	√	√		平原	19.60	19.60	7.19	4.56	2.63	80	20	县管	盐城	大丰	否	是
	173	红旗灌区	7.30	2006	泵站	√			√	√	√		平原	6.80	6.15	4.13	3.60	0.52	70	30	县管	盐城	射阳	否	是

续表

灌区类型	序号	灌区名称	设计灌溉面积	建成开灌时间	水源工程类型	灌区功能 农业供水	工业供水	生活供水	生态供水	防洪除涝	除涝	发电	地貌类型	有效灌溉面积（万亩）	2018—2020年平均实灌面积（万亩）	节水灌溉面积（万亩） 总计	其中 渠道防渗	高效节水灌溉面积	灌溉作物结构占比（%） 粮食作物	经济作物	行政隶属	所在地市	受益县区	是否属于原832个国家级贫困县范围	是否产粮大县
1	2	3	4	5	6	7	8	9	10	11	12	13	14	15	16	17	18	19	20	21	22	23	24	25	26
重点中型灌区	174	陈洋灌区	11.67	2007	泵站	√			√		√		平原	10.43	8.89	6.33	5.53	0.80	70	30	县管	盐城	射阳	否	是
	175	桥西灌区	11.60	2009	泵站	√			√		√		平原	10.44	10.23	3.95	3.83	0.12	85	15	县管	盐城	射阳	否	是
	176	东南灌区	10.96	2017	堰闸	√			√		√		圩垸	10.42	10.42	6.05	4.90	1.16	89	11	县管	盐城	盐都	否	是
	177	龙冈灌区	6.94	1970	泵站	√			√		√		圩垸	6.60	6.60	3.83	3.10	0.73	89	11	县管	盐城	盐都	否	是
	178	红九灌区	12.50	2009	堰闸	√				√	√		平原	11.90	11.90	6.01	4.70	1.31	89	11	县管	盐城	盐都	否	是
	179	大纵湖灌区	8.50	2008	堰闸	√				√	√		平原	8.10	8.10	2.50	1.80	0.70	90	10	县管	盐城	盐都	否	是
	180	学富灌区	7.50	2005	堰闸	√				√	√		平原	7.10	7.10	4.70	3.40	1.30	88	12	县管	盐城	盐都	否	是
	181	盐东灌区	6.10	1990	泵站	√			√				平原	5.48	4.94	3.06	2.30	0.76	85	15	县管	盐城	亭湖	否	否
	182	黄尖灌区	5.50	1990	泵站	√			√				平原	4.50	4.50	2.52	1.89	0.63	85	15	县管	盐城	亭湖	否	否
	183	上冈灌区	23.3	2007	泵站	√			√		√		圩垸	22.32	22.32	6.80	5.60	1.20	86	14	县管	盐城	建湖	否	是
	184	宝塔灌区	6.48	2007	泵站	√			√		√		圩垸	6.02	6.02	1.48	1.40	0.08	88	12	县管	盐城	建湖	否	是
	185	高作灌区	7.38	2007	泵站	√			√		√		圩垸	7.09	7.09	1.94	1.80	0.14	86	14	县管	盐城	建湖	否	是
	186	庆丰灌区	9.4	2007	泵站	√			√		√		圩垸	8.95	8.95	2.65	2.30	0.35	82	18	县管	盐城	建湖	否	是
	187	盐建灌区	13.8	2007	泵站	√			√		√		圩垸	13.03	13.03	3.28	2.70	0.58	86	14	县管	盐城	建湖	否	是
一般中型灌区	188	花元灌区	2.54	1970	泵站	√			√		√		平原	2.23	2.04	1.35	1.18	0.17	70	30	县管	盐城	射阳	否	是
	189	川彭灌区	4.96	1970	泵站	√			√		√		平原	4.02	3.78	2.44	2.13	0.31	60	40	县管	盐城	射阳	否	是
	190	安东灌区	4.00	1970	泵站	√			√		√		平原	3.25	3.25	1.97	1.72	0.25	70	30	县管	盐城	射阳	否	是
	191	跃中灌区	2.90	1970	泵站	√			√		√		平原	2.65	2.44	1.61	1.40	0.20	70	30	县管	盐城	射阳	否	是

续表

灌区类型 类型	序号	灌区名称	设计灌溉面积	建成开灌时间	水源工程类型	灌区功能 农业供水	工业供水	生活供水	生态供水	防洪	除涝	发电	地貌类型	有效灌溉面积（万亩）	2018—2020年平均实灌面积（万亩）	节水灌溉面积（万亩） 总计	渠道防渗	高效节水灌溉面积	灌溉作物结构占比（%） 粮食作物	经济作物	行政隶属	所在地市	受益县区	是否属于原832个国家级贫困县范围	是否产粮大县
1	2	3	4	5	6	7	8	9	10	11	12	13	14	15	16	17	18	19	20	21	22	23	24	25	26
一般中型灌区	192	东厦灌区	1.40	1970	泵站	√			√		√		平原	1.38	1.19	0.84	0.73	0.11	65	35	县管	盐城	射阳	否	是
	193	王开灌区	1.63	1970	泵站	√			√	√	√		平原	1.46	1.30	0.89	0.77	0.11	95	5	县管	盐城	射阳	否	是
	194	安石灌区	1.91	1970	泵站	√			√		√		平原	1.85	1.61	0.00	0.00	0.00	70	30	县管	盐城	射阳	否	是
	195	三圩灌区	4.48	2009	泵站	√			√		√		平原	4.00	4.00	3.80	3.50	0.30	90	10	县管	盐城	大丰	否	是
	196	东里灌区	2.28	1992	泵站	√	√		√		√		平原	2.08	2.08	0.77	0.77	0.00	68	32	县管	盐城	东台	否	是
扬州市			316.91											303.00	270.09	160.92	135.24	25.68							
重点中型灌区	197	永丰灌区	18.16	1963	堰闸	√							平原	18.12	18.10	6.48	6.17	0.31	88	12	县管	扬州	宝应	否	是
	198	庆丰灌区	14.50	1955	堰闸	√							平原	13.31	11.28	6.41	5.31	1.10	94	6	县管	扬州	宝应	否	是
	199	临城灌区	10.67	1979	堰闸	√							平原	10.67	9.30	4.30	4.20	0.10	84	16	县管	扬州	宝应	否	是
	200	泾河灌区	10.04	1979	堰闸	√							平原	9.54	9.54	5.37	4.94	0.43	75	25	县管	扬州	宝应	否	是
	201	宝射河灌区	28.64	1955	泵站	√					√		平原	26.62	22.50	6.47	6.44	0.03	81	19	县管	扬州	宝应	否	是
	202	宝应灌区	29.79	1955	泵站	√					√		平原	29.67	23.40	5.39	4.56	0.83	85	15	县管	扬州	宝应	否	是
	203	司徒灌区	18.58	1978	泵站	√				√	√		圩垸	17.95	13.04	11.58	10.95	0.63	88	12	县管	扬州	高邮	否	是
	204	汉留灌区	12.28	1976	泵站	√				√	√		圩垸	12.11	10.06	8.93	8.45	0.48	81	19	县管	扬州	高邮	否	是
	205	三垛灌区	11.89	1976	泵站	√				√			圩垸	11.46	10.86	10.03	9.49	0.54	78	22	县管	扬州	高邮	否	是
	206	向阳河灌区	15.46	1979	泵站	√							丘陵	14.98	9.24	8.21	7.76	0.44	84	16	县管	扬州	高邮	否	是
	207	红旗河灌区	18.18	1972	泵站	√				√	√		平原	18.18	16.68	12.71	10.01	2.70	94	6	县管	扬州	江都	否	是
	208	团结河灌区	9.28	1977	泵站	√				√	√		平原	9.28	9.28	7.07	5.57	1.50	92	8	县管	扬州	江都	否	是

续表

灌区类型		灌区名称	设计灌溉面积	建成开灌时间	水源工程类型	灌区功能							地貌类型	有效灌溉面积(万亩)	2018—2020年平均实灌面积(万亩)	节水灌溉面积(万亩)			灌溉作物结构占比(%)		行政隶属	所在地市	受益县区	是否属于原832个国家级贫困县范围	是否产粮大县
类型名称	序号					农业供水	工业供水	生活供水	生态供水	防洪	除涝	发电				总计	其中渠道防渗	高效节水灌溉面积	粮食作物	经济作物					
1	2	3	4	5	6	7	8	9	10	11	12	13	14	15	16	17	18	19	20	21	22	23	24	25	26
重点中型灌区	209	三阳河灌区	11.80	1976	泵站	√				√			平原	11.80	11.80	8.99	7.08	1.91	91	9	县管	扬州	江都	否	是
	210	野田河灌区	11.56	1977	泵站	√				√	√		平原	11.56	11.56	8.81	6.94	1.87	93	7	县管	扬州	江都	否	是
	211	向阳河灌区	15.95	1972	泵站	√				√	√		平原	15.95	15.95	2.10	2.10	0.00	93	7	县管	扬州	江都	否	是
	212	塘田灌区	6.63	1965	泵站	√							丘陵	6.22	6.22	3.94	2.80	1.14	87	13	县管	扬州	仪征	否	是
	213	月塘灌区	10.74	1966	泵站	√		√					丘陵	9.67	9.40	6.11	4.34	1.77	71	29	县管	扬州	仪征	否	是
	214	沿江灌区	9.56	1980	泵站	√				√			圩垸	8.50	7.76	5.69	4.34	1.35	80	20	县管	扬州	广陵	否	否
一般中型灌区	215	甘泉灌区	2.50	1980	泵站	√							丘陵	1.80	1.40	1.78	1.38	0.40	78	22	县管	扬州	邗江	否	否
	216	杨寿灌区	2.30	1965	泵站	√					√	√	丘陵	2.15	2.00	1.99	1.55	0.44	90	10	县管	扬州	邗江	否	否
	217	沿湖灌区	4.80	1969	泵站	√							丘陵	4.00	3.80	3.77	2.93	0.84	95	5	县管	扬州	邗江	否	否
	218	方翻灌区	4.90	1959	泵站	√				√	√		丘陵	4.10	3.80	3.98	3.10	0.89	90	10	县管	扬州	邗江	否	否
	219	槐润灌区	2.10	1991	泵站	√							丘陵	2.05	2.05	1.02	0.80	0.22	95	5	县管	扬州	邗江	否	是
	220	红星灌区	1.09	1970	泵站	√							丘陵	1.01	1.01	0.64	0.45	0.18	83	17	县管	扬州	仪征	否	是
	221	凤岭灌区	1.25	1962	水库	√							丘陵	1.19	1.19	0.75	0.54	0.22	89	11	县管	扬州	仪征	否	是
	222	朱桥灌区	3.54	1961	泵站	√							丘陵	3.46	3.46	2.19	1.56	0.63	82	18	县管	扬州	仪征	否	是
	223	稽山灌区	2.90	1968	泵站	√							丘陵	2.77	2.77	1.75	1.25	0.51	100	0	县管	扬州	仪征	否	是
	224	东风灌区	2.31	1969	泵站	√							丘陵	2.24	2.24	1.42	1.01	0.41	95	5	县管	扬州	仪征	否	是
	225	白羊山灌区	3.74	1959	泵站	√							丘陵	3.43	3.32	2.21	1.54	0.67	81	19	县管	扬州	仪征	否	是
	226	刘集红光灌区	3.66	1973	泵站	√							丘陵	3.43	3.43	2.17	1.54	0.63	83	17	县管	扬州	仪征	否	是

续表

类型	序号	灌区名称	设计灌溉面积	建成开灌时间	水源工程类型	农业供水	工业供水	生活供水	生态供水	防洪	除涝	发电	地貌类型	有效灌溉面积(万亩)	2018—2020年平均实灌面积(万亩)	节水灌溉面积(万亩)总计	渠道防渗	高效节水灌溉面积	粮食作物	经济作物	行政隶属渠系	所在地市	受益县区	是否属于原832个国家级贫困县范围	是否产粮大县
1	2	3	4	5	6	7	8	9	10	11	12	13	14	15	16	17	18	19	20	21	22	23	24	25	26
一般中型灌区	227	高营灌区	3.21	1968	泵站	√							丘陵	2.92	2.92	1.85	1.31	0.53	72	28	县管	扬州	仪征	否	是
	228	红旗灌区	3.18	1959	泵站	√							丘陵	2.79	2.79	1.77	1.26	0.51	75	25	县管	扬州	仪征	否	是
	229	秦桥灌区	1.83	1959	泵站	√							丘陵	1.71	1.71	1.08	0.77	0.31	76	24	县管	扬州	仪征	否	是
	230	通新集灌区	1.47	1960	泵站	√							丘陵	1.35	1.35	0.85	0.61	0.25	79	21	县管	扬州	仪征	否	是
	231	烟台山灌区	1.34	1961	泵站	√							丘陵	1.17	1.17	0.74	0.53	0.21	34	66	县管	扬州	仪征	否	是
	232	青山灌区	4.17	1966	泵站	√			√	√			丘陵	3.26	1.15	0.73	0.52	0.21	85	15	县管	扬州	仪征	否	是
	233	十二圩灌区	2.91	1974	泵站	√	√		√	√	√		圩垸	2.58	2.58	1.63	1.16	0.47	85	15	县管	扬州	仪征	否	
镇江市			42.32											38.05	36.65	28.00	24.01	3.99							
重点中型灌区	234	北山灌区	15.20	1965	水库	√		√	√	√	√		丘陵	13.50	13.32	9.87	8.37	1.50	54	46	县管	镇江	句容	否	是
	235	赤山湖灌区	19.10	1967	水库	√		√	√	√	√		丘陵	17.55	17.42	12.83	10.88	1.95	43	57	县管	镇江	句容	否	是
一般中型灌区	236	长山灌区	5.72	1978	堰闸/水库	√		√	√	√	√		丘陵	5.20	5.20	3.94	3.54	0.41	90	10	县管	镇江	丹徒	否	否
	237	后马灌区	1.10	1972	泵站	√			√	√			丘陵	0.80	0.35	0.61	0.54	0.06	90	10	县管	镇江	丹徒	否	否
	238	小辛灌区	1.20	1975	泵站	√			√	√	√		丘陵	1.00	0.36	0.76	0.68	0.08	90	10	县管	镇江	丹徒	否	否
泰州市			123.47											112.61	103.04	76.18	72.78	3.40							
重点中型灌区	239	孤山灌区	8.97	1975	泵站	√			√	√	√		平原	8.97	7.17	4.93	4.52	0.41	80	20	县管	泰州	靖江	否	否
一般中型灌区	240	黄桥灌区	24.00	1980	河湖	√		√	√	√	√		平原	21.80	21.20	18.25	17.88	0.37	82	18	县管	泰州	泰兴	否	是
	241	高港灌区	9.80	1960	堰闸	√					√		平原	8.46	8.46	6.13	5.58	0.54	64	36	县管	泰州	高港	否	否

续表

灌区类型	序号	灌区名称	设计灌溉面积	建成开灌时间	水源工程类型	灌区功能							地貌类型	有效灌溉面积(万亩)	2018—2020年平均实灌面积(万亩)	节水灌溉面积(万亩)			灌溉作物结构占比(%)		行政隶属	所在地市	受益县区	是否属于原832个国家级贫困县范围	是否产粮大县
						农业供水	工业供水	生活供水	生态供水	防洪	除涝	发电				总计	其中渠道防渗	高效节水灌溉面积	粮食作物	经济作物占比					
1	2	3	4	5	6	7	8	9	10	11	12	13	14	15	16	17	18	19	20	21	22	23	24	25	26
重点中型灌区	242	溱潼灌区	26.53	1971	泵站	√		√			√		平原	26.53	26.53	17.32	16.45	0.88	98	2	县管	泰州	姜堰	否	否
	243	周山河灌区	29.87	2008	泵站	√		√	√		√		平原	29.45	22.28	14.56	13.82	0.74	97	3	县管	泰州	姜堰	否	否
一般中型灌区	244	卤西灌区	5.30	2006	泵站	√	√	√			√		平原	3.40	3.40	2.50	2.50	0.00	70	30	县管	泰州	海陵	否	否
	245	西部灌区	15.50	1996	泵站	√	√	√			√		平原	11.50	11.50	10.40	10.30	0.10	83	17	县管	泰州	靖江	否	否
	246	西来灌区	3.50	1996	泵站	√	√	√			√		平原	2.50	2.50	2.10	1.73	0.37	83	17	县管	泰州	靖江	否	否
宿迁市			230.81											190.71	176.21	112.35	102.99	9.36							
重点中型灌区	247	皂河灌区	22.80	1970	泵站	√	√	√			√		平原	21.00	19.00	13.92	13.23	0.69	70	30	县管	宿迁	宿城	否	否
	248	嶂山河灌区	9.10	1970	泵站	√	√	√			√		丘陵	8.60	6.00	5.55	5.07	0.47	68	32	县管	宿迁	宿豫	否	是
	249	柴沂灌区	17.60	1958	堰闸	√		√			√		平原	15.30	15.30	9.23	8.87	0.35	80	20	县管	宿迁	沭阳	否	是
	250	古泊灌区	18.90	1967	堰闸	√		√			√		圩垸	17.40	17.40	10.49	10.09	0.40	86	14	县管	宿迁	沭阳	否	是
	251	淮西灌区	24.10	1973	堰闸	√		√			√		平原	24.10	19.20	14.53	13.98	0.55	85	15	县管	宿迁	沭阳	否	是
	252	沙河灌区	25.40	1970	堰闸	√		√			√		平原	21.76	21.76	13.12	12.62	0.50	52	48	县管	宿迁	沭阳	否	是
	253	新北灌区	12.70	1971	堰闸	√		√			√		平原	12.50	12.50	7.54	7.25	0.29	80	20	县管	宿迁	沭阳	否	是
	254	新华灌区	21.50	1966	泵站	√	√	√			√		圩垸	15.05	15.05	10.40	9.93	0.47	90	10	县管	宿迁	泗洪	否	是
	255	安东河灌区	23.90	2005	泵站	√	√	√	√		√		丘陵	17.10	17.10	7.20	5.90	1.30	92	8	县管	宿迁	泗洪	否	是
	256	蔡圩灌区	23.50	1980	泵站	√	√	√	√		√		丘陵	16.50	14.30	8.20	6.80	1.40	87	14	县管	宿迁	泗洪	否	是
	257	车门灌区	5.50	1994	泵站	√	√	√	√		√		平原	4.10	3.60	3.70	2.10	1.60	85	16	县管	宿迁	泗洪	否	是
	258	雪枫灌区	21.21	2001	泵站	√	√	√	√		√		丘陵	14.70	12.40	6.70	5.50	1.20	77	23	县管	宿迁	泗洪	否	是

续表

灌区类型 类型	序号	灌区名称	设计灌溉面积	建成开灌时间	水源工程类型	灌区功能 农业供水	工业供水	生活供水	生态供水	防洪	除涝	发电	地貌类型	有效灌溉面积（万亩）	2018—2020年平均实灌面积（万亩）	节水灌溉面积（万亩） 总计	渠道防渗	高效节水灌溉面积	灌溉作物结构占比（%） 粮食作物	经济作物	行政隶属	所在地市	受益县区	是否属于原832个国家级贫困县范围	是否属粮产大县
1	2	3	4	5	6	7	8	9	10	11	12	13	14	15	16	17	18	19	20	21	22	23	24	25	26
一般中型灌区	259	红旗灌区	2.00	1965	水库泵站	√					√		丘陵平原	1.20	1.20	0.82	0.76	0.06	95	5	县管	宿迁	泗洪	否	是
	260	曹庙灌区	2.60	1975	泵站	√			√		√		平原	1.40	1.40	0.95	0.88	0.07	95	5	县管	宿迁	泗洪	否	是
		监狱农场	40.40											35.50	34.50	24.48	24.28	0.20							
重点中型灌区	261	大中农场	7.60	1996	泵站	√					√		平原	6.70	6.70	4.88	4.80	0.08	100	0	省管	盐城	大丰	否	是
	262	五图河农场	8.10	1996	泵站	√				√			平原	5.80	5.80	4.40	4.40	0.00	100	0	省管	连云港	灌云	否	是
	263	东辛农场	15.00	1950	堤闸	√							圩垸	15.00	15.00	9.60	9.60	0.00	87	13	县管	连云港	徐圩	否	否
	264	洪泽湖农场	9.70	1996	泵站	√				√	√		圩垸	8.00	7.00	5.60	5.48	0.12	100	0	省管	宿迁	泗洪	否	是
		全省合计	2858.06											2512.91	2316.57	1612.80	1410.35	202.45							

附表 2　江苏省中型灌区水资源利用及骨干工程现状表

灌区类型	序号	灌区名称	年可供水量（万m³）		年实供灌水量（万m³）		灌溉水利用效率		渠首工程（处）		灌溉渠道（km）							排水沟（km）			渠沟道建筑物（座）			灌区取水口是否计量	干支渠分水口（处）		灌区斗口（处）	
类型			总量	其中农业灌溉	总量	其中农业灌溉	灌溉水利用系数	其中骨干渠系水利用系数	数量	完好工程数量	总长	其中衬砌 总长	其中衬砌 完好长度	其中灌溉管道 总长	其中灌溉管道 完好长度	完好长度	完好率(%)	总长	完好长度	完好率(%)	总数	完好数量	完好率(%)		数量	其中有计量设施数	数量	其中有计量设施数
		南京市	88414	79991	69923	64083			191	161	2466	800	452	91	86	1461		2186	1140		5480	4253			581	581	1661	1661
重点中型灌区	1	横溪河—赵村水库灌区	7560	6435	4752	4045	0.62	0.77	2	2	67	35	20	7	2	40	60	29	12	40	350	350	100	是	9	9	21	21
	2	江宁河灌区	5573	3214	4777	2755	0.62	0.77	1	1	38	9	9	2	2	30	78	16	8	49	175	175	100	是	11	11	25	25
	3	汤水河灌区	2070	2070	2050	2050	0.61	0.75	7	3	42	7	6	0	0	39	93	135	10	7	135	132	98	是	10	10	22	22
	4	周岗圩灌区	1210	1210	1210	1210	0.62	0.77	10	10	170	85	0	0	0	96	56	170	95	56	224	197	88	是	8	8	20	20
	5	三岔灌区	4165	3120	1780	1780	0.66	0.79	3	1	42	26	19	2	0	27	64	19	14	75	65	48	74	是	25	25	120	120
	6	侯家坝灌区	3240	2430	1610	1207	0.62	0.77	1	1	25	25	17	0	0	17	68	11	8	75	36	30	83	是	38	38	88	88
	7	溧湖灌区	8910	8910	4500	4500	0.62	0.77	4	1	156	50	35	0	0	109	70	170	119	70	352	282	80	是	8	8	18	18
	8	石臼湖灌区	3471	3471	3471	3471	0.62	0.77	10	10	170	85	90	90	0	96	56	37	21	56	15	9	60	是	10	10	24	24
	9	永丰圩灌区	521	521	521	521	0.62	0.77	5	5	22	0	0	0	0	16	74	11	8	78	13	7	54	是	11	11	25	25
	10	新禹河灌区	5682	5682	5081	5081	0.62	0.77	1	1	78	45	27	3	3	44	56	163	74	45	317	273	86	是	16	16	37	37
	11	金牛湖灌区	7500	6000	7500	6000	0.62	0.77	1	1	121	50	50	0	0	50	41	79	15	19	21	13	62	是	8	8	19	19
	12	山湖灌区	15575	14025	11799	10625	0.59	0.73	1	1	178	48	48	12	12	90	50	128	9	7	30	25	83	是	29	29	69	69

（原表各列依次编号为 1—28）

续表

灌区类型 类型	序号	灌区名称	年可供水量 万m³ 总量	其中农业灌溉	年实供灌水量 万m³ 总量	其中农业灌溉	灌溉水利用系数	其中骨干渠系水利用系数	渠首工程(处) 数量	完好数量	灌溉渠道(km) 总长	其中衬砌 完好总长长度	衬砌完好长度	灌溉管道总长长度	灌溉管道完好长度	完好率(%)	排水沟(km) 总长	完好长度	完好率(%)	渠沟道建筑物(座) 总数	完好数量	完好率(%)	灌区取水口是否计量	干支渠分水口(处)	其中有计量设施数	灌区斗口(处)	其中有计量设施数
1	2	3	4	5	6	7	8	9	10	11	12	13	14	15	16	17	18	19	20	21	22	23	24	25	26	27	28
一般中型灌区	13	东阳万安圩灌区	2289	2289	2289	2289	0.67	0.74	10	5	320	160	0	0	0	54	320	168	53	299	262	88	是	9	9	21	21
	14	五圩灌区	812	812	812	812	0.67	0.74	4	4	18	0	0	0	0	55	18	10	55	51	33	65	是	8	8	19	19
	15	下坝灌区	1043	1043	1041	1041	0.67	0.74	4	4	10	0	0	0	0	82	4	2	47	25	15	60	是	10	10	24	24
	16	星辉洪幕灌区	1023	1023	1023	1023	0.67	0.74	3	3	35	0	0	0	0	30	6	3	50	41	26	63	是	11	11	25	25
	17	三合圩灌区	1353	1353	1353	1353	0.64	0.74	10	8	14	12	5	0	0	70	22	16	72	176	142	81	是	5	5	45	45
	18	石桥灌区	380	380	380	380	0.67	0.74	10	10	58	0	0	0	0	42	25	13	52	128	114	89	是	11	11	27	27
	19	北城圩灌区	407	407	407	407	0.67	0.74	10	10	60	0	0	0	0	79	29	15	51	126	108	86	是	16	16	36	36
	20	草场圩灌区	163	163	163	163	0.67	0.74	5	5	21	0	0	0	0	79	11	5	45	96	88	92	是	14	14	32	32
	21	浦口沿江灌区	883	883	706	706	0.64	0.76	6	2	35	3	1	0	0	70	18	7	39	152	68	45	是	28	28	100	100
	22	浦口沿滁灌区	913	913	639	639	0.64	0.74	8	3	43	7	2	0	0	70	22	10	44	186	77	41	是	33	33	132	132
	23	方便灌区	506	506	506	506	0.67	0.74	2	2	89	8	6	0	0	70	135	94	70	820	575	70	是	13	13	31	31
	24	卧龙水库灌区	178	178	178	178	0.67	0.74	1	1	2	1	1	0	0	48	31	18	57	4	3	75	是	12	12	29	29
	25	无想寺灌区	993	993	993	993	0.67	0.74	2	2	122	24	16	0	0	85	82	57	70	84	70	83	是	8	8	18	18
	26	毛公铺灌区	881	881	881	881	0.67	0.74	2	2	24	3	2	0	0	70	50	35	70	518	455	88	是	11	11	25	25
	27	明觉乔山河灌区	553	553	553	553	0.67	0.74	5	5	25	7	5	0	0	17	86	60	70	350	56	16	是	17	17	40	40

续表

类型(1)	序号(2)	灌区名称(3)	年可供水量(万m³)总量(4)	其中农业灌溉(5)	年实供水量(万m³)总量(6)	其中农业灌溉(7)	灌溉水利用系数(8)	其中骨干渠系水利用系数(9)	渠首工程(处)数量(10)	完好数量(11)	灌溉渠道(km)总长(12)	其中衬砌总长(13)	衬砌完好长度(14)	灌溉管道总长(15)	灌溉管道完好长度(16)	完好率(%)(17)	排水沟(km)总长(18)	完好长度(19)	完好率(%)(20)	渠沟道建筑物(座)总数(21)	完好数量(22)	完好率(%)(23)	灌区取水口是否计量(24)	干支渠口水口数量(25)	其中有计量设施数量(26)	灌区斗口(处)数量(27)	其中有计量设施数量(28)
一般中型灌区	28	萧山头水库灌区	417	417	417	417	0.67	0.74	2	2	25	3	2	0	0	70	21	15	70	98	77	79	是	17	17	41	41
	29	新桥河灌区	1542	1542	1542	1542	0.67	0.74	6	6	75	37	40	0	0	52	16	9	56	7	4	57	是	11	11	25	25
	30	长城圩灌区	320	285	320	285	0.67	0.74	3	3	19	1	1	0	0	36	18	18	100	34	26	76	是	8	8	20	20
	31	玉带圩灌区	426	426	426	426	0.67	0.74	5	5	54	0	0	0	0	34	15	0	0	8	6	75	是	17	17	39	39
	32	延佑双城灌区	406	406	406	406	0.67	0.74	7	6	57	18	18	0	0	41	22	0	0	25	22	88	是	20	20	46	46
	33	相国圩灌区	680	680	680	680	0.67	0.74	8	8	62	0	0	0	0	74	27	13	48	2	2	100	是	14	14	32	32
	34	永胜圩灌区	1420	1420	1230	1230	0.67	0.71	4	4	73	9	4	65	65	94	69	59	85	169	169	100	是	44	44	132	132
	35	胜利圩灌区	1050	1050	890	890	0.68	0.72	8	8	48	23	10				15	4	27	76	76	100	是	8	8	113	113
	36	保胜圩灌区	750	750	640	640	0.67	0.71	6	3							88	70	80				是	6	6	10	10
	37	龙袍圩灌区	1750	1750	1750	1750	0.67	0.74	8	8	48	16	13	2	2	73	52	40	77	240	210	88	是	43	43	101	101
	38	新集灌区	1800	1800	648	648	0.67	0.74	7	6	22	5	4	0	0	74	18	8	45	32	28	88	是	4	4	10	10
无锡市			1267	953	845	636		0.72	8	5	10	3	2	0		67	26	16	61	21	8	38		8	8	25	25
一般中型灌区	39	溪北圩灌区	1267	953	845	636	0.65	0.72	8	5	10	3	2	0	0	67	26	16	61	21	8	38	是	8	8	25	25

续表

灌区类型	序号	灌区名称	年可供水量 万m³ 总量	其中农业灌溉	年实供灌水量 万m³ 总量	其中农业灌溉	灌溉水利用系数	其中骨干渠系水利用系数	渠首工程(处) 数量	完好数量	灌溉渠道(km) 总长	其中衬砌 总长	完好长度	灌溉管道 总长	完好长度	完好率(%)	排水沟(km) 总长	完好长度	完好率(%)	渠沟道建筑物(座) 总数	完好数量	完好率(%)	灌区取水口是否计量	干支渠分水口(处) 数量	其中有计量设施数	灌区斗口(处) 数量	其中有计量设施数
1	2	3	4	5	6	7	8	9	10	11	12	13	14	15	16	17	18	19	20	21	22	23	24	25	26	27	28
		徐州市	242096	210094	222287	193416			139	81	6243	1158	916	59	54		2356	1196		10452	4761			1389	1389	4319	4319
	40	复新河灌区	12509	10662	11111	9470	0.57	0.70	1	1	230	11	6	0	0	42	150	79	53	400	179	45	是	56	56	130	130
	41	四联河灌区	4125	3630	3920	3450	0.57	0.70	3	2	107	0	0	0	0	38	50	26	52	259	151	58	是	22	22	50	50
	42	苗城灌区	3850	2120	3995	2200	0.57	0.70	3	2	149	0	0	13	13	74	137	124	91	341	273	80	是	24	24	55	55
	43	大沙河灌区	3824	3365	3636	3200	0.57	0.70	3	1	203	0	0	0	0	47	96	48	50	343	105	31	是	35	35	81	81
	44	郑集南支河灌区	3920	3450	3727	3280	0.57	0.70	2	2	142	0	0	0	0	23	75	40	53	209	94	45	是	16	16	36	36
重点中型灌区	45	灌婴灌区	3245	3245	3020	3020	0.62	0.69	2	2	49	39	29	0	0	59				189	56	30	是	18	18	43	43
	46	侯阁灌区	2620	2620	2496	2496	0.62	0.69	1	1	148	118	94	0	0	64				183	45	25	是	25	25	53	53
	47	邹庄灌区	3563	3563	3372	3372	0.62	0.69	2	2	73	58	38	0	0	52				258	67	26	是	28	28	86	86
	48	上级湖灌区	7026	7026	6437	6437	0.62	0.69	3	3	69	55	39	0	0	57	15	2	15	387	82	21	是	32	32	150	150
	49	胡寨灌区	2934	2934	2680	2680	0.62	0.69	1	1	40	32	20	0	0	59				153	53	35	是	18	18	68	68
	50	苗洼灌区	4795	4795	4409	4409	0.62	0.69	2	2	67	53	39	0	0	58				279	74	27	是	26	26	116	116
	51	沛城灌区	3135	3135	2966	2966	0.62	0.69	1	1	134	107	86	0	0	64				154	41	27	是	17	17	72	72
	52	五段灌区	2246	2246	2072	2072	0.62	0.69	1	1	42	33	27	0	0	64				167	44	26	是	11	11	40	40
	53	陈楼灌区	8199	8199	7458	7458	0.62	0.69	1	1	55	44	35	0	0	64				260	71	27	是	16	16	140	140
	54	王山站灌区	11147	10032	10924	9831	0.56	0.69	1	1	344	23	23	0	0	27	2	0	0	545	249	46	是	102	102	239	239

续表

类型	序号	灌区名称	年可供水量(万m³)总量	其中农业灌溉	年实供灌水量(万m³)总量	其中农业灌溉	灌溉水利用系数	其中骨干渠系水利用系数	渠首工程(处)数量	完好数量	灌溉渠道(km)总长	其中衬砌总长	衬砌完好长度	灌溉管道总长	完好长度	完好率(%)	排水沟(km)总长	完好长度	完好率(%)	渠沟道建筑物(座)总数	完好数量	完好率(%)	灌区取水口是否计量	干支渠进水口(处)数量	其中有计量设施数量	支渠分水口(处)数量	其中有计量设施数量
1	2	3	4	5	6	7	8	9	10	11	12	13	14	15	16	17	18	19	20	21	22	23	24	25	26	27	28
	55	运南灌区	16235	10018	16235	10018	0.57	0.70	3	2	254	11	11	0	100	40	33	18	55	201	60	30	是	43	43	99	99
	56	郑集河灌区	13378	12040	13110	11799	0.58	0.71	1	1	458	63	63	0	147	32	41	10	24	637	314	49	是	120	120	280	280
	57	房亭河灌区	4308	3877	4222	3799	0.57	0.70	1	0	119	5	5	0	99	84	9	7	74	255	224	88	是	46	46	108	108
	58	马坡灌区	3951	3556	3872	3485	0.60	0.74	2	0	87	2	2	0	35	40	15	5	33	279	231	83	是	38	38	88	88
	59	丁万河灌区	2510	2397	2460	2349	0.57	0.70	2	1	102	16	16	0	34	33	27	9	32	148	35	24	是	26	26	60	60
	60	湖东滨湖湖灌区	2835	1920	1134	768	0.57	0.70	7	5	83	2	1	12	17	20	37	14	38	85	45	53	是	13	13	30	30
	61	大运河灌区	6144	5344	6021	5237	0.57	0.70	8	3	113	16	16	0	26	23	34	27	79	341	240	70	是	55	55	129	129
重点中型灌区	62	奎河灌区	2013	1812	1973	1776	0.60	0.74	2	2	83	5	5	0	53	63	24	24	100	62	8	13	是	13	13	31	31
	63	高集灌区	3467	2050	3467	2050	0.57	0.70	1	0	150	0	0	0	79	53	60	34	57	94	73	78	是	19	19	45	45
	64	黄河灌区	6500	6350	6305	6305	0.62	0.76	3	3	226	181	145	0	145	64	129	92	71	101	59	58	是	39	39	249	249
	65	关庙灌区	6500	5950	5100	5098	0.62	0.76	5	5	56	15	15	0	33	60	106	76	72	75	49	65	是	13	13	78	78
	66	庆安灌区	7200	5700	6360	4560	0.64	0.79	4	4	54	23	13	0	33	60	155	115	74	81	72	89	是	48	48	170	170
	67	沙集灌区	12200	10800	9716	9716	0.62	0.76	2	2	152	122	98	0	98	64	111	76	68	97	57	59	是	41	41	248	248
	68	岔河灌区	7200	7200	4500	4500	0.56	0.69	6	1	421	0	0	0	88	21	151	43	28	406	212	52	是	103	103	239	239
	69	银杏湖灌区	4573	3208	4704	3300	0.57	0.70	4	4	252	3	3	0	142	56				120	81	68	是	19	19	43	43
	70	邳城灌区	8000	8000	6400	6400	0.57	0.70	1	1	406	0	0	0	203	50	123	50	41	231	75	32	是	20	20	46	46

续表

类型	序号	灌区名称	年可供水量万m³ 总量	其中农业灌溉	年实供灌水量万m³ 总量	其中农业灌溉	灌溉水利用系数	其中骨干渠系水利用系数	渠首工程(处) 数量	完好数量	灌溉渠道(km) 总长	其中衬砌总长	完好长度	灌溉管道总长	完好长度	完好率(%)	排水沟(km) 总长	完好长度	完好率(%)	渠沟道建筑物(座) 总数	完好数量	完好率(%)	灌区取水口是否计量	干支渠分水口(处) 数量	其中有计量设施数	灌区斗口(处) 数量	其中有计量设施数
1	2	3	4	5	6	7	8	9	10	11	12	13	14	15	16	17	18	19	20	21	22	23	24	25	26	27	28
重点中型灌区	71	民便河灌区	3900	3900	3000	3000	0.58	0.71	3	2	144	0	0	0	0	50	40	10	25	254	77	30	是	61	61	27	28
	72	沂运河灌区	8954	8014	8954	8014	0.62	0.67	8	2	54	4	4	0	0	60			32	612	420	69	是	8	8	142	142
	73	高阿灌区	5929	5049	5929	5049	0.57	0.70	10	8	160	14	9	0	0	19	101	33	33	159	103	65	是	22	22	195	195
	74	棋新灌区	7972	7180	7972	7180	0.57	0.70	9	6	100	62	41	0	0	42	102	45	45	141	58	41	是	24	24	50	50
	75	沂沭灌区	11524	9758	11524	9758	0.62	0.67	7	2	223	12	12	0	0	60	174	19	11	563	167	30	是	7	7	55	55
	76	不牢河灌区	10264	7698	9128	6846	0.57	0.70	2	0	301	14	14	24	24	51	210	101	48	670	230	34	是	91	91	187	187
	77	东风河灌区	1000	850	647	550	0.59	0.66	1	0	62	1	1	5	5	14	53	22	42	212	67	32	是	6	6	213	213
	78	子姚河灌区	1500	900	1250	750	0.59	0.66	1	0	71	4	0	5	0	47	39	13	33	68	31	46	是	14	14	14	14
	79	河东灌区	2000	1500	1877	1407	0.61	0.68	5	2	66	6	6	0	0	31	17	3	18	82	25	30	是	14	14	34	34
一般中型灌区	80	合沟灌区	1900	1450	1900	1450	0.61	0.68	3	2	67	0	0	0	0	37	18	5	28	97	78	80	是	11	11	33	33
	81	运南灌区	1000	710	1000	710	0.61	0.68	9	0	57	1	0	0	0	4	21	5	24	34	28	82	是	9	9	26	26
	82	二八河灌区	2000	1840	1304	1200	0.61	0.68	2	0	69	1	0	0	0	22	37	21	57	220	58	26	是	20	20	20	20
		常州市	10500	3300	7837	2467		0.74	6	6	61	23	13	0	0		324	257		386	308			44	44	104	104
重点中型灌区	83	大溪水库灌区	4500	1500	3480	1160	0.63	0.74	3	3	30	1	0	0	0	83	170	139	82	222	185	83	是	19	19	45	45
	84	沙河水库灌区	6000	1800	4357	1307	0.63	0.74	3	3	31	22	13	0	0	42	154	118	77	164	123	75	是	25	25	59	59

续表

灌区类型 类型	序号	灌区名称	年可供水量 万m³ 总量	其中农业灌溉	年实供灌水量 万m³ 总量	其中农业灌溉	灌溉水利用系数	其中骨干渠系水利用系数	渠首工程 数量(处)	完好数量	灌溉渠道(km) 总长	其中衬砌 总长	完好长度	灌溉管道 总长	完好长度	完好率(%)	排水沟(km) 总长	完好长度	完好率(%)	渠沟道建筑物(座) 总数	完好数量	完好率(%)	灌区取水口是否计量	干支渠口门水量 数量	其中有计量设施数	灌区分水口(处) 数量	其中有计量设施数
1	2	3	4	5	6	7	8	9	10	11	12	13	14	15	16	17	18	19	20	21	22	23	24	25	26	27	28
		南通市	239949	189554	177645	138088			132	113	10803	6354	4773	910	796		15750	10152		8803	6652			1605	1605	4100	4100
	85	通扬灌区	27400	22000	17685	14200	0.59	0.73	0	0	2047	1486	1218	289	237	82	1963	1678	76	165	124	75	是	179	179	417	417
	86	焦港灌区	24800	20000	12400	10000	0.59	0.73	1	1	1214	887	710	102	82	80	1640	1230	75	135	98	73	是	96	96	224	224
	87	如皋港灌区	8100	6500	5608	4500	0.61	0.75	10	7	445	203	152	20	15	75	883	574	65	774	542	70	是	107	107	251	251
	88	红星灌区	7164	6714	6850	6420	0.61	0.75	1	1	582	311	294	15	15	85	594	495	91	190	171	90	是	208	208	486	486
	89	新通扬灌区	16573	15744	12932	11178	0.64	0.72	5	5	85	10	7	52	42	57	1448	49	82	165	79	48	是	156	156	57	57
	90	丁堡灌区	8067	7664	6295	5441	0.64	0.73	8	5	102	64	37	24	23	59	220	60	63	187	126	67	是	16	16	114	114
重点中型灌区	91	江海灌区	21585	17686	17268	14149	0.59	0.73	1	1	2449	1272	1095	52	48	55	1355	1344	38	366	203	55	是	96	96	224	224
	92	九洋灌区	20507	16783	16406	13426	0.59	0.73	1	1	1489	996	328	23	21	36	1131	530	25	121	69	57	是	99	99	230	230
	93	马丰灌区	21552	16299	17242	13039	0.59	0.73	1	1	1002	556	463	87	84	48	632	485	24	622	400	64	是	74	74	174	174
	94	如环灌区	6773	5543	5418	4434	0.61	0.75	10	8	299	142	102	9	6	43	260	129	34	168	45	27	是	51	51	119	119
	95	新建河灌区	6278	4748	3798	2849	0.64	0.71	8	6	56	29	29	18	16	80	429	45	44	194	126	65	是	10	10	10	10
	96	掘苴灌区	5345	4042	3234	2425	0.64	0.71	10	9	48	29	23	23	20	88	278	43	57	185	111	60	是	8	8	8	8
	97	九遥河灌区	5862	4433	3547	2660	0.64	0.71	10	9	55	34	31	19	18	90	651	50	62	168	100	60	是	10	10	10	10
	98	九圩港灌区	18245	13798	14596	11039	0.60	0.68	1	1	85	67	55	21	21	89	2122	76	76	109	82	75	是	48	48	850	850
	99	余丰灌区	13072	9886	10458	7909	0.60	0.68	10	8	121	66	64	55	48	92	898	111	78	86	65	76	是	18	18	290	290

续表

灌区类型 类型	序号	灌区名称	年可供水量(万m³) 总量	年可供水量 其中农业灌溉	年实供灌水量(万m³) 总量	年实供灌水量 其中农业灌溉	灌溉水利用效率 灌溉水利用系数	灌溉水利用效率 其中骨干渠系水利用系数	渠首工程(处) 数量	渠首工程(处) 完好数量	灌溉渠道(km) 总长	其中衬砌 总长	其中衬砌 完好长度	灌溉管道 总长	灌溉管道 完好长度	灌溉渠道 完好率(%)	排水沟(km) 总长	排水沟 完好长度	排水沟 完好率(%)	渠沟道建筑物(座) 总数	渠沟道建筑物 完好数量	渠沟道建筑物 完好率(%)	灌区取水口是否计量	干支渠分水口(处) 数量	干支渠分水口 其中有计量设施数	灌区斗口(处) 数量	灌区斗口 其中有计量设施数
1	2	3	4	5	6	7	8	9	10	11	12	13	14	15	16	17	18	19	20	21	22	23	24	25	26	27	28
重点中型灌区	100	团结灌区	13096	9904	10477	7923	0.60	0.68	9	6	98	91	72	18	17	91	488	373	76	44	34	77	是	383	383	383	383
重点中型灌区	101	合南灌区	1832	1254	1548	1082	0.65	0.72	6	5	43	0	0	43	43	100				625	450	72	是	6	6	59	59
重点中型灌区	102	三条港灌区	855	471	715	456	0.65	0.72	8	8	23	0	0	23	23	100				142	97	68	是	8	8	43	43
重点中型灌区	103	通兴灌区	1422	957	1026	719	0.65	0.72	10	10	13	0	0	3	3	60	180	144	80	175	106	61	是	6	6	63	63
重点中型灌区	104	悦来灌区	3600	1600	3520	1532	0.61	0.70	10	10	53	46	41	0	0	77	150	90	60	1000	700	70	是	5	5	15	15
重点中型灌区	105	常乐灌区	2940	1070	2620	800	0.64	0.72	8	8	54	12	10	8	8	63	280	180	64	1434	1434	100	是	8	8	22	22
重点中型灌区	106	正余灌区	1950	800	1820	706	0.64	0.73	7	7	373	3	3	8	8	60	72	58	80	455	385	85	是	5	5	28	28
重点中型灌区	107	余东灌区	1830	757	1450	600	0.64	0.71	4	4	48	36	36	0	0	75	78	51	65	800	760	95	是	4	4	14	14
一般中型灌区	108	长青沙灌区	1100	900	733	600	0.65	0.72	2	0	18	3	2	0	0	75				493	345	70	是	4	4	9	9
		连云港市	146758	111594	132900	101039			166	132	6388	2920	2265	174	126		7597	6136		28887	23854			935	935	2184	2184
重点中型灌区	109	安峰山水库灌区	9334	7618	8925	7284	0.58	0.72	3	3	157	65	50	0	0	74	350	302	86	590	450	76	是	45	45	105	105
重点中型灌区	110	红石渠灌区	1398	1007	1550	1117	0.58	0.72	4	4	112	25	25	0	0	60	126	54	43	486	245	50	是	26	26	62	62
重点中型灌区	111	官沟河灌区	10237	9082	8386	7440	0.57	0.70	9	9	1073	317	232	2	2	92	1019	920	90	4268	3750	88	是	77	77	181	181
重点中型灌区	112	叮当河灌区	9746	7982	7530	6167	0.57	0.70	7	7	795	310	260	15	12	89	813	752	92	3920	3680	94	是	85	85	198	198
重点中型灌区	113	界北灌区	13067	8682	10660	7083	0.57	0.70	7	7	859	490	370	12	12	97	1362	1103	81	4923	4510	92	是	122	122	285	285

续表

灌区类型	序号	灌区名称	年可供水量(万m³)总量	其中农业灌溉	年实供灌水量(万m³)总量	其中农业灌溉	灌溉水利用系数	其中骨干渠系水利用系数	渠首工程数量	完好数量	灌溉渠道总长	其中衬砌总长	衬砌完好长度	灌溉管道	完好长度	完好率(%)	排水沟总长	完好长度	完好率(%)	渠沟道建筑物总数	完好数量	完好率(%)	灌区取水口是否计量	干支渠分水口数量	其中有计量设施数	灌区斗口数量	其中有计量设施数
1	2	3	4	5	6	7	8	9	10	11	12	13	14	15	16	17	18	19	20	21	22	23	24	25	26	27	28
重点中型灌区	114	界南灌区	13949	8641	12164	7535	0.56	0.69	5	5	513	290	260	0	503	98	966	870	90	2951	2423	82	是	45	45	106	106
	115	一条岭灌区	7398	4835	5889	3849	0.56	0.69	4	4	693	205	156	23	614	89	516	378	73	2678	2423	90	是	57	57	134	134
	116	柴沂灌区	4379	3036	4379	3036	0.58	0.72	10	7	87	29	18	1	57	65	142	102	72	565	435	77	是	13	13	29	29
	117	柴塘灌区	5086	3590	5086	3590	0.58	0.72	10	6	139	54	30	0	83	60	183	128	70	629	459	73	是	17	17	39	39
	118	涟中灌区	18000	17380	18000	17380	0.56	0.69	10	5	466	404	287	0	373	80	672	504	75	2691	2099	78	是	71	71	165	165
	119	灌北灌区	9800	9600	9392	9200	0.58	0.72	10	5	327	236	192	0	245	75	389	292	75	962	769	80	是	47	47	109	109
	120	淮涟灌区	15600	6900	15600	6900	0.58	0.72	10	8	160	72	49	4	128	80	246	179	73	693	540	78	是	29	29	69	69
	121	沂南灌区	4400	4200	4400	4200	0.58	0.72	10	10	150	118	97	12	110	73	190	152	80	469	380	81	是	17	17	41	41
	122	古城翻水站灌区	1700	1700	1600	1600	0.58	0.72	1	1	64	9	9	20	41	64	66	33	51	89	52	58	是	8	8	18	18
一般中型灌区	123	昌黎水库灌区	2000	950	2000	950	0.60	0.70	8	7	4	2	1	0	1	20	3	2	80	16	2	13	是	36	36	84	84
	124	羽山水库灌区	580	580	520	520	0.60	0.70	2	2	9	2	2	0	3	35	13	10	77	46	34	74	是	37	37	86	86
	125	贺庄水库灌区	1000	800	938	750	0.60	0.70	3	3	65	47	37	0	51	78	69	53	77	85	51	60	是	42	42	98	98
	126	横沟水库灌区	2200	1000	2200	1000	0.60	0.70	1	1	14	1	0	0	13	92	14	12	86	18	16	89	是	37	37	86	86
	127	房山水库灌区	1000	940	957	900	0.60	0.70	8	8	30	10	10	0	30	100	20	15	77	15	12	80	是	4	4	9	9
	128	大石埠水库灌区	900	600	450	300	0.61	0.71	6	6	49	6	4	0	39	80	87	68	78	118	46	39	是	29	29	67	67

续表

类型	序号	灌区名称	年可供水量(万m³)总量	其中农业灌溉	年实供灌水量(万m³)总量	其中农业灌溉	灌溉水利用系数	其中骨干渠系水利用系数	渠首工程(处)数量	完好数量	灌溉渠道(km)总长	衬砌总长	衬砌完好长度	灌溉管道总长	灌溉管道完好长度	完好长度	完好率(%)	排水沟(km)总长	完好长度	完好率(%)	渠沟道建筑物(座)总数量	完好数量	完好率(%)	灌区取水口是否计量	干支渠分水口(处)数量	其中有计量设施数量	灌区斗口(处)数量	其中有计量设施数量
1	2	3	4	5	6	7	8	9	10	11	12	13	14	15	16	17		18	19	20	21	22	23	24	25	26	27	28
	129	陈栈水库灌区	650	420	387	250	0.61	0.71	2	2	39	12	9	0	0	33	85	56	47	84	99	41	41	是	21	21	49	49
	130	卢窝水库灌区	300	100	240	80	0.61	0.71	1	1	66	11	4	66	33	33	50	23	14	61	479	287	60	是	8	8	20	20
	131	灌西盐场灌区	1866	1582	1807	1532	0.61	0.71	8	6	115	22	22	0	0	115	100	27	27	100	321	298	93	是	3	3	7	7
	132	涟西灌区	2600	2200	2600	2200	0.60	0.70	10	2	57	41	16	0	0	37	65	90	58	65	347	215	62	是	11	11	27	27
	133	阚岭翻水站灌区	819	819	516	516	0.60	0.70	2	2	53	21	15	0	0	31	59	35	11	32	437	158	36	是	9	9	20	20
一般中型灌区	134	八条路水库灌区	2000	600	1520	456	0.60	0.70	1	1	83	4	40	5	4	45	54	45	22	49	326	112	34	是	9	9	20	20
	135	王集水库灌区	100	100	79	79	0.61	0.71	5	1	36	11	4	10	3	12	33	18	6	33	42	22	52	是	5	5	13	13
	136	红领巾水库灌区	323	323	258	258	0.60	0.70	2	2	16	0	0	0	0	9	56	6	1	18	37	14	38	是	2	2	4	4
	137	横山水站灌区	166	166	16	16	0.61	0.71	2	2	3	2	1	2	1	1	40	8	3	38	400	200	50	是	2	2	4	4
	138	孙庄灌区	3360	3360	2646	2646	0.60	0.70	3	3	95	58	36	0	0	54	57	24	16	67	102	75	74	是	12	12	28	28
	139	刘顶灌区	2800	2800	2205	2205	0.60	0.70	2	2	60	45	30	0	0	36	60	21	12	57	85	56	66	是	9	9	21	21
		淮安市	85588	77975	72133	65122			52	37	1999	637	559	127	111	1565		1984	1366		5298	3524			657	657	1526	1526
重点中型灌区	140	运西灌区	12000	9500	12000	9500	0.57	0.70	2	0	155	55	54	0	0	134	86	252	158	63	348	245	70	是	86	86	200	200
	141	淮南圩灌区	5878	5878	5700	5700	0.57	0.70	3	3	423	122	115	44	34	338	80	113	90	80	924	554	60	是	80	80	186	186
	142	利农河灌区	4779	4779	4355	4355	0.58	0.72	1	1	256	73	60	11	9	217	85	190	135	71	473	310	66	是	85	85	197	197

续表

类型	序号	灌区名称	年可供水量万m³ 总量	其中农业灌溉	年实供灌水量万m³ 总量	其中农业灌溉	灌溉水利用系数	其中骨干渠系水利用系数	渠首工程(处)数量	完好数量	灌溉渠道(km)总长	衬砌总长	衬砌完好长度	灌溉管道总长	灌溉管道完好长度	完好率(%)	排水沟(km)总长	完好长度	完好率(%)	渠沟道建筑物(座)总数	完好数量	完好率(%)	灌区取水口是否计量	干支渠水口(处)数量	其中有计量设施数	灌区分水口(处)数量	其中有计量设施数
1	2	3	4	5	6	7	8	9	10	11	12	13	14	15	16	17	18	19	20	21	22	23	24	25	26	27	28
重点中型灌区	143	官塘灌区	2750	2750	2695	2695	0.59	0.73	1	1	55	7	5	0	0	91	18	14	80	60	50	83	是	18	26	27	28
	144	涟中灌区	15072	13564	11292	10162	0.57	0.70	1	0	146	75	66	0	0	92	89	75	83	685	562	82	是	7	7	42	42
	145	顺河洞灌区	8025	5850	7956	5800	0.58	0.72	5	5	210	73	69	5	5	95	205	184	90	352	316	90	是	19	19	43	43
	146	蛇家坝灌区	6323	5135	5347	4342	0.58	0.72	4	4	115	8	7	35	35	95	122	105	86	440	375	85	是	14	14	32	32
	147	东灌区	8363	8363	7650	7650	0.57	0.70	10	2	86	13	13	3	3	47	144	61	42	231	98	42	是	107	107	251	251
	148	官滩灌区	1323	1323	1100	1100	0.59	0.73	2	1	33	3	3	0	0	9	2	1	50	76	38	50	是	10	10	24	24
	149	桥口灌区	3062	3062	1800	1800	0.59	0.73	2	1	27	0	0	0	0	19	10	5	50	79	10	13	是	11	11	26	26
	150	姬庄灌区	2509	2509	1200	1200	0.59	0.73	2	1	29	8	8	0	0	34	14	7	50	117	22	19	是	13	13	31	31
	151	河桥灌区	3100	3100	500	500	0.59	0.73	2	2	48	13	13	0	0	28	30	5	17	178	72	40	是	18	18	41	41
	152	三墩灌区	1200	1200	720	720	0.59	0.73	0	0	33	2	2	0	0	5	3	1	31	152	43	28	是	42	42	97	97
	153	临湖灌区	8122	7880	7396	7176	0.57	0.70	1	1	128	115	86	16	12	75	535	321	60	994	696	70	是	115	115	267	267
一般中型灌区	154	振兴圩灌区	1578	1578	1200	1200	0.60	0.70	5	5	135	39	30	0	0	80	135	108	80	69	45	65	是	21	21	48	48
	155	洪湖圩灌区	995	995	772	772	0.61	0.71	5	5	72	19	19	13	13	91	72	57	80	78	60	77	是	6	6	14	14
	156	郑家圩灌区	510	510	450	450	0.61	0.70	5	5	48	13	10	0	0	84	51	40	78	42	28	67	是	5	5	11	11
		盐城市	223505	173155	214611	165849			198	140	6278	1709	1264	256	230		15548	12604		39533	26432			941	941	2941	2941
重点中型灌区	157	六套干渠灌区	7500	5700	7500	5700	0.62	0.71	4	2	80	14	14	13	13	60	850	520	61	750	500	67	是	20	20	100	100
	158	淮北干渠灌区	4680	2900	4680	2900	0.62	0.70	3	2	58	11	7	10	10	60	620	390	63	680	440	65	是	15	15	75	75

续表

灌区类型 类型	序号	灌区名称	年可供水量 万m³		年实供灌水量 万m³		灌溉水利用效率		渠首工程(处)		灌溉渠道(km)							骨干工程						灌区计量情况				
														其中				排水沟(km)			渠沟道建筑物(座)				干支渠分水口(处)		灌区斗口(处)	
			总量	其中农业灌溉	总量	其中农业灌溉	灌溉水利用系数	其中骨干渠系水利用系数	数量	完好数量	总长	衬砌		灌溉管道		完好率(%)		总长	完好长度	完好率(%)	总数	完好数量	完好率(%)	灌区取水口是否计量	数量	其中有计量设施数	数量	其中有计量设施数
												总长	完好长度	总长	完好长度													
1	2	3	4	5	6	7	8	9	10	11	12	13	14	15	16	17	18	19	20	21	22	23	24	25	26	27	28
	159	黄响河灌区	6890	6600	6890	6600	0.62	0.71	3	1	74	55	55	8	8	85	780	472	61	710	510	72	是	13	13	65	65
	160	大寨河灌区	3600	3500	3600	3500	0.62	0.69	2	1	46	10	6	6	6	60	490	298	61	620	360	58	是	10	10	50	50
	161	双南干渠灌区	8450	7600	8450	7600	0.62	0.71	3	2	96	17	10	15	15	60	990	610	62	830	470	57	是	23	23	115	115
	162	南干渠灌区	3480	3600	3480	3600	0.62	0.70	2	1	43	30	25	8	8	77	470	296	63	650	430	66	是	13	13	65	65
	163	陈涛灌区	17485	11598	17485	11598	0.57	0.70	2	2	1266	345	242	9	9	52	763	393	52	11359	6598	58	是	60	60	139	139
	164	南干灌区	17130	10618	17130	10618	0.57	0.70	5	4	366	129	96	13	13	87	199	185	93	3201	2503	78	是	14	14	32	32
	165	张弓灌区	17230	11065	17230	11065	0.57	0.70	3	3	996	462	345	41	19	69	785	570	73	9776	5494	56	是	24	24	57	57
重点中型灌区	166	渠北灌区	19439	10670	22700	12460	0.58	0.72	2	1	78	16	16	0	0	95	105	99	95	236	224	95	是	45	45	105	105
	167	沟墩灌区	4701	3979	3600	3600	0.67	0.72	3	2	27	23	19	3	3	69	4320	4280	99	1830	1756	96	是	6	6	48	48
	168	陈良灌区	2809	2809	2471	2471	0.67	0.72	5	4	15	0	0	0	0	100	2751	2710	99	1200	1110	93	是	7	7	55	55
	169	吴滩灌区	3165	3111	2605	2605	0.67	0.72	3	2	503	1	1	10	7	67	503	499	52	2100	1953	69	是	5	5	44	44
	170	川南灌区	4000	3620	2470	2235	0.58	0.72	5	5	98	48	32	3	3	64	55	35	64	232	202	87	是	16	16	36	36
	171	斗西灌区	5200	5200	4800	4800	0.65	0.60	1	0	36	20	20	16	16	100	116	116	100	25	25	100	是	5	5	16	16
	172	斗北灌区	3600	3200	3600	2500	0.63	0.68	10	10	94	49	29	45	45	79	209	179	86	371	284	77	是	12	12	54	54
	173	红旗灌区	5818	3782	5235	3403	0.60	0.74	4	2	80	0	0	0	0	25	95	75	79	120	82	68	是	10	10	24	24
	174	陈洋灌区	9196	5518	8276	4966	0.58	0.72	3	2	72	0	0	0	0	32	102	80	78	130	90	69	是	13	13	31	31

续表

灌区类型-类型(1)	序号(2)	灌区名称(3)	年可供水量(万m³)总量(4)	其中农业灌溉(5)	年实供灌水量(万m³)总量(6)	其中农业灌溉(7)	灌溉水利用系数(8)	灌溉水利用效率-其中骨干渠系水利用系数(9)	渠首工程(处)数量(10)	完好数量(11)	灌溉渠道(km)总长(12)	其中衬砌总长(13)	衬砌完好长度(14)	灌溉管道总长(15)	灌溉管道完好长度(16)	完好长度(17)	完好率(%)(18)	排水沟(km)总长(19)	完好长度(20)	完好率(%)(21)	渠沟道建筑物(座)总数(22)	完好数量(23)	完好率(%)(24)	灌区取水口是否计量(25)	干支渠分水口(处)数量(26)	其中有计量设施数(27)	灌区斗口(处)数量(28)	其中有计量设施数(29)
重点中型灌区	175	桥西灌区	5333	4846	4443	4039	0.63	0.69	10	8	88	0	0	0	0	27	31	112	32	29	124	74	60	是	0	0	95	95
	176	东南灌区	5218	4846	4972	4618	0.58	0.72	10	5	251	75	52	0	0	163	65				494	336	68	是	94	94	219	219
	177	龙冈灌区	3874	3598	3692	3429	0.60	0.74	4	2	198	105	73	4	4	134	68	132	92	70	538	430	80	是	132	132	307	307
	178	红九灌区	7207	6486	6558	5902	0.65	0.80	5	3	174	12	12	0	0	125	72				193	166	86	是	5	5	307	307
	179	大纵湖灌区	4906	4415	4464	4017	0.65	0.80	3	2	53	4	4	0	0	37	70				137	111	81	是	3	3	35	35
	180	学富灌区	4300	3870	3913	3521	0.65	0.80	9	6	91	6	6	0	0	65	71				133	117	88	是	9	9	40	40
	181	盐东灌区	1540	1015	1540	1015	0.60	0.74	5	3	183	101	72	5	5	122	67	125	105	84	488	366	75	是	119	119	279	279
	182	黄尖灌区	2720	1670	2720	1670	0.60	0.74	2	2	64	0	0	6	6	34	52	72	42	59	50	26	52	是	132	132	307	307
	183	上冈灌区	13170	12500	12232	12232	0.65	0.68	9	4	341	10	7	6	6	238	70				393	287	73	是	24	24	107	107
	184	宝塔灌区	2380	2239	2195	2195	0.65	0.68	10	9	110	4	3	0	0	77	70				80	71	89	是	22	22	53	53
	185	高作灌区	2840	2676	2598	2598	0.65	0.68	8	7	120	4	3	0	0	84	70				164	141	86	是	23	23	64	64
	186	庆丰灌区	4020	3827	3752	3752	0.65	0.68	9	7	160	5	4	4	4	112	70				116	80	69	是	22	22	68	68
	187	盐建灌区	4130	3830	3816	3816	0.65	0.68	10	9	170	5	4	5	4	119	70	110	50	45	190	146	77	是	12	12	72	72
一般中型灌区	188	花元灌区	1907	1241	1715	1116	0.61	0.71	5	4	11	11	3	0	0	3	30				100	30	30	是	4	4	9	9
	189	川彭灌区	3805	2356	3424	2120	0.61	0.71	5	3	27	27	8	0	0	8	30	160	75	47	180	50	28	是	6	6	15	15
	190	安东灌区	2961	1984	2664	1785	0.61	0.71	6	4	30	0	0	12	12	12	40	58	15	26	90	40	44	是	5	5	11	11

续表

类型	序号	灌区名称	年可供水量万m³ 总量	其中农业灌溉	年实供灌水量万m³ 总量	其中农业灌溉	灌溉水利用效率 灌溉水利用系数	其中骨干渠系水利用系数	渠首工程(处) 数量	完好数量	灌溉渠道(km) 总长	其中衬砌 总长	完好长度	灌溉管道 总长	完好长度	完好率(%)	排水沟(km) 总长	完好长度	完好率(%)	渠沟道建筑物(座) 总数	完好数量	完好率(%)	灌区取水口是否计量	干支渠分水口(处) 数量	其中有计量设施数量	灌区斗口(处) 数量	其中有计量设施数量
1	2	3	4	5	6	7	8	9	10	11	12	13	14	15	16	17	18	19	20	21	22	23	24	25	26	27	28
一般中型灌区	191	跃中灌区	2188	1488	1969	1339	0.61	0.71	4	3	9	3	0	0	0	28	66	25	38	85	20	24	是	4	4	27	28
	192	东夏灌区	1078	744	969	669	0.61	0.71	4	2	22	1	1	0	0	50	148	89	60	86	60	70	是	2	2	8	8
	193	王开灌区	1343	806	1208	725	0.61	0.71	6	3	17	0	0	0	0	59	115	60	52	200	85	43	是	3	3	4	4
	194	安石灌区	1487	992	1337	892	0.61	0.71	7	4	12	0	0	7	7	58	62	28	45	80	45	56	是	3	3	6	6
	195	三圩灌区	1777	1777	1480	1480	0.67	0.72	2	2	93	81	73	12	12	91	177	175	99	306	297	97	是	2	2	32	32
	196	东里灌区	948	879	748	697	0.692	0.73	2	2	27	27	25	0	0	91	10	9	89	486	423	87	是	4	4	47	47
		扬州市	219490	178161	192165	155279			166	133	9768	1445	1207	168	159		5605	4493		17825	11353			3787	3787	8886	8886
重点中型灌区	197	永丰灌区	21478	17182	10769	8615	0.60	0.74	3	3	244	68	58	24	24	85	323	284	88	291	175	60	是	468	468	1092	1092
	198	庆丰灌区	19980	15985	14797	11838	0.60	0.74	5	5	209	17	17	0	0	85	330	280	85	758	530	70	是	214	214	500	500
	199	临城灌区	8634	6907	5850	4680	0.61	0.75	2	2	117	20	19	1	1	88	88	75	85	517	388	75	是	218	218	508	508
	200	泾河灌区	6740	5496	8188	6677	0.60	0.74	2	2	208	23	23	0	0	74	224	202	90	463	324	70	是	192	192	448	448
	201	宝射河灌区	19614	15690	19614	15690	0.58	0.72	6	6	237	52	46	18	11	80	581	465	80	749	524	70	是	250	250	582	582
	202	宝应灌区	23720	18980	23720	18980	0.58	0.72	8	8	279	125	112	8	8	80	496	407	82	762	495	65	是	353	353	824	824
	203	司徒灌区	12126	7491	11904	7354	0.60	0.74	8	4	313	35	28	11	11	85	477	396	83	1292	685	53	是	119	119	277	277
	204	汉留灌区	8125	5988	8084	5958	0.60	0.74	8	5	708	43	37	14	14	85	115	93	81	315	142	45	是	140	140	326	326
	205	三垛灌区	6846	5468	6775	5411	0.60	0.74	9	5	689	77	59	12	12	81	231	180	78	724	348	48	是	164	164	382	382

续表

灌区类型	序号	灌区名称	年可供水量(万m³)总量	其中农业灌溉	年实供灌水量(万m³)总量	其中农业灌溉	灌溉水利用系数	其中骨干渠系水利用系数	渠首工程(处)数量	完好数量	灌溉渠道(km)总长	衬砌渠道总长	衬砌渠道完好长度	灌溉管道总长	灌溉管道完好长度	完好长度	完好率(%)	排水沟(km)总长	完好长度	完好率(%)	渠沟道建筑物(座)总数	完好数量	完好率(%)	灌区取水口是否计量	干支渠取水口(处)数量	其中有计量设施数	灌区分斗口(处)数量	其中有计量设施数
1	2	3	4	5	6	7	8	9	10	11	12	13	14	15	16	17	18	19	20	21	22	23	24	25	26	27	28
重点中型灌区	206	向阳河灌区	7455	4968	7156	4769	0.60	0.74	10	6	1341	62	51	27	27	1032	77	96	81	84	636	318	50	是	124	124	290	290
	207	红旗河灌区	15912	14886	16765	15684	0.59	0.73	1	1	432	130	117	0	0	360	83				1285	1105	86	是	95	95	221	221
	208	团结河灌区	7090	5421	7090	5421	0.60	0.74	1	1	738	140	124	3	3	626	85	297	249	84	285	207	73	是	212	212	495	495
	209	三阳河灌区	9010	6891	9010	6891	0.60	0.74	1	1	1921	107	96	4	4	1633	85	553	476	86	1965	1271	65	是	262	262	610	610
	210	野田河灌区	8850	6752	8850	6752	0.60	0.74	1	1	1098	68	58	4	4	933	85	677	576	85	840	621	74	是	255	255	596	596
	211	向阳河灌区	3610	2755	3433	2755	0.65	0.72	1	1	37	17	17	2	2	22	60	194	161	83	1453	607	42	是	112	112	255	255
	212	塘田灌区	3000	3000	1876	1876	0.61	0.75	7	7	20	18	9	0	0	9	46	19	9	47	60	30	50	是	2	2	6	6
	213	月塘灌区	4767	4767	4352	4352	0.62	0.71	4	4	58	44	44	7	7	51	88	33	18	55	110	70	64	是	10	10	50	50
	214	沿江灌区	5572	4652	5211	4350	0.60	0.74	9	9	685	216	141	8	8	480	70	476	264	55	4140	2817	68	是	388	388	906	906
一般中型灌区	215	甘渠灌区	1100	1100	840	840	0.62	0.73	3	2	5	5	5	5	5	5	98	3	1	33	54	22	41	是	12	12	27	27
	216	杨寿灌区	1150	1100	1098	1050	0.62	0.73	10	5	65	28	23	3	3	49	75				85	43	51	是	15	15	35	35
	217	沿湖灌区	2000	1881	2000	1881	0.61	0.71	9	8	79	16	12	7	6	65	82	11	3	27	55	40	73	是	6	6	14	14
	218	方翻灌区	2976	2580	2976	2580	0.61	0.71	7	6	63	11	9	6	6	61	97	210	160	76	60	36	60	是	16	16	38	38
	219	槐泗灌区	1700	1400	1500	1130	0.62	0.70	10	6	16	25	21	4	4	9	60	33	25	76	89	46	52	是	33	33	87	87
	220	红星灌区	600	600	450	450	0.62	0.73	2	2	6	6	3	0	0	3	45	3	1	27	40	20	50	是	8	8	19	19
	221	凤岭灌区	600	600	510	510	0.62	0.73	4	4	6	6	5	0	0	5	83	4	1	25	12	10	83	是	4	4	8	8

续表

灌区类型类型	序号	灌区名称	年可供水量万m³ 总量	其中农业灌溉	年实供灌水量万m³ 总量	其中农业灌溉	灌溉水利用系数	其中骨干渠系水利用系数	渠首工程(处) 数量	完好数量	灌溉渠道(km) 总长	其中衬砌总长	衬砌完好长度	灌溉管道总长	灌溉管道完好长度	完好率(%)	排水沟(km) 总长	完好长度	完好率(%)	渠沟道建筑物(座) 总数	完好数量	完好率(%)	灌区取水口是否计量	干支渠水口(处) 水口数	其中有计量设施数	灌区斗口(处) 数量	其中有计量设施数
1	2	3	4	5	6	7	8	9	10	11	12	13	14	15	16	17	18	19	20	21	22	23	24	25	26	27	28
一般中型灌区	222	朱桥灌区	1200	1200	803	803	0.61	0.71	7	7	13	0	0	0	0	69	12	5	42	88	53	60	是	12	12	28	28
	223	稽山灌区	1100	1100	669	669	0.62	0.73	3	3	35	27	25	0	0	86	4	3	63	156	125	80	是	17	17	28	28
	224	东凤灌区	1200	1200	751	751	0.62	0.73	1	1	30	18	14	1	1	80	4	2	50	123	90	73	是	15	15	41	41
	225	白羊山灌区	1692	1692	1606	1606	0.63	0.70	3	3	9	4	4	0	0	60	10	6	67	63	20	32	是	3	3	35	35
	226	刘集红光灌区	1400	1400	843	843	0.62	0.73	4	4	12	12	11	0	0	92	10	7	70	30	30	100	是	17	17	28	28
	227	高营灌区	2300	2300	1103	1103	0.62	0.73	4	1	23	6	6	0	0	61	25	18	72	55	30	55	是	7	7	39	39
	228	红旗灌区	1600	1600	730	730	0.62	0.73	3	3	18	7	7	0	0	56	4	2	50	48	24	50	是	3	3	15	15
	229	秦桥灌区	1100	1100	440	440	0.62	0.73	2	2	8	6	1	1	1	25	2	1	60	32	13	41	是	3	3	7	7
	230	通新集灌区	800	800	662	662	0.62	0.73	2	2	6	6	5	0	0	83	2	2	80	60	54	90	是	5	5	8	8
	231	烟台山灌区	517	299	451	261	0.62	0.73	1	1	7	2	1	0	0	23	2	1	50	42	8	19	是	22	22	13	13
	232	青山灌区	3000	2300	459	352	0.62	0.73	4	1	11	3	2	0	0	56	2	1	86	36	11	31	是	4	4	51	51
	233	十二圩灌区	926	630	830	565	0.62	0.73	1	1	24	0	0	0	0	35	37	22	60	52	21	40	是	7	7	8	8
		镇江市	38398	23692	30716	17858			11	9	479	136	129	43	43		509	353	347	2966	2290		是	90	90	212	212
重点中型灌区	234	北山灌区	12625	9708	9441	7260	0.60	0.74	3	3	154	47	47	12	12	70	248	177	71	718	539	75	是	47	47	110	110
	235	赤山湖灌区	15472	7554	15357	7498	0.60	0.74	5	5	290	68	62	25	25	75	189	139	73	2141	1672	78	是	30	30	70	70
	236	长山灌区	7415	3544	5398	2580	0.62	0.77	1	1	21	16	16	0	0	84	65	35	54	67	54	81	是	4	4	10	10

续表

灌区类型	序号	灌区名称	年可供水量(万m³)总量	年可供水量其中农业灌溉	年实供灌水量(万m³)总量	年实供灌水量其中农业灌溉	灌溉水利用系数	其中骨干渠系水利用系数	渠首工程(处)数量	渠首工程完好数量	灌溉渠道(km)总长	其中衬砌总长	衬砌完好长度	灌溉管道总长	灌溉管道完好长度	灌溉渠道完好长度	灌溉渠道完好率(%)	排水沟(km)总长	排水沟完好长度	排水沟完好率(%)	渠沟道建筑物(座)总数	完好数量	完好率(%)	灌区取水口是否计量	干支渠水口(处)	其中有计量设施数	灌区分水口(处)	其中有计量设施数
1	2	3	4	5	6	7	8	9	10	11	12	13	14	15	16	17	18	19	20	21	22	23	24	25	26	27	28	29
一般中型灌区	237	小辛灌区	1850	1850	315	315	0.64	0.75	1	0	11	4	4	6	6		38	3	2	50	25	15	60	是	5	5	13	13
	238	后马灌区	1036	1036	205	205	0.64	0.75	1	0	5	1	1	0	0		44	3	1	33	15	10	67	是	4	4	9	9
		泰州市	118544	88709	106496	79078			21	21	3609	1738	1485	199	178	2715		2108	1636		14571	12606			1897	1897	4900	4900
重点中型灌区	239	孤山灌区	7998	7902	6913	6830	0.62	0.77	3	3	134	0	0	8	8	98	73				983	897	91	是	34	34	79	79
	240	黄桥灌区	20006	17020	18619	15840	0.62	0.77	1	1	1456	842	620	36	36	812	56	846	381	45	8072	6861	85	是	853	853	1989	1989
	241	高港灌区	10877	5111	12556	5900	0.62	0.77	1	1	172	120	120	0	0	125	73				278	255	92	是	95	95	223	223
	242	溱潼灌区	20365	17096	20365	17096	0.62	0.77	1	1	1246	565	534	44	23	1196	96	1047	1040	99	3571	3063	86	是	508	508	1186	1186
	243	周山河灌区	35599	24500	28451	19580	0.62	0.77	1	1	476	157	157	111	111	405	85	215	215	100	1242	1120	90	是	371	371	866	866
	244	卤汀河灌区	5100	3500	4500	3200	0.64	0.80	1	1	37	9	9	0	0	22	60				268	268	100	是	12	12	65	65
	245	西部灌区	15169	11000	12309	8671	0.63	0.73	8	8	64	43	43	0	0	43	67				125	114	91	是	19	19	181	181
一般中型灌区	246	西来灌区	3430	2580	2783	1961	0.63	0.70	5	5	24	2	2	0	0	14	60				32	28	88	是	5	5	311	311
		宿迁市	109760	85201	103751	77402			46	27	1515	437	317	0	0	880		873	441		5086	2685			320	320	1388	1388
重点中型灌区	247	皂河灌区	26999	10632	31588	12439	0.57	0.70	2	2	235	163	137	0	0	229	98	380	185	49	705	390	55	是	58	58	136	136
	248	嶂山灌区	5100	3800	4912	3660	0.59	0.73	4	0	188	84	59	0	0	113	60	58	32	55	860	445	52	是	18	18	42	42
	249	柴沂灌区	7750	6975	7319	6588	0.57	0.70	2	0	132	34	34	0	0	59	45	85	41	48	675	405	60	是	25	25	58	58

灌区类型 类型	序号	灌区名称	年可供水量（万m³）总量	其中农业灌溉	年实供灌水量（万m³）总量	其中农业灌溉	灌溉水利用系数	其中骨干渠系水利用系数	渠首工程（处）数量	完好数量	灌溉渠道（km）总长	其中衬砌总长	其中衬砌完好长度	其中灌溉管道总长	完好长度	完好率（%）	排水沟（km）总长	完好长度	完好率（%）	渠沟道建筑物（座）总数	完好数量	完好率（%）	灌区取水口是否计量	干支渠分水口（处）	其中有计量设施数	灌区斗口（处）	其中有计量设施数
1	2	3	4	5	6	7	8	9	10	11	12	13	14	15	16	17	18	19	20	21	22	23	24	25	26	27	28
重点中型灌区	250	古泊灌区	12378	11140	11690	10521	0.57	0.70	1	1	115	0	0	0	57	50	109	39	36	265	95	36	是	22	22	51	51
	251	淮西灌区	12293	11063	11610	10449	0.57	0.70	3	3	64	6	6	0	44	69	65	32	50	230	149	65	是	6	6	13	13
	252	沙河灌区	8478	7630	8007	7206	0.57	0.70	1	1	74	0	7	0	36	48	77	43	56	342	136	40	是	5	5	11	11
	253	新北灌区	4713	4241	4451	4006	0.58	0.72	2	2	37	7	7	0	7	19	23	6	25	255	153	60	是	11	11	27	27
	254	新华灌区	6665	6098	6108	5588	0.57	0.70	2	1	15	15	7	0	7	46	60	55	92	63	40	63	是	19	19	44	44
	255	安东河灌区	8000	7600	7000	6650	0.62	0.85	1	1	276	53	27	0	143	52				406	256	63	是	54	54	237	237
	256	蔡圩灌区	7500	7125	4200	3990	0.61	0.80	4	1	151	16	6	0	61	40				573	269	47	是	30	30	334	334
	257	车门灌区	1800	1720	1700	1600	0.61	0.85	6	4	82	15	11	0	57	69				145	70	48	是	18	18	105	105
	258	雪枫灌区	5600	5320	3000	2850	0.61	0.80	6	5	130	33	14	0	56	43				500	253	51	是	40	40	296	296
一般中型灌区	259	红旗灌区	1244	872	1037	872	0.60	0.70	5	3	8	4	3	0	4	54	8	4	52	28	10	36	是	6	6	14	14
	260	曹庙灌区	1242	984	1129	984	0.60	0.70	7	3	10	8	6	0	7	74	10	5	49	39	14	36	是	8	8	20	20
		监狱农场	16734	16734	13537	13537			27	15	417	326	211	2	274		542	370		15088	7798			30	30	171	171
重点中型灌区	261	大中农场	4400	4400	3852.5	3853	0.65	0.75	4	4	58	39	38	0	38	65	72	50	69	21	15	71	是	6	6	50	50
	262	五图河农场	4293	4293	3074	3074	0.65	0.75	12	5	59	46	16	1	35	60	161	48	30	3500	1400	40	是	12	12	60	60
	263	东辛农场	2900	2900	2900	2900	0.58	0.72	10	5	234	174	122	0	164	70	309	272	88	7567	3783	50	是	4	4	9	9
	264	洪泽湖农场	5141	5141	3710	3710	0.65	0.75	1	1	67	67	37	1	38	56	■			4000	2600	65	是	8	8	52	52

153

续表

类型	序号	灌区名称	年可供水量 万m³		年实供灌水量 万m³		灌溉水利用效率		渠首工程（处）		灌溉渠道（km）						排水沟（km）			渠沟道建筑物（座）			灌区计量情况				
													其中											干支渠分水口（处）		灌区斗口（处）	
			总量	其中农业灌溉	总量	其中农业灌溉	灌溉水利用系数	其中骨干渠系水利用系数	数量	完好数量	总长	衬砌		灌溉管道		完好率（%）	总长	完好长度	完好率（%）	总数	完好数量	完好率（%）	灌区取水口是否计量	数量	其中有计量设施数量	数量	其中有计量设施数量
												总长	完好长度	总长	完好长度												
1	2	3	4	5	6	7	8	9	10	11	12	13	14	15	16	17	18	19	20	21	22	23	24	25	26	27	28
	1	全省合计	1541004	1239111	1344846	1073853			1163	880	50036	17685	13594	2028	1784	69	55407	34422	72	154396	106524	69		12284	12284	32417	32417

填表说明：

1. 年可供水量是指渠首水源工程在多年平均条件下可以提供的水量，考虑来水条件，通过工程措施可提供的水量。

2. 年实供灌水量按 2016—2018 年实际供水量的平均值，未配置计量设施的灌区应根据实际情况合理估算填报。

3. 灌排结合的渠道按灌溉渠道填写。

4. 完好措施基本达到设计标准能够安全运行的状况，完好率是完好数占实有总数的百分比。

5. 量水设施包括建筑物量水、测流计、测位计、液位波、超声波、超声波量水、测控一体闸等各种量水设备设施。

附表 3　江苏省中型灌区管理情况表

灌区类型 类型	序号	灌区名称	管理单位名称	管理单位类别					管理人员数量(人)			管理人员经费(万元)		工程维修养护经费(万元)		农民用水户协会		用水合作组织 其他	
				管理单位性质			管理类型		总数	其中		核定	落实	核定	落实	数量(个)	管理面积(万亩)	数量(个)	管理面积(万亩)
				纯公益性	准公益性	经营性	专管	兼管		定编人数	专管人员数量								
1	2	3	4	5	6	7	8	9	10	11	12	13	14	15	16	17	18	19	20
		南京市		38	0	0	8	30	380	217	290	3983	3837	4269	5293	77	168	0	20
重点中型灌区	1	横溪河-赵村水库灌区	横溪河灌区管理所	√			√		11	0	8	60	60	189	209	1	12.60	0	0.00
	2	江宁河灌区	江宁河灌区管理所	√			√		5	0	4	30	30	30	153	1	10.20	0	0.00
	3	汤水河灌区	汤山街道水务站	√				√	16	10	10	160	160	25	257	1	1.20	0	0.00
	4	周岗圩灌区	湖熟街道水务站	√				√	13	8	8	130	130	60	114	1	3.40	0	0.00
	5	三岔灌区	星甸街道水务站	√					10	6	4	120	120	200	200	1	4.50	0	0.00
	6	侯家坝灌区	桥林街道水务站	√					6	6	6	120	120	200	200	1	4.50	0	0.00
	7	淳湖灌区	淳湖提水站	√			√		6	6	6	100	100	200	200	1	8.90	0	0.00
	8	石白湖灌区	洪蓝街道水务办	√				√	32	0	16	256	256	20	135	1	3.50	0	0.00
	9	永丰圩灌区	阳江镇水务站	√				√	11	6	6	28	25	107	107	30	7.15	0	0.00
	10	新禹河灌区	雄州水务站	√				√	19	19	19	270	150	290	290	3	16.00	0	0.00
	11	金牛湖灌区	金牛水务站	√				√	21	21	21	298	298	144	215	4	12.00	0	0.00
	12	山湖灌区	程桥水务站	√				√	27	23	23	384	213	185	420	3	28.00	0	0.00
一般中型灌区	13	东阳万安圩灌区	湖熟街道水务站	√				√	13	8	8	130	130	60	75	2	3.82	0	0.00
	14	五圩灌区	禄口街道水务站	√				√	7	5	5	39	39	30	30	1	1.50	0	0.00
	15	下坝灌区	谷里街道水务站	√				√	4	4	4	40	40	25	38	1	1.40	0	0.00

续表

灌区类型	序号	灌区名称	管理单位名称	管理单位性质			管理类别		管理人员数量(人)		其中	管理人员经费(万元)		工程维修养护经费(万元)		农民用水协会		其他用水合作组织	
				纯公益性	准公益性	经营性	专管	兼管	总数	定编人数	专管人员数量	核定	落实	核定	落实	数量(个)	管理面积(万亩)	数量(个)	管理面积(万亩)
1	2	3	4	5	6	7	8	9	10	11	12	13	14	15	16	17	18	19	20
	16	星辉洪幕灌区	江宁街道水务站	√				√	6	6	6	42	42	30	31	1	2.04	0	0.00
	17	三合圩灌区	永宁街道水务站	√				√	12	8	4	160	160	300	300	1	2.81	0	0.00
	18	石桥灌区	星甸街道水务站	√				√	6	6	6	120	120	200	200	1	4.50	0	0.00
	19	北城圩灌区	永宁街道水务站	√				√	8	8	8	160	160	300	300	1	1.90	0	0.00
	20	草场圩灌区	永宁街道水务站	√				√	8	8	8	160	160	300	300	1	1.00	0	0.00
	21	浦口沿江灌区	桥林街道水务站	√				√	8	6	2	200	200	350	350	1	2.22	0	0.00
	22	浦口沿滁灌区	汤泉街道水务站	√				√	8	8	2	160	160	280	280	1	1.51	0	0.00
	23	方便灌区	东屏水务站	√				√	2	2	2	60	60	100	100	1	4.80	0	0.00
一般中型灌区	24	邴龙水库灌区	邴龙水库管理所		√		√		4	4	4	25	25	20	58	1	3.84	0	0.00
	25	无想寺灌区	无想寺水库管理所		√		√		2	2	2	40	40	20	30	1	1.10	0	0.00
	26	毛公铺灌区	和凤镇水务站	√				√	2	2	2	20	20	20	24	1	3.50	0	0.00
	27	明觉环山河灌区	石湫镇水务站	√				√	2	2	2	15	15	20	20	1	1.50	0	0.00
	28	横山头水库灌区	晶桥镇水务站	√				√	2	2	2	20	20	20	27	1	1.30	0	0.00
	29	新桥河灌区	晶桥水务站	√				√	14	0	10	114	114	20	60	1	1.10	0	0.00
	30	长城圩灌区	葛塘街道农服中心	√				√	7	7	7	75	75	20	20	1	1.06	0	0.00
	31	玉带圩灌区	长芦街道农服中心	√				√	15	7	7	27	50	20	42	1	1.90	0	0.00
	32	延佑双城灌区	盘城街道农服中心	√				√	14	0	10	105	105	70	70	1	1.42	0	0.00
	33	相国圩灌区	砖墙镇水务站	√				√	5	5	5	15	15	45	45	0	0.00	0	0.00

续表

灌区类型 类型	序号	灌区名称	管理单位名称	管理单位类别 管理单位性质 纯公益性	准公益性	经营性	管理类型 专管	兼管	管理人员数量(人) 总数	其中 定编人数	专管人员数量	管理人员经费(万元) 核定	落实	工程维修养护经费(万元) 核定	落实	农民用水户协会 数量(个)	管理面积(万亩)	用水合作组织其他 数量(个)	管理面积(万亩)
1	2	3	4	5	6	7	8	9	10	11	12	13	14	15	16	17	18	19	20
一般中型灌区	34	永胜圩灌区	永胜圩局	√			√		18		18	144	144	180	180	4	2.10	0	20
	35	胜利圩灌区	阳江镇胜利圩局	√			√		17	0	17	115	115	50	50	1	1.55	0	0.00
	36	保胜圩灌区	砖墙镇保胜圩局	√			√		6	0	6	42	42	35	35	1	1.15	0	0.00
	37	龙袍圩灌区	龙袍水利管理服务中心	√				√	5	5	5	0	75	40	63	1	4.19	0	0.00
	38	新集灌区	龙池水利管理服务中心	√				√	8	7	7	0	49	65	65	1	2.35	0	0.00
无锡市				1	0	0	0	1	44	0	44	220	220	24	24	5	0.79	4	0.81
一般中型灌区	39	溪北圩灌区	杨巷镇水利站	√				√	44	0	44	220	220	24	24	5	0.79	4	0.81
徐州市				39	4	0	11	32	683	511	555	5008	4691	8321	10347	106	399	79	242
重点中型灌区	40	复新河灌区	欢口水利站	√				√	44	44	44	138	55	444	444	4	29.60	0	0.00
	41	四联河灌区	首羡水利管理服务站	√				√	22	22	22	90	36	338	338	2	22.50	0	0.00
	42	苗城灌区	王沟水利管理服务站	√				√	12	12	12	36	14	258	258	3	17.20	0	0.00
	43	大沙河灌区	大沙河水利站	√				√	33	33	33	150	60	371	371	5	24.70	0	0.00
	44	郑集南支河灌区	范楼水利管理服务站	√				√	22	22	22	114	46	354	354	3	23.60	0	0.00
	45	灌婴灌区	灌阁闸站管理所	√				√	16	7	10	142	142	270	270	2	10.69	0	0.00
	46	侯阁灌区	侯阁闸站管理所	√				√	8	4	6	70	70	308	308	3	20.47	0	0.00
	47	邹庄灌区	邹庄闸站管理所	√				√	19	8	10	167	167	378	378	3	19.97	0	0.00
	48	上级湖灌区	龙固水利管理站	√				√	45	45	36	371	371	202	202	3	11.78	0	0.00

续表

灌区类型		灌区名称	管理单位名称	管理单位类别					管理人员数量(人)			管理人员经费(万元)		工程维修养护经费(万元)		农民用水户协会		用水合作组织其他	
类型	序号			管理单位性质			管理类型		总数	其中		核定	落实	核定	落实	数量(个)	管理面积(万亩)	数量(个)	管理面积(万亩)
				纯公益性	准公益性	经营性	专管	兼管		定编人数	专管人员数量								
1	2	3	4	5	6	7	8	9	10	11	12	13	14	15	16	17	18	19	20
重点中型灌区	49	胡寨灌区	陈楼闸站管理所	✓				✓	28	15	22	260	260	130	130	1	8.67	0	0.00
	50	苗洼灌区	韩坝闸站管理所	✓				✓	14	5	11	128	128	210	210	3	13.38	0	0.00
	51	沛城灌区	苗圩闸站管理所	✓				✓	12	8	10	108	108	215	215	2	14.22	0	0.00
	52	五段灌区	沛县城西翻水站	✓				✓	38	13	30	343	343	124	124	3	7.80	0	0.00
	53	陈楼灌区	五段闸站管理所	✓				✓	11	4	9	96	96	265	265	3	17.52	0	0.00
	54	王山站灌区	废黄河地区水利工程管理所	✓				✓	22	22	22	218	218	392	444	0	0.00	4	29.60
	55	运南灌区	铜山区大许水利站	✓				✓	8	8	8	49	49	271	273	0	0.00	1	20.20
	56	郑集河灌区	湖西地区水利工程管理站	✓				✓	21	21	21	127	127	336	435	0	0.00	6	29.00
	57	房亭河灌区	铜山区单集水利站			✓	✓		4	4	4	25	25	96	167	0	0.00	1	11.08
	58	马坡灌区	铜山区马坡水利站			✓	✓		2	2	2	13	13	78	83	0	0.00	1	5.50
	59	丁万河灌区	湖西地区水利工程管理所			✓	✓		7	7	7	44	44	73	135	0	0.00	4	9.02
	60	湖东地区湖灌区	湖东地区水利工程管理所	✓				✓	11	11	11	66	66	35	168	0	0.00	2	11.17
	61	大运河灌区	废黄河地区水利工程管理所	✓				✓	6	6	6	35	35	141	172	0	0.00	2	11.48
	62	奎河灌区	铜山区三堡水利站	✓				✓	5	5	5	30	30	77	90	0	0.00	2	6.02
	63	高集灌区	高集抽水站			✓	✓		5	5	5	20	20	215	225	0	0.00	3	15.00
	64	黄河灌区	古邳抽水站			✓	✓		22	22	22	162	162	530	530	0	0.00	3	25.00
	65	关庙灌区	新工场水站			✓	✓		7	7	7	91	91	178	178	0	0.00	2	9.50
	66	庆安灌区	庆安水库管理所	✓				✓	29	29	29	259	259	239	239	0	0.00	4	9.30

续表

灌区类型		灌区名称	管理单位名称	管理单位类别					管理人员数量(人)			管理人员经费(万元)		工程维修养护经费(万元)		农民用水户协会		用水合作组织 其他	
类型	序号			管理单位性质			管理类型		总数	其中		核定	落实	核定	落实	数量(个)	管理面积(万亩)	数量(个)	管理面积(万亩)
				纯公益性	准公益性	经营性	专管	兼管		定编人数	专管人员数量								
1	2	3	4	5	6	7	8	9	10	11	12	13	14	15	16	17	18	19	20
重点中型灌区	67	沙集灌区	凌城抽水站	√			√		29	29	29	320	320	532	532	0	0.00	4	24.00
	68	岔河灌区	邳州市岔河翻水站		√		√		13	10	10	153	153	5	443	4	38.59	0	0.00
	69	银杏湖灌区	邳州市沂河橡胶坝管理所		√			√	10	2	2	113	113	11	213	4	8.29	0	0.00
	70	邳城灌区	邳州市邳城翻水站		√		√		15	14	14	176	176	5	353	9	35.30	0	0.00
	71	民便河灌区	邳州市民便河翻水站		√		√		19	14	14	226	226	6	129	2	10.11	0	0.00
	72	沂运灌区	小新河抽水站	√			√		11	5	11	55	55	195	195	2	12.00	0	0.00
	73	高阿灌区	双塘水务站	√				√	17	13	13	130	130	0	180	4	11.30	0	0.00
	74	棋新灌区	棋盘新店水务站	√				√	22	10	10	100	100	0	247	4	6.30	0	0.00
	75	沂沭灌区	新戴河翻水站	√			√		11	8	11	110	110	381	381	5	25.00	0	0.00
	76	不牢河灌区	贾汪区水务局	√				√	36	4	4	150	150	285	285	17	4.97	17	14.03
	77	东风灌区	江庄水利站	√				√	3	0	0	12	12	75	75	2	0.60	0	0.00
	78	子姚河灌区	青山泉镇水利站	√				√	5	1	1	21	21	64	75	1	0.37	10	3.91
一般中型灌区	79	河东灌区	凌城抽水站	√			√		5	5	5	20	20	74	74	0	0.00	4	4.50
	80	合沟灌区	合沟水务站	√				√	8	5	5	50	50	63	63	1	0.40	0	0.00
	81	运南灌区	塔山镇水利站	√				√	2	0	0	4	4	45	45	6	1.80	1	1.20
	82	二八河灌区	耿集水利站	√				√	4	0	0	16	16	53	53	5	1.49	8	2.27
常州市				0	2	0	0	2	17	10	10	140	140	222	222	2	3.30	0	0.00
重点中型灌区	83	大溪水库灌区	溧阳市大溪水库管理处		√			√	9	9	9	100	100	114	114	1	2.10	0	0.00
	84	沙河水库灌区	溧阳市沙河水库管理处		√			√	8	1	1	40	40	108	108	1	1.20	0	0.00

续表

灌区类型 类型	序号	灌区名称	管理单位名称	管理单位类别					管理人员数量(人)			管理人员经费(万元)		工程维修养护经费(万元)		农民用水户协会		用水合作组织 其他	
				管理单位性质			管理类型				其中								
				纯公益性	准公益性	经营性	专管	兼管	总数	定编人数	专管人员数量	核定	落实	核定	落实	数量(个)	管理面积(万亩)	数量(个)	管理面积(万亩)
1	2	3	4	5	6	7	8	9	10	11	12	13	14	15	16	17	18	19	20
				24	0	0	13	11	1090	281	242	4572	4267	12666	11975	132	285.94	1	1.00
重点中型灌区		南通市																	
	85	通扬灌区	通扬灌区管理所	√			√		17	17	17	342	342	660	585	30	8.73	0	0.00
	86	焦港灌区	焦港灌区管理所	√			√		25	25	25	561	561	550	480	6	1.42	0	0.00
	87	如皋港灌区	如皋港灌区管理所	√			√		17	17	17	341	341	260	230	6	7.92	0	0.00
	88	红星灌区	红星灌区管理所	√			√		16	16	16	207	207	113	123	3	7.80	1	1.00
	89	新通扬灌区	新通扬灌区管理所	√			√		36	36	3	466	466	5635	5635	6	29.89	0	0.00
	90	丁堡灌区	丁堡灌区管理所	√			√		17	12	5	221	221	1504	1504	4	14.55	0	0.00
	91	江海灌区	栟茶镇农业服务中心	√				√	342	18	18	374	374	434	434	4	28.90	0	0.00
	92	九洋灌区	洋口镇农业服务中心	√				√	348	25	25	444	444	390	390	5	26.00	0	0.00
	93	马丰灌区	马塘镇农业服务中心	√				√	131	22	22	285	285	413	413	4	27.50	0	0.00
	94	如环灌区	高新区农业服务中心	√				√	36	19	19	200	200	122	122	3	8.10	0	0.00
	95	新建河灌区	袁庄镇水利站	√			√		8	3	5	40	40	120	120	1	8.01	0	0.00
	96	掘苴灌区	城中街道水利站	√			√		15	6	9	75	75	102	150	2	6.82	0	0.00
	97	九遥河灌区	掘港镇水利站	√			√		20	8	12	100	100	112	221	2	7.48	0	0.00
	98	九圩港灌区	刘桥镇水利站	√				√	11	11	10	110	110	332	332	3	22.12	0	0.00
	99	余丰灌区	十总镇水利站	√				√	9	9	8	90	90	238	238	3	15.85	0	0.00
	100	团结灌区	西亭镇水利站	√				√	10	10	9	100	100	238	238	5	15.87	0	0.00
	101	合南灌区	南阳镇水利站	√			√		5	5	3	170	50	305	92	14	6.10	0	0.00

续表

灌区类型		灌区名称	管理单位名称	管理单位类别					管理人员数量(人)			管理人员经费(万元)		工程维修养护经费(万元)		农民用水户协会		用水合作组织 其他	
类型	序号			管理单位性质			管理类型		总数	其中		核定	落实	核定	落实	数量(个)	管理面积(万亩)	数量(个)	管理面积(万亩)
				纯公益性	准公益性	经营性	专管	兼管		定编人数	专管人员数量								
1	2	3	4	5	6	7	8	9	10	11	12	13	14	15	16	17	18	19	20
重点中型灌区	102	三条港灌区	惠萍镇水利站	✓			✓		4	4	3	150	40	332	104	11	6.96	0	0.00
	103	通兴港灌区	吕四港镇水利站	✓			✓		7	5	2	140	65	344	105	15	5.86	0	0.00
	104	悦来灌区	悦来镇水利站	✓				✓	3	3	2	15	15	174	174	1	11.59	0	0.00
	105	常乐灌区	常乐镇水利站	✓				✓	3	3	2	15	15	99	99	1	6.58	0	0.00
	106	正余河灌区	正余镇水利站	✓				✓	3	0	3	15	15	80	80	1	5.33	0	0.00
	107	余东灌区	余东镇水利站	✓				✓	2	2	2	10	10	80	80	1	5.31	0	0.00
一般中型灌区	108	长青沙灌区	长青沙灌区管理所	✓			✓		5	5	5	100	100	31	28	1	1.25	0	0.00
连云港市				15	16	1	10	22	377	333	333	3299	2811	867	4112	50	245.14	0	0.00
重点中型灌区	109	安峰山水库灌区	安峰山水库管理所	✓			✓		15	15	15	210	210	25	161	1	5.00	0	0.00
	110	红石渠灌区	山左口乡水务站	✓				✓	8	5	5	150	128	50	195	3	10.50	0	0.00
	111	官沟河灌区	灌云县水利局	✓				✓	32	30	30	192	192	31	359	3	23.88	0	0.00
	112	叮当河灌区	灌云县水利局	✓				✓	34	32	32	204	204	35	309	3	20.59	0	0.00
	113	界北灌区	灌云县水利局	✓				✓	18	17	17	108	102	64	300	3	23.46	0	0.00
	114	界南灌区	灌云县水利局	✓				✓	17	16	16	102	96	14	387	2	25.83	0	0.00
	115	一条岭灌区	灌云县水利局	✓				✓	30	27	27	180	162	35	425	2	28.28	0	0.00
	116	柴沂灌区	灌南县水利局	✓				✓	8	8	8	40	40	47	91	3	5.00	0	0.00
	117	柴塘灌区	灌南县水利局	✓				✓	8	8	8	40	40	36	90	2	5.37	0	0.00

续表

灌区类型	序号	灌区名称	管理单位名称	管理单位性质			管理类型		管理人员数量(人)			管理人员经费(万元)		工程维修养护经费(万元)		农民用水户协会		用水合作组织	其他
类型				纯公益性	准公益性	经营性	专管	兼管	总数	定编人数	专管人员数量	核定	落实	核定	落实	数量(个)	管理面积(万亩)	数量(个)	管理面积(万亩)
1	2	3	4	5	6	7	8	9	10	11(其中)	12	13	14	15	16	17	18	19	20
重点中型灌区	118	涟中灌区	涟中灌区灌溉管理所	√			√		10	10	10	50	50	45	447	3	30.50	0	0.00
	119	灌北灌区	灌南县水利局	√				√	13	13	13	65	65	40	263	2	15.87	0	0.00
	120	淮连灌区	灌南县水利局	√				√	14	14	14	70	70	42	156	2	9.40	0	0.00
	121	沂南灌区	灌南县水利局	√				√	6	6	6	30	30	36	126	2	7.65	0	0.00
一般中型灌区	122	古城翻水站灌区	赣榆区机电排灌管理站		√		√		7	7	7	105	68	0	108	1	5.10	0	0.00
	123	昌梨水库灌区	昌梨水库管理所		√		√		11	10	10	120	120	55	60	1	0.35	0	0.00
	124	羽山水库灌区	羽山水库管理所		√		√		7	5	5	80	80	25	30	1	3.00	0	0.00
	125	贺庄水库灌区	贺庄水库管理所		√		√		11	9	9	100	100	57	57	1	0.05	0	0.00
	126	横沟水库灌区	横沟水库管理所		√		√		10	10	10	115	115	15	60	1	0.75	0	0.00
	127	房山水库灌区	房山水库管理所		√		√		15	15	15	115	115	16	60	1	1.20	0	0.00
	128	大石埠水库灌区	大石埠水库管理所		√		√		7	6	6	60	60	15	27	1	0.30	0	0.00
	129	陈栈水库灌区	大石埠水库管理所		√		√		7	6	6	10	10	10	18	2	0.40	0	0.00
	130	芦窝水库灌区	桃林镇水务站					√	8	6	6	20	20	23	23	1	0.20	0	0.00
	131	灌西盐场灌区	灌云县水利局	√				√	4	3	3	24	24	23	23	1	1.50	0	0.00
	132	涟西灌区	灌南县水利局	√				√	3	3	3	15	15	28	70	1	4.49	0	0.00
	133	阊岭翻水站灌区	厉庄水利站		√		√		7	4	4	105	36	10	38	1	2.20	0	0.00
	134	八条路水库灌区	八条路水库管理处		√		√		25	25	25	375	244	18	44	1	2.80	0	0.00
	135	王集水库灌区	石桥水利站		√			√	11	5	5	165	107	11	23	1	1.20	0	0.00

续表

类型	序号	灌区名称	管理单位名称	纯公益性	准公益性	经营性	专管	兼管	总数	定编人数	专管人员数量	核定	落实	核定	落实	数量（个）	管理面积（万亩）	数量（个）	管理面积（万亩）
1	2	3	4	5	6	7	8	9	10	11	12	13	14	15	16	17	18	19	20
一般中型灌区	136	红领巾水库灌区	班庄水利站		√			√	17	9	9	255	166	20	33	1	1.40	0	0.00
	137	横山水库灌区	塔山水利站		√			√	10	5	5	150	98	15	18	1	1.17	0	0.00
	138	孙坝灌区	新坝水利站		√			√	2	2	2	22	22	15	63	1	4.50	0	0.00
	139	刘顶灌区	锦屏水利站		√			√	2	2	2	22	22	12	53	1	3.20	0	0.00
		淮安市		7	10	0	10	7	412	224	224	2599	1531	1417	3036	26	142.95	3	4.29
重点中型灌区	140	运西灌区	运西水利管理所	√				√	25	13	13	227	186	40	326	1	19.50	0	0.00
	141	淮南圩灌区	银涂镇人民政府	√				√	30	26	26	245	224	18	242	2	14.95	0	0.00
	142	利农河灌区	黎城镇人民政府	√				√	54	13	13	138	131	14	144	2	8.73	0	0.00
	143	官塘灌区	戴楼街道办事处	√				√	48	6	6	54	72	5	81	1	4.82	0	0.00
	144	涟中灌区	涟中灌区管理所		√		√		17	15	15	158	162	79	386	4	27.56	0	0.00
	145	顺河洞灌区	顺河洞灌区管理所		√		√		15	5	5	147	147	19	176	3	5.50	1	2.25
	146	蛇家坝灌区	蛇家坝灌区管理所		√		√		9	6	6	160	160	18	155	1	3.16	2	2.04
	147	东灌区	东灌区管理所		√		√		68	68	68	624	163	504	504	1	15.56	0	0.00
	148	官滩电灌站	官滩电灌站		√		√		15	15	15	150	21	133	133	1	6.20	0	0.00
	149	桥口灌区	鲍集灌区管理站		√		√		10	10	10	120	0	148	148	1	1.40	0	0.00
	150	姬庄灌区	鲍管灌区管理所		√		√		8	8	8	96	0	130	130	1	1.20	0	0.00
	151	河桥灌区	河桥电灌站		√		√		7	7	7	75	22	110	110	1	2.00	0	0.00
	152	三墩灌区	三墩电灌站		√		√		16	16	16	173	19	98	98	1	6.50	0	0.00
	153	临湖灌区	临湖灌区水利管理所		√		√		10	10	10	130	130	90	300	3	19.50	0	0.00

续表

灌区类型 类型	序号	灌区名称	管理单位名称	管理单位类别 — 管理单位性质 纯公益性	准公益性	经营性	管理类型 专管	兼管	管理人员数量(人) 总数	其中 定编人数	专管人员数量	管理人员经费(万元) 核定	落实	工程维修养护经费(万元) 核定	落实	农民用水户协会 数量(个)	管理面积(万亩)	用水合作组织 数量(个)	其他 管理面积(万亩)
1	2	3	4	5	6	7	8	9	10	11	12	13	14	15	16	17	18	19	20
一般中型灌区	154	振兴圩灌区	银涂镇人民政府	✓				✓	28	2	2	50	41	5	46	1	2.75	0	0.00
	155	洪湖圩灌区	前锋镇人民政府	✓				✓	30	2	2	24	30	2	33	1	1.99	0	0.00
	156	郑家圩灌区	前锋镇人民政府		✓			✓	22	2	2	29	24	3	24	1	1.63	0	0.00
盐城市				27	9	0	8	28	436	293	306	4170	4193	3841	6547	137	392	0	20
重点中型灌区	157	六套干渠灌区	六套干渠灌区管理所		✓			✓	5	5	5	50	50	240	240	5	9.10	0	0.00
	158	淮北干渠灌区	淮北干渠灌区管理所		✓			✓	3	3	3	30	30	120	120	3	5.10	0	0.00
	159	黄响河灌区	黄响河灌区管理所		✓			✓	4	4	4	40	40	280	280	4	10.70	0	0.00
	160	大寨河灌区	大寨河灌区管理所		✓			✓	4	4	4	40	40	120	120	4	5.60	0	0.00
	161	双南干渠灌区	双南干渠灌区管理所		✓			✓	5	5	5	50	50	320	320	5	12.20	0	0.00
	162	南干渠灌区	南干渠灌区管理所		✓			✓	4	4	4	40	40	175	175	4	5.80	0	0.00
	163	陈涛灌区	滨海县机电排灌管理所		✓		✓		4	4	4	40	40	16	330	1	22.00	0	0.00
	164	南干灌区	滨海县机电排灌管理所		✓		✓		4	4	4	40	40	40	326	1	21.76	0	0.00
	165	张弓灌区	滨海县机电排灌管理所		✓		✓		4	4	4	40	40	24	375	1	25.00	0	0.00
	166	渠北灌区	渠北灌区管理处	✓			✓		54	53	53	698	698	136	248	14	15.56	0	0.00
	167	沟墩灌区	沟墩灌区管理所		✓		✓		4	4	1	53	53	25	144	19	9.58	0	0.00
	168	陈良灌区	陈良灌区管理所		✓		✓		5	5	1	44	44	12	92	14	6.10	0	0.00
	169	吴滩灌区	吴滩灌区管理所	✓			✓		5	5	1	56	56	27	137	21	9.13	0	0.00
	170	川南灌区	川南灌区管理所	✓			✓		11	11	11	138	138	33	234	1	15.60	0	0.00

续表

灌区类型	序号	灌区名称	管理单位名称	管理单位类别					管理人员数量(人)			管理人员经费(万元)		工程维修养护经费(万元)		农民用水户协会		其他用水合作组织	
				管理单位性质			管理类型		总数	其中		核定	落实	核定	落实	数量(个)	管理面积(万亩)	数量(个)	管理面积(万亩)
类型				纯公益性	准公益性	经营性	专管	兼管		定编人数	专管人员数量								
1	2	3	4	5	6	7	8	9	10	11	12	13	14	15	16	17	18	19	20
重点中型灌区	171	斗西灌区	斗西灌区管理所	√				√	18	18	18	152	152	323	323	4	9.57	0	0.00
	172	斗北灌区	三龙水利站	√			√		47	18	29	420	420	360	360	2	38.23	0	0.00
	173	红旗灌区	特庸镇水利站	√				√	17	5	5	85	85	41	110	1	6.75	0	0.00
	174	陈洋灌区	经济开发区水利站	√				√	22	5	5	110	110	52	175	1	8.70	0	0.00
	175	桥西灌区	桥西灌区管理所	√				√	6	0	6	95	95	28	174	1	4.73	0	0.00
	176	东南灌区	大冈水务站	√				√	12	6	6	96	96	95	164	3	11.53	0	0.00
	177	龙冈灌区	龙冈水务站	√				√	13	5	5	75	85	62	104	1	6.94	0	0.00
	178	红九灌区	红九灌区管理所	√			√		29	14	15	348	348	179	188	3	11.90	0	0.00
	179	大纵湖灌区	大纵湖灌区管理所	√			√		27	13	14	324	324	122	128	2	8.10	0	0.00
	180	学富灌区	学富灌区管理所	√			√		8	4	4	96	96	107	113	1	7.10	0	0.00
	181	盐东灌区	盐东水利服务中心	√				√	5	4	4	54	60	55	92	1	10.00	0	0.00
	182	黄尖灌区	黄尖水利服务中心	√				√	6	4	4	54	61	41	83	1	10.50	0	0.00
	183	上冈灌区	上冈水利站	√				√	13	10	8	140	140	160	350	4	22.32	0	0.00
	184	宝塔灌区	宝塔水利站	√				√	4	3	4	48	48	50	97	1	6.02	0	0.00
	185	高作灌区	高作水利站	√				√	6	4	6	68	68	65	111	1	7.09	0	0.00
	186	庆丰灌区	庆丰水利站	√				√	8	6	8	100	100	110	141	1	8.95	0	0.00
	187	盐建灌区	沿河水利站	√				√	9	8	9	123	123	120	207	2	13.03	0	0.00
一般中型灌区	188	花元灌区	海河镇水利站	√				√	7	7	7	35	35	15	38	1	2.50	0	0.00
	189	川彭灌区	海河镇水利站	√				√	11	7	7	55	55	25	74	1	4.20	0	0.00

续表

灌区类型		灌区名称	管理单位名称	管理单位类别					管理人员数量(人)			管理人员经费(万元)		工程维修养护经费(万元)		农民用水户协会		用水合作组织 其他	
类型	序号			管理单位性质			管理类型		总数	其中		核定	落实	核定	落实	数量(个)	管理面积(万亩)	数量(个)	管理面积(万亩)
				纯公益性	准公益性	经营性	专管	兼管		定编人数	专管人员数量								
1	2	3	4	5	6	7	8	9	10	11	12	13	14	15	16	17	18	19	20
一般中型灌区	190	安东灌区	兴桥镇水利站	√					8	6	6	40	40	19	60	1	3.20	0	0.00
	191	跃中灌区	兴桥镇水利站	√					6	6	6	30	30	14	44	1	2.30	0	0.00
	192	东夏灌区	长荡镇水利站	√					4	4	4	20	20	7	21	1	1.18	0	0.00
	193	王开灌区	四明镇水利站	√				√	7	7	7	35	35	10	24	1	1.71	0	0.00
	194	安石灌区	盘湾镇水利站	√				√	6	6	6	30	30	13	29	1	2.20	0	0.00
	195	三圩灌区	刘庄水利站				√		15	8	7	150	150	150	150	1	7.93	0	0.00
	196	东里灌区	东台市五烈镇用水者协会			√		√	6	0	2	29	29	50	50	2	2.28	0	0.00
		扬州市		37	0	0	19	18	598	367	373	6335	6363	2223	4883	159	271	2	1
重点中型灌区	197	永丰灌区	永丰灌区管理所	√			√		12	6	6	74	74	94	272	3	13.40	0	0.00
	198	庆丰灌区	庆丰灌区管理所	√			√		16	6	6	71	71	65	218	5	14.47	1	0.52
	199	临城灌区	临城灌区管理所	√			√		9	7	7	89	89	25	160	4	5.30	0	0.00
	200	泾河灌区	泾河灌区管理所	√			√		8	4	4	74	74	53	151	3	10.04	0	0.00
	201	宝射河灌区	射阳湖水务站	√				√	8	2	2	110	110	55	430	5	22.62	1	0.23
	202	宝应灌区	山阳水务站	√				√	8	3	3	99	99	50	447	8	28.79	0	0.00
	203	司徒灌区	甘垛水务站	√				√	13	5	5	103	103	57	279	6	14.16	0	0.00
	204	汉留灌区	汤庄水务站	√				√	15	6	6	125	125	49	184	2	12.23	0	0.00
	205	三垛灌区	三垛水务站	√				√	17	5	5	138	138	39	178	5	11.35	0	0.00
	206	向阳河灌区	送桥水务站	√				√	17	5	5	139	139	42	232	7	10.57	0	0.00

续表

类型(1)	序号(2)	灌区名称(3)	管理单位名称(4)	纯公益性(5)	准公益性(6)	经营性(7)	专管(8)	兼管(9)	总数(10)	定编人数(11)	专管人员数量(12)	核定(13)	落实(14)	核定(15)	落实(16)	数量(个)(17)	管理面积(万亩)(18)	数量(个)(19)	管理面积(万亩)(20)
重点中型灌区	207	红旗河灌区	江都区长江灌管理处	✓				✓	74	57	57	996	996	105	273	17	20.55	0	0.00
	208	团结河灌区	江都区河道管理处	✓				✓	47	28	28	632	632	98	139	8	9.86	0	0.00
	209	三阳河灌区	江都区河道管理处	✓				✓	47	28	28	632	632	98	177	15	12.17	0	0.00
	210	野田河灌区	江都区河道管理处	✓				✓	47	28	28	632	632	98	173	14	11.87	0	0.00
	211	向阳河灌区	江都区长江灌管理处	✓				✓	74	57	57	370	370	105	239	9	5.12	0	0.00
	212	塘田灌区	塘田电灌站	✓			✓		6	6	6	61	61	93	99	1	6.22	0	0.00
	213	月塘灌区	月塘电灌站	✓			✓		18	11	18	191	191	160	161	1	10.40	0	0.00
	214	沿江灌区	沿江灌区管理所	✓			✓		24	6	6	136	136	234	234	3	8.51	0	0.00
一般中型灌区	215	甘泉灌区	甘泉机电排灌站	✓				✓	10	9	9	32	60	32	38	1	1.80	0	0.00
	216	杨寿灌区	杨寿镇水利农机站	✓				✓	3	3	3	24	24	52	52	1	2.00	0	0.00
	217	沿湖灌区	公道镇水利农机服务站	✓				✓	5	4	4	32	32	61	72	12	4.00	0	0.00
	218	方翻灌区	方巷水利站	✓				✓	5	0	0	32	32	61	74	2	4.70	0	0.00
	219	槐泗灌区	槐泗水利站	✓				✓	4	4	2	20	20	53	53	13	2.10	0	0.00
	220	红星灌区	陈集机灌站	✓			✓		2	0	0	10	10	15	16	1	1.01	0	0.00
	221	凤岭灌区	凤岭水库管理所	✓			✓		3	4	4	27	27	18	19	1	1.19	0	0.00
	222	朱桥灌区	朱桥电灌站	✓			✓		3	6	6	33	33	52	53	1	3.46	0	0.00
	223	稽山灌区	大仪镇电灌站	✓			✓		10	0	0	30	30	33	44	1	2.20	0	0.00
	224	东风灌区	大仪镇电灌站	✓			✓		10	0	0	30	30	34	35	1	2.24	0	0.00

续表

灌区类型 类型	序号	灌区名称	管理单位名称	管理单位类别					管理人员数量(人)			管理人员经费(万元)		工程维修养护经费(万元)		农民用水合作组织			
				管理单位性质			管理类型		总数	其中		核定	落实	核定	落实	农民用水户协会		其他	
				纯公益性	准公益性	经营性	专管	兼管		定编人数	专管人员数量					数量(个)	管理面积(万亩)	数量(个)	管理面积(万亩)
1	2	3	4	5	6	7	8	9	10	11	12	13	14	15	16	17	18	19	20
	225	白丰山灌区	白丰山电灌站	√			√		7	6	7	62	62	56	56	1	3.43	0	0.00
	226	刘集红光灌区	古井电灌站	√			√		3	0	0	20	20	42	55	1	2.80	0	0.00
	227	高营灌区	月塘机电灌站	√			√		9	0	0	45	45	44	48	1	2.92	0	0.00
一般中型灌区	228	红旗灌区	红旗电灌站	√			√		3	3	3	41	41	42	48	1	2.79	0	0.00
	229	秦桥灌区	秦桥电灌站	√			√		3	3	3	41	41	26	27	1	1.71	0	0.00
	230	通新集灌区	通新集电灌站	√			√		9	9	9	88	88	20	22	1	1.35	0	0.00
	231	烟台山灌区	新城镇农业综合服务中心	√				√	2	0	0	10	10	17	20	1	1.10	0	0.00
一般灌区	232	青山灌区	仪征市青浦电灌站	√				√	13	12	12	238	238	17	63	1	1.15	0	0.00
	233	十二圩灌区	仪征市十二圩翻水站	√			√		34	34	34	850	850	28	44	1	1.85	0	0.00
		镇江市		3	2	0	3	2	251	211	211	705	705	988	988	19	13	0	0
重点中型灌区	234	北山灌区	北山水库管理站		√		√		91	77	77	48	48	293	293	6	4.16	0	0.00
	235	赤山湖灌区	赤山闸水利枢纽管理处		√		√		91	85	85	75	75	360	360	9	1.27	0	0.00
一般中型灌区	236	长山灌区	长山提水站管理所	√			√		45	35	35	350	350	210	210	2	5.64	0	0.00
	237	小辛灌区	辛丰镇水利农机站	√				√	12	7	7	116	116	80	80	1	1.20	0	0.00
	238	后马灌区	辛丰镇水利农机站	√				√	12	7	7	116	116	45	45	1	1.10	0	0.00
		泰州市		8	0	0	7	1	159	84	136	957	957	1906	2035	124	113.21	0	0.00
重点中型灌区	239	孤山灌区	孤山灌区灌排协会	√			√		10	0	8	50	50	135	135	1	8.97	0	0.00
中型灌区	240	黄桥灌区	黄桥灌区管理所	√			√		40	19	19	100	100	327	360	4	21.80	0	0.00

续表

灌区类型 类型	序号	灌区名称	管理单位名称	管理单位类别					管理人员数量(人)			管理人员经费(万元)		工程维修养护经费(万元)		用水合作组织			
				管理单位性质			管理类型		总数	其中		核定	落实	核定	落实	农民用水户协会		其他	
				纯公益性	准公益性	经营性	专管	兼管		定编人数	专管人员数量					数量(个)	管理面积(万亩)	数量(个)	管理面积(万亩)
1	2	3	4	5	6	7	8	9	10	11	12	13	14	15	16	17	18	19	20
重点中型灌区	241	高港灌区	高港灌区管理所	√			√		12	12	12	210	210	345	320	1	9.80	0	0.00
	242	泰潼灌区	泰潼灌区管理所		√		√		8	0	6	40	40	358	398	7	23.89	0	0.00
	243	周山河灌区	周山河灌区管理所		√		√		8	0	60	40	40	367	448	7	24.45	0	0.00
	244	卤西灌区	华港镇水利站	√				√	3	3	3	75	75	80	80	1	5.30	0	0.00
	245	西部灌区	生柯水利管理站	√			√		58	38	20	290	290	242	242	78	15.50	0	0.00
一般中型灌区	246	西来灌区	西来水利站	√			√		20	12	8	152	152	53	53	25	3.50	0	0.00
		宿迁市		0	14	0	9	5	322	216	228	2422	1993	2118	3474	150	186	29	14
重点中型灌区	247	皂河灌区	皂河灌区管理所		√		√		93	93	93	970	890	400	342	3	14.00	3	5.00
	248	嶂山灌区	嶂山电灌站		√		√		41	20	20	650	620	160	148	2	6.00	0	0.00
	249	柴沂灌区	柴沂灌区管理所		√		√		40	17	17	117	55	122	264	10	15.00	0	0.00
	250	古泊灌区	古泊灌区管理所		√		√		25	19	19	122	56	151	284	13	17.00	0	0.00
	251	淮西灌区	淮西灌区管理所		√		√		25	16	16	105	49	154	362	40	19.00	0	0.00
	252	沙河灌区	沙河灌区管理所		√		√		25	17	17	113	53	174	381	20	21.00	0	0.00
	253	新北灌区	新北灌区管理所		√		√		15	0	12	75	75	188	191	8	12.50	0	0.00
	254	新华灌区	新华灌区管理所		√		√		16	12	12	80	80	225	323	6	15.00	0	0.00
	255	安东河灌区	安东河灌区管理所		√			√	9	5	5	70	50	150	359	10	20.00	1	0.50
	256	蔡圩灌区	蔡圩灌区管理所		√		√		11	7	7	50	20	180	353	12	19.60	5	3.90

续表

灌区类型 类型	序号	灌区名称	管理单位名称	管理单位类别 管理单位性质 纯公益性	准公益性	经营性	管理类型 专管	兼管	管理人员数量(人) 总数	其中 定编人数	专管人员数量	管理人员经费(万元) 核定	落实	工程维修养护经费(万元) 核定	落实	农民用水户协会 数量(个)	管理面积(万亩)	用水合作组织 其他 数量(个)	管理面积(万亩)
1	2	3	4	5	6	7	8	9	10	11	12	13	14	15	16	17	18	19	20
重点中型灌区	257	车门灌区	蔡圩灌区管理所		✓			✓	7	3	3	20	10	100	83	8	5.00	0	0.00
重点中型灌区	258	雪枫灌区	蔡圩灌区管理所		✓			✓	11	7	7	50	20	100	318	17	20.00	12	2.23
一般中型灌区	259	红旗灌区	红旗灌区管理所		✓			✓	2	0	0	0	8	6	30	1	2.0	0	0.0
一般中型灌区	260	曹庙灌区	曹庙灌区管理所		✓			✓	2	0	0	0	8	8	39	0	0.0	8	2.6
		监狱农场		0	3	0	2	1	80	80	71	450	380	440	615	4	40	0	0
重点中型灌区	261	大中农场	江苏大中农场集团		✓		✓		32	32	29	160	160	115	115	1	7.60	0	0.00
重点中型灌区	262	五图河农场	江苏五图河农场有限公司		✓		✓		20	20	16	100	100	125	125	1	8.10	0	0.00
重点中型灌区	263	东辛农场	省农垦东辛分公司			✓	✓		6	6	6	70	0	50	225	1	15.00	0	0.00
	264	洪泽湖农场	洪泽湖农场集团有限公司		✓			✓	22	22	20	120	120	150	150	1	9.70	0	0.00
全省合计									4849	2827	3023	34859	32087	39303	53550	991	2260.96	118	262.86

附表 4 江苏省中型灌区用水管理情况表

灌区类型			用水管理		是否实施农业水价综合改革	现行水价批复年份（年）	水价			2018-2020年农业灌溉水费（万元）			财政补助（万元）		
类型	序号	灌区名称	是否办理取水许可证	年取可水许可水量（万m³/年）			执行水价（元/m³）	全成本水价（元/m³）	运行维护成本水价（元/m³）	应收	实收	水费收缴方式	总计	其中人员经费	其中维修养护经费
1	2	3	4	5	6	7	8	9	10	11	12	13	14	15	16
		南京市		53348						3127	3121		2814	1226	1588
重点中型灌区	1	横溪河-赵村水库灌区	是	4000	是	2019	水稻 0.053 苗木 0.192 蔬菜 0.116	0.129	水稻 0.053 苗木 0.192 蔬菜 0.116	212	212	按 m³ 征收	0	0	0
	2	江宁河灌区	是	2800	是	2019	水稻 0.053 苗木 0.192 蔬菜 0.116	0.124	水稻 0.053 苗木 0.192 蔬菜 0.116	148	148	按 m³ 征收	0	0	0
	3	汤水河灌区	是	4700	是	2019	水稻 0.053 苗木 0.192 蔬菜 0.116	0.129	水稻 0.053 苗木 0.192 蔬菜 0.116	31	31	按 m³ 征收	9	0	9
	4	周岗圩灌区	是	900	是	2019	水稻 0.053 苗木 0.192 蔬菜 0.116	0.129	水稻 0.053 苗木 0.192 蔬菜 0.116	50	50	按 m³ 征收	0	0	0
	5	三岔灌区	是	4165	是	2018	粮食作物 0.024 经济作物 0.145		粮食作物 0.024 经济作物 0.145	22	22	按 m³ 征收	320	120	200
	6	侯家坝灌区	是	1207	是	2018		0.049	粮食作物 0.024 经济作物 0.145	117	117	按 m³ 征收	31	16	15
	7	溧湖灌区	是	1850	是	2019	0.2	0.2	0.16	50	50	按 m³ 征收	0	0	0
	8	石臼湖灌区	是	2655	是	2019	0.2	0.2	0.16	694	694	按 m³ 征收	0	0	0

续表

灌区类型			用水管理				水价			2018—2020年农业灌溉水费（万元）			财政补助（万元）		
														其中	
类型	序号	灌区名称	是否办理取水许可证	年取水许可水量（万m³/年）	是否实施农业水价综合改革	现行水价批复年份（年）	执行水价（元/m³）	全成本水价（元/m³）	运行维护成本水价（元/m³）	应收	实收	水费收缴方式	总计	人员经费	维修养护经费
1	2	3	4	5	6	7	8	9	10	11	12	13	14	15	16
重点中型灌区	9	永丰圩灌区	是	290	是	2019	水稻基本价0.029,计量价0.008;水产基本价0.027,计量价0.075;瓜果基本价0.077,计量价0.024;蔬菜基本价0.128,计量价0.047。	0.14	0.064	6	6	按m³征收	0	0	0
	10	新禹河灌区	是	2550	是	2019	0.04	自流:0.056 提水:混流泵0.127 离心泵0.17	0.04	193	190	按m³征收	0	0	0
	11	金牛湖灌区	是	3000	是	2017	0.04	自流:0.056 提水:混流泵0.127 离心泵0.17	0.04	62	62	按m³征收	64	5	28
	12	山湖灌区	是	5600	是	2019	0.04	自流:0.056 提水:混流泵0.127 离心泵0.17	0.04	124	124	按m³征收	266	185	81
一般中型灌区	13	东阳万安圩灌区	是	900	是	2019	水稻0.053 苗木0.192 蔬菜0.116	0.129	水稻0.053 苗木0.192 蔬菜0.116	3	3	按m³征收	0	0	0
	14	五圩灌区	是	400	是	2019	水稻0.053 苗木0.192 蔬菜0.116	0.129	水稻0.053 苗木0.192 蔬菜0.116	1.5	1.5	按m³征收	0	0	0
	15	下坝灌区	是	360	是	2019	水稻0.053 苗木0.192 蔬菜0.116	0.129	水稻0.053 苗木0.192 蔬菜0.116	24	24	按m³征收	0	0	0
	16	星辉洪幕灌区	是	420	是	2019	水稻0.053 苗木0.192 蔬菜0.116	0.129	水稻0.053 苗木0.192 蔬菜0.116	22	22	按m³征收	0	0	0

续表

灌区类型		灌区名称	用水管理				水　价			2018—2020年农业灌溉水费（万元）			财政补助（万元）	其中	
类型	序号		是否办理取水许可证	年取水量许可水量（万m³/年）	是否实施农业水价综合改革	现行水价批复年份（年）	执行水价（元/m³）	全成本水价（元/m³）	运行维护成本水价（元/m³）	应收	实收	水费收缴方式	总计	人员经费	维修养护经费
1	2	3	4	5	6	7	8	9	10	11	12	13	14	15	16
	17	三合圩灌区	是	1299	是	2019	粮食作物0.024 经济作物0.145		粮食作物0.024 经济作物0.145	14	14	按m³征收	460	160	300
	18	石桥灌区	是	330	是	2019	粮食作物0.024 经济作物0.145 水产养殖0.012	0.049	粮食作物0.024 经济作物0.145 水产养殖0.012	42	42	按m³征收	0	0	0
	19	北城圩灌区	是	407	是	2019	粮食作物0.024 经济作物0.145 水产养殖0.012	0.049	粮食作物0.024 经济作物0.145 水产养殖0.012	13	13	按m³征收	12	2	10
	20	草场圩灌区	是	163	是	2019	粮食作物0.024 经济作物0.145 水产养殖0.012	0.049	粮食作物0.024 经济作物0.145 水产养殖0.012	14	14	按m³征收	12	2	10
一般中型灌区	21	浦口沿江灌区	是	2409	是	2019	粮食作物0.024 经济作物0.145		粮食作物0.024 经济作物0.145	18	18	按m³征收	550	200	350
	22	浦口沿滁灌区	是	2770	是	2019	粮食作物0.024 经济作物0.145		粮食作物0.024 经济作物0.145	18	18	按m³征收	440	160	280
	23	方便灌区	是	900	是	2019	0.2	0.2	0.16	186	186	按m³征收	0	0	0
	24	卧龙水库灌区	是	880	是	2019	0.2	0.2	0.16	150	150	按m³征收	0	0	0
	25	无想寺灌区	是	450	是	2019	0.2	0.2	0.16	70	70	按m³征收	0	0	0
	26	毛公铺灌区	是	410	是	2019	0.2	0.2	0.16	55	55	按m³征收	0	0	0
	27	明觉环山河灌区	是	220	是	2019	0.2	0.2	0.16	36	36	按m³征收	0	0	0

续表

灌区类型		用水管理				水价				2018—2020年农业灌溉水费(万元)			财政补助(万元)		
类型	序号	灌区名称	是否办理取水许可证	年取水量许可证(万m³/年)	是否实施农业水价综合改革	现行水价批复年份(年)	执行水价(元/m³)	全成本水价(元/m³)	运行维护成本水价(元/m³)	应收	实收	水费收缴方式	总计	人员经费	维修养护经费
1	2	3	4	5	6	7	8	9	10	11	12	13	14	15	16
一般中型灌区	28	箭山头水库灌区	是	220	是	2019	0.2	0.2	0.16	37	37	按m³征收	0	0	0
	29	新桥河灌区	是	2360	是	2019	0.2	0.2	0.16	308	308	按m³征收	0	0	0
	30	长城圩灌区	是	210	是	2019	蔬菜瓜果0.144 专业葡萄园0.143 热带水果0.068		蔬菜瓜果0.535 专业葡萄园0.612 热带水果0.233	72	72	按m³征收	0	0	0
	31	玉带圩灌区	是	500	是	2019	蔬菜瓜果0.144 专业葡萄园0.143 热带水果0.068		蔬菜瓜果0.535 专业葡萄园0.612 热带水果0.233	36	36	按m³征收	0	0	0
	32	延佑双城灌区	是	590	是	2019	蔬菜瓜果0.144 专业葡萄园0.143 热带水果0.068		蔬菜瓜果0.535 专业葡萄园0.612 热带水果0.233	42	42	按m³征收	0	0	0
	33	相国圩灌区	是	580	是	2019	水稻基本价0.029,计量价0.008 水产基本价0.027,计量价0.075 瓜果基本价0.077,计量价0.024 蔬菜基本价0.128,计量价0.047 淳东南北站水站补水水价0.1138	0.14	0.064	10	10	按m³征收	0	0	0
	34	永胜圩灌区	是	693	是	2018	水稻灌溉片0.037 水产养殖0.102 瓜果灌溉片0.101 蔬菜灌溉片0.175	水稻灌溉片0.095 水产养殖0.113 瓜果灌溉片0.354 蔬菜灌溉片0.457	水稻灌溉片0.037 水产养殖0.102 瓜果灌溉片0.101 蔬菜灌溉片0.175	56	56	按m³征收	324	144	180

续表

灌区类型		灌区名称	用水管理		是否实施农业水价综合改革	现行水价批复年份（年）	水价			2018—2020年农业灌溉水费（万元）			财政补助水费（万元）		
类型	序号		是否办理取水许可证	年取水许可水量（万m³/年）			执行水价（元/m³）	全成本水价（元/m³）	运行维护成本水价（元/m³）	应收	实收	水费收缴方式	总计	人员经费	维修养护经费
1	2	3	4	5	6	7	8	9	10	11	12	13	14	15	16
一般中型灌区	35	胜利圩灌区	是	465	是	2018	水稻灌溉片0.037 水产养殖0.102 瓜果灌溉片0.101 蔬菜灌溉片0.175	水稻灌溉片0.095 水产养殖0.113 瓜果灌溉片0.354 蔬菜灌溉片0.457	水稻灌溉片0.037 水产养殖0.102 瓜果灌溉片0.101 蔬菜灌溉片0.175	40	40	按m³征收	165	115	50
	36	保胜圩灌区	是	345	是	2018	水稻灌溉片0.037 水产养殖0.102 瓜果灌溉片0.101 蔬菜灌溉片0.175	水稻灌溉片0.095 水产养殖0.113 瓜果灌溉片0.354 蔬菜灌溉片0.457	水稻灌溉片0.037 水产养殖0.102 瓜果灌溉片0.101 蔬菜灌溉片0.175	30	30	按m³征收	77	42	35
	37	龙袍圩灌区	是	880	是	2019	0.04	自流:0.056 提水:混流泵0.127 离心泵0.17	0.04	70	70	按m³征收	115	75	40
	38	新集灌区	是	470	是	2019	0.04	自流:0.056 提水:混流泵0.127 离心泵0.17	0.04	50	48	按m³征收	0	0	0
		无锡市		636						127	89		3	2	1
一般中型灌区	39	溪北圩灌区	是	636	是	2017	0.078		0.078	127	89	按m³征收	3	2	1
		徐州市		194229						11424	11095		4721	2411	2311
重点中型灌区	40	复新河灌区	是	9970	是	2019	水田:0.083 旱田:0.06~0.08		水田:0.083 旱田:0.06~0.08	392	375	按m³征收	0	0	0
	41	四联河灌区	是	3630	是	2019	0.06~0.08		0.06~0.08	197	188	按m³征收	0	0	0

续表

灌区类型		用水管理				水 价				2018—2020 年农业灌溉水费（万元）			财政补助（万元）		
														其中	
类型	序号	灌区名称	是否办理取水许可证	年取水量许可水量（万 m³/年）	是否实施农业水价综合改革	现行水价批复年份（年）	执行水价（元/m³）	全成本水价（元/m³）	运行维护成本水价（元/m³）	应收	实收	水费收缴方式	总计	人员经费	维修养护经费
1	2	3	4	5	6	7	8	9	10	11	12	13	14	15	16
重点中型灌区	42	苗城灌区	是	2235	是	2019	0.06~0.08		0.06~0.08	174	170	按 m³ 征收	0	0	0
	43	大沙河灌区	是	3365	是	2019	0.06~0.08		0.06~0.08	366	344	按 m³ 征收	0	0	0
	44	郑集南支河灌区	是	3450	是	2019	0.06~0.08		0.06~0.08	293	288	按 m³ 征收	0	0	0
	45	灌婴灌区	是	5658	是	2018	0.085~0.105	0.085~0.105	0.057~0.077	219	210	按 m³ 征收	27	22	5
	46	侯阁灌区	是	5398	是	2018	0.085~0.105	0.085~0.105	0.057~0.077	162	157	按 m³ 征收	16	11	5
	47	邹庄灌区	是	4411	是	2018	0.085~0.105	0.085~0.105	0.057~0.077	307	295	按 m³ 征收	31	27	5
	48	上级湖灌区	是	9289	是	2018	0.085~0.105	0.085~0.105	0.057~0.077	678	650	按 m³ 征收	67	62	5
	49	胡寨灌区	是	3200	是	2018	0.085~0.105	0.085~0.105	0.057~0.077	198	189	按 m³ 征收	43	39	4
	50	苗洼灌区	是	6760	是	2018	0.085~0.105	0.085~0.105	0.057~0.077	535	513	按 m³ 征收	25	20	5
	51	沛城灌区	是	6394	是	2018	0.085~0.105	0.085~0.105	0.057~0.077	483	462	按 m³ 征收	21	17	5
	52	五段灌区	是	6000	是	2018	0.085~0.105	0.085~0.105	0.057~0.077	323	310	按 m³ 征收	57	53	4
	53	陈楼灌区	是	11417	是	2018	0.085~0.105	0.085~0.105	0.057~0.077	594	568	按 m³ 征收	21	15	5

续表

灌区类型			用水管理				水价			2018—2020年农业灌溉水费(万元)			财政补助(万元)		
类型	序号	灌区名称	是否办理取水许可证	年取水量许可水量(万m³/年)	是否实施农业水价综合改革	现行水价批复年份(年)	执行水价(元/m³)	全成本水价(元/m³)	运行维护成本水价(元/m³)	应收	实收	水费收缴方式	总计	人员经费	维修养护经费
														其中	
1	2	3	4	5	6	7	8	9	10	11	12	13	14	15	16
	54	王山站灌区	是	10032	是	2019	二级提水:水田0.1135 旱田0.2256		二级提水:水田0.1135 旱田0.2256	942	925	按m³征收	363	186	177
	55	运南灌区	是	5425	是	2019	二级提水:水田0.1135 旱田0.2256		二级提水:水田0.1135 旱田0.2256	541	515	按m³征收	108	21	88
	56	郑集河灌区	是	12040	是	2019	三级提水:水田0.148 旱田0.3070		三级提水:水田0.148 旱田0.3070	1213	1168	按m³征收	272	108	164
	57	房亭河灌区	是	3877	是	2019	二级提水:水田0.1135 旱田0.2256		二级提水:水田0.1135 旱田0.2256	300	289	按m³征收	72	21	51
	58	马坡灌区	是	3556	是	2019	三级提水:水田0.148 旱田0.3070		三级提水:水田0.148 旱田0.3070	446	425	按m³征收	63	11	52
重点中型灌区	59	丁万河灌区	是	2397	是	2019	二级提水:水田0.1135 旱田0.2256		二级提水:水田0.1135 旱田0.2256	170	162	按m³征收	70	37	32
	60	湖东滨湖灌区	是	1920	是	2019	二级提水:水田0.1135 旱田0.2256		二级提水:水田0.1135 旱田0.2256	116	116	按m³征收	75	56	19
	61	大运河灌区	是	5344	是	2019	二级提水:水田0.1135 旱田0.2256		二级提水:水田0.1135 旱田0.2256	525	525	按m³征收	114	30	84
	62	奎河灌区	是	1812	是	2019	二级提水:水田0.1135 旱田0.2256		二级提水:水田0.1135 旱田0.2256	176	176	按m³征收	59	25	34
	63	高集灌区	是	2050	是	2019	0.104	0.172	0.104	63	63	按m³征收	0	0	0
	64	黄河灌区	是	3250	是	2019	0.104	0.172	0.104	78	78	按m³征收	691	162	530
	65	关庙灌区	是	1700	是	2019	0.084	0.151	0.084	55	55	按m³征收	269	91	178

续表

灌区类型	序号	灌区名称	用水管理				水价			2018—2020年农业灌溉水费(万元)			财政补助(万元)		
类型			是否办理取水许可证	年取水许可水量(万m³/年)	是否实施农业水价综合改革	现行水价批复年份(年)	执行水价(元/m³)	全成本水价(元/m³)	运行维护成本水价(元/m³)	应收	实收	水费收缴方式	总计	其中 人员经费	其中 维修养护经费
1	2	3	4	5	6	7	8	9	10	11	12	13	14	15	16
重点中型灌区	66	庆安灌区	是	6500	是	2019	0.118	0.184	0.118	73	73	按m³征收	499	259	239
	67	沙集灌区	是	6100	是	2019	0.100	0.157	0.100	109	109	按m³征收	852	320	532
	68	岔河灌区	是	7200	是	2019	0.087	0.113	0.087	308	308	按m³征收	159	153	5
	69	银杏湖灌区	是	2200	是	2019	0.087	1.113	0.087	41	41	按m³征收	124	113	11
	70	邳城灌区	是	8000	是	2019	0.087	0.113	0.087	465	465	按m³征收	181	176	5
	71	民便河灌区	是	4429	是	2019	0.087	1.113	0.087	140	140	按m³征收	232	226	6
	72	沂运灌区	是	3000	是	2019	0.131		0.131	123	123	按m³征收	50	40	10
	73	高阿灌区	是	1500	是	2019	0.092		0.092	65	65	按m³征收	0	0	0
	74	棋新灌区	是	1050	是	2019	0.166		0.166	70	70	按m³征收	0	0	0
	75	沂沭灌区	是	4700	是	2019	0.166		0.166	175	175	按m³征收	160	110	50
	76	不牢河灌区	是	4270	是	2019	0.1075	0.082	0.0775	79	78	按m³征收	0	0	0
	77	东风灌区	是	2700	是	2019	0.1075	0.082	0.0775	50	50	按m³征收	0	0	0
	78	于姚河灌区	是	2700	是	2019	0.1075	0.082	0.0775	50	50	按m³征收	0	0	0

续表

灌区类型			用水管理		水　价					2018—2020年农业灌溉水费(万元)			财政补助水费(万元)		
类型	序号	灌区名称	是否办理取水许可证	年取水量许可水量(万m³/年)	是否实施农业水价综合改革	现行水价批复年份(年)	执行水价(元/m³)	全成本水价(元/m³)	运行维护成本水价(元/m³)	应收	实收	水费收缴方式	总计	人员经费(其中)	维修养护经费(其中)
1	2	3	4	5	6	7	8	9	10	11	12	13	14	15	16
一般中型灌区	79	河东灌区	是	1800	是	2019	0.084	0.151	0.084	24	24	按m³征收	0	0	0
	80	合沟灌区	是	500	是	2019	0.139		0.139	37	37	按m³征收	0	0	0
	81	运南灌区	是	1000	是	2019	0.1075	0.082	0.0775	31	31	按m³征收	0	0	0
	82	二八河灌区	是	2000	是	2019	0.1075	0.082	0.0775	40	40	按m³征收	0	0	0
		常州市		2550						28	28		50	38	12
重点中型灌区	83	大溪水库灌区	是	1350	是	2019	0.03		0.03	15	15	按m³征收	0	0	0
	84	沙河水库灌区	是	1200	是	2019	0.05		0.05	13	13	按m³征收	50	38	12
		南通市		166798						12189	12010		4896	2062	2834
重点中型灌区	85	通扬灌区	是	14500	是	2019	0.09	0.09	0.08	1832	1795	按m³征收	637	342	295
	86	焦港灌区	是	10100	是	2019	0.09	0.09	0.08	788	764	按m³征收	803	561	242
	87	如皋港灌区	是	10100	是	2019	0.08	0.08	0.07	343	329	按m³征收	451	341	110
	88	红星灌区	是	6420	是	2019	0.07		0.07	352	341	按m³征收	257	207	50

续表

灌区类型			用水管理				水价			2018—2020年农业灌溉水费(万元)			财政补助(万元)		
类型	序号	灌区名称	是否办理取水许可证	年取水许可水量(万m³/年)	是否实施农业水价综合改革	现行水价批复年份(年)	执行水价(元/m³)	全成本水价(元/m³)	运行维护成本水价(元/m³)	应收	实收	水费收缴方式	总计	其中	
														人员经费	维修养护经费
1	2	3	4	5	6	7	8	9	10	11	12	13	14	15	16
重点中型灌区	89	新通扬灌区	是	14122	是	2020	0.07		0.07	1395.9	1350.4	按m³征收	401	401	0
	90	丁堡灌区	是	6874	是	2020	0.07		0.07	560	558	按m³征收	104.6	104.6	
	91	江海灌区	是	11594	是	2019	0.12	0.12	0.09	1077	1061	按m³征收	479	0	479
	92	九洋灌区	是	12580	是	2019	0.12	0.12	0.09	1083	1075	按m³征收	431	0	431
	93	马丰灌区	是	8784	是	2019	0.12	0.12	0.09	914	906	按m³征收	456	0	456
	94	如环灌区	是	2618	是	2019	0.12	0.12	0.09	481	476	按m³征收	134	0	134
	95	新建河灌区	是	4446	是	2018	0.120	0.120	0.090	279	279	按m³征收	98	0	98
	96	掘苴灌区	是	3785	是	2018	0.120	0.120	0.090	216	216	按m³征收	76	0	76
	97	九遥河灌区	是	4151	是	2018	0.120	0.120	0.090	258	258	按m³征收	90	0	90
	98	九圩港灌区	是	13161	是	2019	0.144	0.160	0.140	1179	1179	按m³征收	144	0	144
	99	余丰灌区	是	9431	是	2019	0.144	0.160	0.140	442	442	按m³征收	103	0	103
	100	团结灌区	是	9443	是	2019	0.144	0.160	0.140	587	587	按m³征收	103	0	103

续表

灌区类型		灌区名称	用水管理				水　价			2018—2020年农业灌溉水费(万元)			财政补助(万元)		
类型	序号		是否办理取水许可证	年取水量许可水量(万m³/年)	是否实施农业水价综合改革	现行水价批复年份(年)	执行水价(元/m³)	全成本水价(元/m³)	运行维护成本水价(元/m³)	应收	实收	水费收缴方式	总计	其中人员经费	维修养护经费
1	2	3	4	5	6	7	8	9	10	11	12	13	14	15	16
重点中型灌区	101	合南灌区	是	3582	是	2017	0.11	0.19	0.13	42.17	42.17	按m³征收	0	0	0
	102	三条港灌区	是	2196	是	2017	0.11	0.19	0.13	62	62	按m³征收	0	0	0
	103	通兴港灌区	是	2291	是	2017	0.11	0.19	0.13	45	45	按m³征收	0	0	0
	104	悦来灌区	是	6952	是	2019	0.185	0.14	0.055	73.10	65.38	按m³征收	8	3	5
	105	常乐灌区	是	3950	是	2019	0.185	0.14	0.055	43.63	43.63	按m³征收	0	0	0
	106	正余灌区	是	3195	是	2019	0.185	0.14	0.055	28.81	28.81	按m³征收	0	0	0
	107	余东灌区	是	1830	是	2019	0.185	0.14	0.055	42	42	按m³征收	5.91	2	4
一般中型灌区	108	长青沙灌区	是	694	是	2019	0.08	0.08	0.07	66	64	按m³征收	115	100	15
连云港市				110360						7475	7445		2479	1676	802
重点中型灌区	109	安峰山水库灌区	是	3520	是	2019	0.03	0.03	0.03	80	80	按m³征收	0	0	0
	110	红石渠灌区	是	6300	是	2019	0.038	0.038	0.038	150	145	按m³征收	0	0	0

续表

灌区类型			用水管理				水价			2018—2020年农业灌溉水费(万元)			财政补助(万元)		
														其中	
类型	序号	灌区名称	是否办理取水许可证	年取水量许可水量(万m³/年)	是否实施农业水价综合改革	现行水价批复年份(年)	执行水价(元/m³)	全成本水价(元/m³)	运行维护成本水价(元/m³)	应收	实收	水费收缴方式	总计	人员经费	维修养护经费
1	2	3	4	5	6	7	8	9	10	11	12	13	14	15	16
重点中型灌区	111	官沟河灌区	是	9500	是	2019	0.07~0.084		0.07~0.084	1319	1319	按m³征收	223	192	31
	112	叮当河灌区	是	6800	是	2019	0.07~0.084		0.07~0.084	856	856	按m³征收	239	204	35
	113	界北灌区	是	12300	是	2019	0.07~0.084		0.07~0.084	1065	1065	按m³征收	172	108	64
	114	界南灌区	是	3100	是	2019	0.07~0.084		0.07~0.084	1062	1062	按m³征收	116	102	14
	115	一条岭灌区	是	7200	是	2019	0.078~0.099		0.078~0.099	852	852	按m³征收	215	180	35
	116	柴沂灌区	是	2000	是	2019	0.08	0.2	0.08	70	70	按m³征收	47	0	47
	117	柴塘灌区	是	2100	是	2019	0.08	0.2	0.08	70	68	按m³征收	36	0	36
	118	涟中灌区	是	14100	是	2019	0.08	0.2	0.08	375	365	按m³征收	163	0	163
	119	灌北灌区	是	12000	是	2019	0.08	0.2	0.08	201	195	按m³征收	98	0	98
	120	淮涟灌区	是	7000	是	2019	0.08	0.2	0.08	118	115	按m³征收	46	0	46
	121	沂南灌区	是	3400	是	2019	0.08	0.2	0.08	96	96	按m³征收	51	0	51

续表

灌区类型	序号	灌区名称	用水管理		是否实施农业水价综合改革	现行水价批复年份(年)	水价			2018—2020年农业灌溉水费(万元)			财政补助(万元)		
													总计	其中	
类型			是否办理取水许可证	年取水许可水量(万m³/年)			执行水价(元/m³)	全成本水价(元/m³)	运行维护成本水价(元/m³)	应收	实收	水费收缴方式		人员经费	维修养护经费
1	2	3	4	5	6	7	8	9	10	11	12	13	14	15	16
重点中型灌区	122	古城翻水站灌区	是	1700	是	2019	管灌0.2~0.5 喷微灌0.5~1.5 自流灌区0.097 提水灌区0.103	0.103	0.04	213	210	按m³征收	199	186	13
	123	昌黎水库灌区	是	1000	是	2019	0.038		0.04	11	11	按m³征收	0	0	0
	124	羽山水库灌区	是	520	是	2019	0.03		0.04	15	15	按m³征收	0	0	0
	125	贺庄水库灌区	是	500	是	2019	0.038		0.04	19	19	按m³征收	0	0	0
	126	横沟水库灌区	是	1200	是	2019	0.03		0.05	20	20	按m³征收	15	0	15
	127	房山水库灌区	是	1000	是	2019	0.03	0.1	0.04	25	25	按m³征收	16	0	16
	128	大石埠水库灌区	是	936	是	2019	0.038		0.041	20	20	按m³征收	15	0	15
	129	陈栈水库灌区	是	624	是	2019	0.038		0.041	15	15	按m³征收	1	0	1
	130	芦窝水库灌区	是	780	是	2019	0.038		0.041	18	18	按m³征收	5	0	5
一般中型灌区	131	灌西盐场灌区	是	700	是	2019	0.07~0.084		0.07~0.084	56	56	按m³征收	29	24	5

续表

灌区类型			用水管理				水价			2018—2020年农业灌溉概水费(万元)			财政补助(万元)		
类型	序号	灌区名称	是否办理取水许可证	年取水许可水量(万m³/年)	是否实施农业水价综合改革	现行水价批复年份(年)	执行水价(元/m³)	全成本水价(元/m³)	运行维护成本水价(元/m³)	应收	实收	水费收缴方式	总计	其中 人员经费	其中 维修养护经费
1	2	3	4	5	6	7	8	9	10	11	12	13	14	15	16
一般中型灌区	132	涟西灌区	是	2600	是	2019	0.08	0.2	0.08	56	56	按m³征收	23	0	23
	133	阚岭翻水站灌区	是	819	是	2019	管灌 0.2~0.5 喷微灌 0.5~1.5 自流灌区 0.097 提水灌区 0.103	0.103	0.04	180	180	按m³征收	272	244	28
	134	八条路水库灌区	是	751.7	是	2019	管灌 0.2~0.5 喷微灌 0.5~1.5 自流灌区 0.097 提水灌区 0.103	0.103	0.04	28	28	按m³征收	117	107	10
	135	王集水库灌区	是	802	是	2019	管灌 0.2~0.5 喷微灌 0.5~1.5 自流灌区 0.097 提水灌区 0.103	0.103	0.04	18	18	按m³征收	184	166	18
	136	红领巾水库灌区	是	322.5	是	2019	管灌 0.2~0.5 喷微灌 0.5~1.5 自流灌区 0.097 提水灌区 0.103	0.103	0.04	54	53	按m³征收	105	98	7
	137	横山水库灌区	是	625	是	2019	管灌 0.2~0.5 喷微灌 0.5~1.5 自流灌区 0.097 提水灌区 0.103	0.103	0.04	15	15	按m³征收	22	22	0

续表

灌区类型		灌区名称	用水管理				水价			2018—2020年农业灌溉水费(万元)			财政补助(万元)		
类型	序号		是否办理取水许可证	年取水量许可水量(万m³/年)	是否实施农业水价综合改革	现行水价批复年份(年)	执行水价(元/m³)	全成本水价(元/m³)	运行维护成本水价(元/m³)	应收	实收	水费收缴方式	总计	其中	
														人员经费	维修养护经费
1	2	3	4	5	6	7	8	9	10	11	12	13	14	15	16
一般中型灌区	138	孙庄灌区	是	3360	是	2019	0.082		0.082	217	217	按m³征收	37	15	16
	139	刘顶灌区	是	2800	是	2019	0.082		0.082	180	180	按m³征收	34	22	15
		淮安市		70456						1344	1336		957	784	173
重点中型灌区	140	运西灌区	是	9500	是	2019	自流灌溉 0.032 提水渠道灌溉 0.080~0.09 提水管道灌溉 0.138~0.158		自流灌溉 0.032 提水渠道灌溉 0.080~0.09	169	169	按m³征收	226	186	40
	141	淮南圩灌区	是	5700	是	2019	0.06~0.12	0.12	0.0603	123	123	按m³征收	0	0	0
	142	利农河灌区	是	4355	是	2019	0.08~0.12	0.12	0.0603	74	74	按m³征收	0	0	0
	143	官塘灌区	是	2695	是	2019	0.08~0.12	0.12	0.0603	28	28	按m³征收	0	0	0
	144	涟中灌区	是	8554	是	2019	自流灌溉 0.032 提水渠道灌溉 0.065~0.104 提水管道灌溉 0.080~0.120		自流灌溉 0.032 提水渠道灌溉 0.065~0.104 提水管道灌溉 0.080~0.120	150	146	按m³征收	168	162	7
	145	顺河洞灌区	是	5955	是	2019	自流灌溉 0.0268 提水管道灌溉 0.0928 低压管道灌溉 0.0862		自流灌溉 0.0268 提水渠道灌溉 0.0928 低压管道灌溉 0.0862	68	65	按m³征收	166	147	19
	146	蛇家坝灌区	是	5777	是	2019	自流灌溉 0.0268 提水渠道灌溉 0.0928 低压管道灌溉 0.0862		自流灌溉 0.0268 提水渠道灌溉 0.0928 低压管道灌溉 0.0862	28	27	按m³征收	177	160	18

续表

灌区类型 类型	序号	灌区名称	用水管理			水价				2018—2020年农业灌溉水费(万元)			财政补助(万元)		
			是否办理取水许可证	年取水许可水量(万m³/年)	是否实施农业水价综合改革	现行水价批复年份(年)	执行水价(元/m³)	全成本水价(元/m³)	运行维护成本水价(元/m³)	应收	实收	水费收缴方式	总计	人员经费 其中	维修养护经费
1	2	3	4	5	6	7	8	9	10	11	12	13	14	15	16
重点中型灌区	147	东灌区	是	8363	是	2019	0.094	0.094	0.016	326	326	按m³征收	0	0	16
	148	官滩灌区	是	1323	是	2019	0.08	0.08		73	73	按m³征收	0	0	0
	149	桥口灌区	是	3062	是	2019	0.08	0.08		42	42	按m³征收	0	0	0
	150	姚庄灌区	是	2509	是	2019	0.08	0.08		35	35	按m³征收	0	0	0
	151	河桥灌区	是	1276	是	2019	0.079	0.079		40	40	按m³征收	0	0	0
	152	三墩灌区	是	1200	是	2019	0.08	0.08		38	38	按m³征收	0	0	0
	153	临湖灌区	是	7000	是	2019	0.08		0.08	105	105	按m³征收	220	130	90
一般中型灌区	154	振兴圩灌区	是	2200	是	2019	0.06—0.12	0.12	0.0603	20	20	按m³征收	0	0	0
	155	洪湖圩灌区	是	772	是	2019	0.06—0.12	0.12	0.0603	15	15	按m³征收	0	0	0
	156	郑家圩灌区	是	215	是	2019	0.06—0.12	0.12	0.0603	10	10	按m³征收	0	0	0
盐城市				176781						11744	11650		3838	1980	1924
重点中型灌区	157	六套干渠灌区	是	8443	是	2018	0.080	0.050	0.050	400	400	按m³征收	0	0	0

续表

灌区类型		用水管理					水价			2018—2020年农业灌溉水费(万元)			财政补助(万元)		
类型	序号	灌区名称	是否办理取水许可证	年取水许可水量(万m³/年)	是否实施农业水价综合改革	现行水价批复年份(年)	执行水价(元/m³)	全成本水价(元/m³)	运行维护成本水价(元/m³)	应收	实收	水费收缴方式	总计	其中 人员经费	其中 维修养护经费
		3	4	5	6	7	8	9	10	11	12	13	14	15	16
1	2														
	158	淮北干渠灌区	是	4214	是	2018	0.080	0.080	0.050	208	208	按m³征收	0	0	0
	159	黄响河灌区	是	9879	是	2018	0.080	0.080	0.050	200	200	按m³征收	0	0	0
	160	大寨河灌区	是	4161	是	2018	0.080	0.080	0.050	200	200	按m³征收	0	0	0
	161	双南干渠灌区	是	11289	是	2018	0.080	0.080	0.050	400	400	按m³征收	0	0	0
重点中型灌区	162	南干渠灌区	是	6058	是	2018	0.080	0.080	0.050	160	160	按m³征收	0	0	0
	163	陈涛灌区	是	12500	是	2019	0.07	0.11	0.07	499	499	按m³征收	0	0	0
	164	南干灌区	是	11000	是	2019	0.07	0.11	0.07	459	459	按m³征收	0	0	0
	165	张弓灌区	是	12000	是	2019	0.07	0.11	0.07	472	472	按m³征收	0	0	0
	166	渠北灌区	是	4000	是	2019	0.065~0.087		0.065~0.087	545	534	按m³征收	109	45	64
	167	沟墩灌区	是	4701	是	2017	固定泵站0.065~0.087 流动泵站0.08~0.1		固定泵站0.065~0.087 流动泵站0.08~0.1	270	257	按m³征收	78	53	25
	168	陈良灌区	是	2809	是	2017	0.08~0.1		0.08~0.1	232	232	按m³征收	56	44	12

续表

灌区类型			用水管理				水价			2018—2020年农业灌溉水费(万元)			财政补助(万元)		
类型	序号	灌区名称	是否办理取水许可证	年取水许可水量(万m³/年)	是否实施农业水价综合改革	现行水价批复年份(年)	执行水价(元/m³)	全成本水价(元/m³)	运行维护成本水价(元/m³)	应收	实收	水费收缴方式	总计	人员经费	维修养护经费
1	2	3	4	5	6	7	8	9	10	11	12	13	14	15	16
重点中型灌区	169	吴滩灌区	是	3165	是	2017	固定泵站0.06~0.08 流动泵站0.08~0.09		固定泵站0.06~0.08 流动泵站0.08~0.09	153	151	按m³征收	27	15	16
	170	川南灌区	是	4000	是	2019	0.076		0.065	78	78	按m³征收	0	0	0
	171	斗西灌区	是	5200	是	2020	0.091		0.087	65	65	按m³征收	475	152	323
	172	斗北灌区	是	3100	是	2019	0.08		0.01	156.8	156.8	按m³征收	119	16	103
	173	红旗灌区	是	2322	是	2019	0.11	0.13	0.11	338	324	按m³征收	41	0	41
	174	陈洋灌区	是	2993	是	2019	0.11	0.13	0.11	435	418	按m³征收	52	0	52
	175	桥西灌区	是	3689	是	2020	0.11	0.13	0.11	37.84	35.95	按m³征收	118.38	95	23.38
	176	东南灌区	是	4846	是	2019	0.13	0.15	0.13	727	727	按m³征收	144	96	48
	177	龙冈灌区	是	3598	是	2019	0.13	0.15	0.13	527	527	按m³征收	121	75	46
	178	红九灌区	是	7207	是	2019	0.11	0.13	0.11	628	628	按m³征收	527	348	179
	179	大纵湖灌区	是	4906	是	2019	0.11	0.13	0.11	427	427	按m³征收	446	324	122

续表

灌区类型		用水管理					水价			2018—2020年农业灌溉水费(万元)			财政补助(万元)		
类型	序号	灌区名称	是否办理取水许可证	年取水量许可水量(万m³/年)	是否实施农业水价综合改革	现行水价批复年份(年)	执行水价(元/m³)	全成本水价(元/m³)	运行维护成本水价(元/m³)	应收	实收	水费收缴方式	总计	其中人员经费	其中维修养护经费
1	2	3	4	5	6	7	8	9	10	11	12	13	14	15	16
重点中型灌区	180	学富灌区	是	4300	是	2019	0.11	0.13	0.11	375	375	按m³征收	203	96	107
	181	盐东灌区	是	1540	是	2019	0.13	0.15	0.13	200	200	按m³征收	80	35	55
	182	黄尖灌区	是	2720	是	2019	0.13	0.15	0.13	354	354	按m³征收	101	60	41
	183	上冈灌区	是	12232	是	2017	0.125	0.15	0.125	1088	1088	按m³征收	300	140	160
	184	宝塔灌区	是	2195	是	2017	0.125	0.15	0.125	190	190	按m³征收	98	48	50
	185	高作灌区	是	2598	是	2017	0.125	0.15	0.125	240	240	按m³征收	133	68	65
	186	庆丰灌区	是	3752	是	2017	0.125	0.15	0.125	340	340	按m³征收	210	100	110
	187	盐建灌区	是	3816	是	2017	0.125	0.15	0.125	345	345	按m³征收	243	123	120
一般中型灌区	188	花元灌区	是	860	是	2019	0.11	0.13	0.11	125	120	按m³征收	15	0	15
	189	川彭灌区	是	1445	是	2019	0.11	0.13	0.11	210	202	按m³征收	25	0	25
	190	安东灌区	是	1101	是	2019	0.11	0.13	0.11	160	154	按m³征收	19	0	19

续表

灌区类型		灌区名称	用水管理		水价					2018—2020年农业灌溉水费(万元)			财政补助(万元)		
类型	序号		是否办理取水许可证	年取水量许可水量(万m³/年)	是否实施农业水价综合改革	现行水价批复年份(年)	执行水价(元/m³)	全成本水价(元/m³)	运行维护成本水价(元/m³)	应收	实收	水费收缴方式	总计	其中 人员经费	其中 维修养护经费
1	2	3	4	5	6	7	8	9	10	11	12	13	14	15	16
一般中型灌区	191	跃中灌区	是	791	是	2019	0.11	0.13	0.11	115	110	按m³征收	14	15	16
	192	东夏灌区	是	406	是	2019	0.11	0.13	0.11	59	57	按m³征收	14	0	14
	193	王开灌区	是	589	是	2019	0.11	0.13	0.11	86	82	按m³征收	7	0	7
	194	安石灌区	是	757	是	2019	0.11	0.13	0.11	110	106	按m³征收	10	0	10
	195	三圩灌区	是	1600	是	2020	0.08	0.07	0.01	44	44	按m³征收	13	0	13
	196	东里灌区	是	是	是	2018	0.123	0.065	0.04	85.7	85.7	按m³征收	50	7	43
扬州市				142086						4543	4504		3274	1209	2054
重点中型灌区	197	永丰灌区	是	8000	是	2018	0.029		0.0804	168	168	按m³征收	167	74	94
	198	庆丰灌区	是	8200	是	2018	0.029		0.094	161	161	按m³征收	136	71	65
	199	临城灌区	是	3200	是	2018	0.029		0.122	79	79	按m³征收	115	89	25
	200	泾河灌区	是	6000	是	2018	0.029		0.0973	128	128	按m³征收	127	74	53
	201	宝射河灌区	是	12000	是	2018	0.013		0.093	118	118	按m³征收	85	30	55

续表

灌区类型		灌区名称	用水管理		是否实施农业水价综合改革	现行水价批复年份(年)	水价			2018—2020年农业灌溉水费(万元)			财政补助(万元)		
类型	序号		是否办理取水许可证	年取水量许可水量(万m³/年)			执行水价(元/m³)	全成本水价(元/m³)	运行维护成本水价(元/m³)	应收	实收	水费收缴方式	总计	其中人员经费	其中维修养护经费
1	2	3	4	5	6	7	8	9	10	11	12	13	14	15	16
重点中型灌区	202	宝应灌区	是	12000	是	2018	0.013		0.0796	148	148	按m³征收	74	24	50
	203	司徒灌区	是	7500	是	2018	0.0129		0.09	104	104	按m³征收	77	44	34
	204	汉留灌区	是	6000	是	2018	0.0127		0.098	80	80	按m³征收	53	29	24
	205	三垛灌区	是	5500	是	2018	0.0125		0.098	82	82	按m³征收	45	25	20
	206	向阳河灌区	是	5000	是	2018	0.0153		0.17	74	74	按m³征收	41	19	22
	207	红旗河灌区	是	12200	是	2018	0.1384	0.1384	0.0887	164	164	按m³征收	196	0	196
	208	团结河灌区	是	5500	是	2018	0.1465	0.1465	0.0806	79	79	按m³征收	89	0	89
	209	三阳河灌区	是	7000	是	2018	0.1314	0.1314	0.0806	97	97	按m³征收	138	0	138
	210	野田河灌区	是	6900	是	2018	0.1205	0.1205	0.0806	95	95	按m³征收	74	0	74
	211	向阳河灌区	是	2765	是	2018	0.154	0.154	0.090	41	41	按m³征收	98	0	98
	212	塘田灌区	是	3960	是	2018	0.1072—0.3101		0.1072—0.3101	349	349	按m³征收	124	31	93

续表

灌区类型 类型	序号	灌区名称	用水管理				水价			2018—2020年农业灌溉水费(万元)			财政补助(万元)		其中
			是否办理取水许可证	年取水量许可证(万m³/年)	是否实施农业水价综合改革	现行水价批复年份(年)	执行水价(元/m³)	全成本水价(元/m³)	运行维护成本水价(元/m³)	应收	实收	水费收缴方式	总计	人员经费	维修养护经费
1	2	3	4	5	6	7	8	9	10	11	12	13	14	15	16
重点中型灌区	213	月塘灌区	是	4767	是	2018	0.133		0.121	579	564	按 m³ 征收	336	191	145
	214	沿江灌区	是	4168	是	2018	0.068~0.103		0.068—0.103	52	52	按 m³ 征收	209	100	109
一般中型灌区	215	甘泉灌区	是	1100	是	2018	0.1222	0.2202	0.098	19	19	按 m³ 征收	64	60	4
	216	杨寿灌区	是	1150	是	2018	0		丘陵一级 84.35 元/亩 丘陵二级 98.07 元/亩 丘陵三级 113.1 元/亩	200	200	按 m³ 征收	76	24	52
	217	沿湖灌区	是	2000	是	2018	圩区一级 0.1297 丘陵一级 0.1601 丘陵二级 0.1883		圩区一级 0.1297 丘陵一级 0.1601 丘陵二级 0.1883	59	59	按 m³ 征收	93	32	61
	218	方翻灌区	是	2100	是	2018	丘陵一级 0.1294 丘陵二级 0.2053		丘陵一级 0.1294 丘陵二级 0.2053	32	22	按 m³ 征收	93	32	61
	219	槐洞灌区	是	1700	是	2019	圩区一级 0.081 丘陵二级 0.1333	圩区一级 0.1262 丘陵二级 0.1766	圩区一级 0.1081 丘陵二级 0.1696	142	135	按 m³ 征收	73	20	53
	220	红星灌区	是	640	是	2018	0.1072~0.3101		0.1072~0.3101	84	84	按 m³ 征收	15	0	15
	221	凤岭灌区	是	519	是	2018	0.1076~0.3243		0.1076~0.3243	96	96	按 m³ 征收	25	7	18
	222	朱桥灌区	是	1505	是	2018	0.1076~0.3243		0.1076~0.3243	150	150	按 m³ 征收	80	28	52
	223	稽山灌区	是	956	是	2018	0.1076~0.3243		0.1076~0.3243	125	125	按 m³ 征收	42	9	33

灌区类型			用水管理			水　价				2018—2020年农业灌溉水费(万元)			财政补助(万元)			
类型	序号	灌区名称	是否办理取水许可证	年取水量许可水量(万 m³/年)	是否实施农业水价综合改革	现行水价批复年份(年)	执行水价(元/m³)	全成本水价(元/m³)	运行维护成本水价(元/m³)	应收	实收	水费收缴方式	总计	其中 人员经费	维修养护经费
1	2	3	4	5	6	7	8	9	10	11	12	13	14	15	16
一般中型灌区	224	东风灌区	是	973	是	2018	0.1076~0.3243		0.1076~0.3243	141	141	按 m³ 征收	34	0	34
	225	白羊山灌区	是	1692	是	2018	0.093		0.081	149	143	按 m³ 征收	113	62	51
	226	刘集红光灌区	是	1165	是	2018	0.1007~0.3036		0.1007~0.3036	145	145	按 m³ 征收	51	9	42
	227	高营灌区	是	2120	是	2018	0.0909~0.2938		0.0909~0.2938	179	179	按 m³ 征收	44	0	44
	228	红旗灌区	是	744	是	2018	0.0864~0.2893		0.0864~0.2893	115	115	按 m³ 征收	61	19	42
	229	秦桥灌区	是	456	是	2018	0.0864~0.2893		0.0864~0.2893	69	69	按 m³ 征收	37	11	26
	230	通新集灌区	是	674	是	2018	0.0875~0.1051		0.0875~0.1051	82	82	按 m³ 征收	38	17	20
	231	烟台山灌区	是	547	是	2018	0.0875~0.1051		0.0875~0.1051	33	33	按 m³ 征收	18	1	17
	232	青山灌区	是	384	是	2018	0.0889~0.2489		0.0889~0.2489	46	46	按 m³ 征收	40	23	17
	233	十二圩灌区	是	1000	是	2018	0.1384		0.1384	78	78	按 m³ 征收	94	55	28
		镇江市	是	15640						1722	1665		1470	687	783
重点中型灌区	234	北山灌区	是	7200	是	2019	0.114(粮食) 0.119(经济作物)	0.114(粮食) 0.119(经济作物)	0.079(粮食) 0.083(经济作物)	777	750	按 m³ 征收	338	45	293

续表

灌区类型		灌区名称	用水管理		是否实施农业水价综合改革	现行水价批复年份(年)	水价			2018—2020年农业灌溉水费(万元)			财政补助(万元)		
类型	序号		是否办理取水许可证	年取水许可水量(万m³/年)			执行水价(元/m³)	全成本水价(元/m³)	运行维护成本水价(元/m³)	应收	实收	水费收缴方式	总计	人员经费	维修养护经费
1	2	3	4	5	6	7	8	9	10	11	12	13	14	15	16
重点中型灌区	235	赤山湖灌区	是	4100	是	2019	0.114(粮食) 0.119(经济作物)	0.114(粮食) 0.119(经济作物)	0.079(粮食) 0.083(经济作物)	604	585	按m³征收	420	60	360
	236	长山灌区	是	3000	是	2019	0.075	0.075	0.030	204	200	按m³征收	430	350	80
一般中型灌区	237	小辛灌区	是	700	是	2019	0.075	0.075	0.03	84	80	按m³征收	141	116	25
	238	后马灌区	是	640	是	2019	0.075	0.075	0.03	53	50	按m³征收	141	116	25
泰州市				83646						3644	3606		627	285	342
重点中型灌区	239	孤山灌区	是	3000	是	2019	0.14	0.14	0.14	53	53	按m³征收	0	0	0
	240	黄桥灌区	是	20000	是	2019	0.14	0.14	0.07	1109	1071	按m³征收	0	0	0
	241	高港灌区	是	6000	是	2019	0.2	0.32	0.3	854	854	按m³征收	530	210	320
	242	溱潼灌区	是	14900	是	2019	0.14	0.14	0.08	180	180	按m³征收	0	0	0
	243	周山河灌区	是	25022	是	2019	0.16	0.16	0.08	171	171	按m³征收	0	0	0
	244	卤西灌区	是	2888.5	是	2019	0.135		0.099	222	222	按m³征收	97	75	22
	245	西部灌区	是	8835	是	2019	0.135		0.099	876	876	按m³征收	0	0	0

续表

灌区类型		灌区名称	用水管理				水价			2018—2020年农业灌溉水费(万元)			财政补助(万元)		
类型	序号		是否办理取水许可证	年取水许可水量(万m³/年)	是否实施农业水价综合改革	现行水价复批年份(年)	执行水价(元/m³)	全成本水价(元/m³)	运行维护成本水价(元/m³)	应收	实收	水费收缴方式	总计	其中	
														人员经费	维修养护经费
1	2	3	4	5	6	7	8	9	10	11	12	13	14	15	16
一般中型灌区	246	西柴灌区	是	3000	是	2019	0.135		0.099	179	179	按m³征收	0	0	16
		宿迁市		87362						3345	3262		1117	590	527
重点中型灌区	247	皂河灌区	是	9890	是	2019	一级提水区0.125 二级提水区0.161	一级提水区0.125 二级提水区0.161		412	400	按m³征收	538	390	148
	248	嶂山灌区	是	5100	是	2019	0.120	0.173	0.102	501	501	按m³征收	0	0	0
	249	柴沂灌区	是	7750	是	2019	0.053	0.109	0.053	141	135	按m³征收	0	0	0
	250	古泊灌区	是	8371	是	2019	0.031	0.059	0.031	222	215	按m³征收	20	4	16
	251	淮西灌区	是	10550	是	2019	0.044	0.093	0.044	226	220	按m³征收	46	9	37
	252	沙河灌区	是	6802	是	2019	0.053	0.121	0.053	183	183	按m³征收	0	0	0
	253	新北灌区	是	5232	是	2019	0.045	0.110	0.045	54	54	按m³征收	0	0	0
	254	新华灌区	是	8278	是	2019	0.150	0.165	0.108	226	220	按m³征收	7	0	7
	255	安东河灌区	是	5150	是	2017	0.081	0.101	0.081	310	300	按m³征收	120	40	80
	256	蔡圩灌区	是	5000	是	2017	0.085	0.113	0.085	434	430	按m³征收	148	48	100

续表

灌区类型			用水管理				水 价			2018—2020年农业灌溉亩水费(万元)			财政补助(万元)		
类型	序号	灌区名称	是否办理取水许可证	年取水许可水量(万 m³/年)	是否实施农业水价综合改革	现行水价批复年份(年)	执行水价(元/m³)	全成本水价(元/m³)	运行维护成本水价(元/m³)	应收	实收	水费收缴方式	总计	其中 人员经费	其中 维修养护经费
1	2	3	4	5	6	7	8	9	10	11	12	13	14	15	16
重点中型灌区	257	车门灌区	是	4590	是	2017	0.082	0.096	0.082	137	131	按 m³ 征收	80	30	16
	258	雪枫灌区	是	6150	是	2017	0.083	0.088	0.083	378	351	按 m³ 征收	99	49	50
一般中型灌区	259	红旗灌区	是	2000	是	2019	0.060	0.070	0.060	58	58	按 m³ 征收	29	12	17
	260	曹庙灌区	是	2500	是	2019	0.060	0.070	0.060	64	64	按 m³ 征收	30	8	22
监狱农场				16704						148	148		0	0	0
重点中型灌区	261	大中农场	是	4370	是	2020	0.0762		0.0652	32	32	按 m³ 征收	0	0	0
	262	五图河农场	是	4293	是	2019	0.07~0.084		0.07~0.084	29	29	按 m³ 征收	0	0	0
	263	东辛农场	是	2900	是	2019				57	57	按 m³ 征收	0	0	0
	264	洪泽湖农场	是	5141	是	2019	0.072	0.144	0.072	30	30	按 m³ 征收	0	0	0
全省合计				1120595						60861	59961		26301	12949	13352

附表 5 江苏省中型灌区已实施节水配套改造情况表

灌区类型 类型	序号	灌区名称	改造年份(年)	已累计完成投资(万元)				累计完成改造内容												效益				
				合计	中央财政投资	地方财政投资	其他资金	渠首工程(处)		灌溉渠道(km)		其中灌溉管道(km)		排水沟(km)		渠沟道建筑物(座)		计量设施(处)	是否试点灌区管理信息化	恢复灌溉面积(万亩)	新增灌溉面积(万亩)	改善灌溉面积(万亩)	年新增节水能力(万m³)	年增粮食生产能力(万kg)
								改建	改造	新建	改造	新建	改造	新建	改造	新建	改造							
1	2	3	4	5	6	7	8	9	10	11	12	13	14	15	16	17	18	19	20	21	22	23	24	25
		南京市		77082	29449	43995	3638	122	170	156	193	7	77	35	86	1123	1468	125		6	3	26	1701	1282
重点中型灌区	1	横溪河-赵村水库灌区	2010	2430	940	1490	0	0	2	0	9	0	2	0	7	0	30	0	否	0.02	0.01	0.03	142	135
	2	江宁河灌区	2016	2189	1000	1189	0	0	0	0	11	2	0	0	0	0	58	0	否	0.65	0.65	5.20	124	45
	3	汤水河灌区	2014	4700	940	3760	0	5	0	39	0	0	0	4	0	466	0	37	否	1.10	0.20	0.80	380	215
	4	周岗圩灌区	未改造	0	0	0	0	10	0	0	0	0	0	0	0	0	0	0	否	0.00	0.00	0.00	0	0
	5	三岔灌区	2019	3327	2136	1191	0	1	0	0	11	0	11	0	12	0	10	4	否	0.40	0.20	1.00	151	136
	6	侯家坝灌区	2020	3000	2100	900	0	1	0	0	0	0	0	0	0	0	0	0	否	0.00	0.00	0.00	0	0
	7	溧湖灌区	2014	2413	913	1500	1820	1	21	0	8	0	0	0	0	2	0	0	否	1.35	0.00	0.00	140	96
	8	石臼湖灌区	未改造	0	0	0	0	0	0	0	0	0	0	0	0	0	0	0	否	0.00	0.00	0.00	0	0
	9	永丰圩灌区	未改造	0	0	0	0	0	0	0	0	0	0	0	0	0	0	0	否	0.00	0.00	0.00	0	0
	10	新禹河灌区	2019	15488	10842	4646	0	54	0	0	41	0	1	0	45	0	277	0	否	0.50	0.20	2.20	160	140
	11	金牛湖灌区	2019	6065	4246	1819	0	9	40	72	18	0	0	8	3	190	323	25	否	0.90	0.90	7.30	68	68
	12	山湖灌区	2019	6639	2846	3793	0	0	101	0	85	0	6	0	10	375	688	59	否	1.00	0.87	2.90	280	240
一般中型灌区	13	东阳方安圩灌区	未改造	0	0	0	0	25	0	0	0	0	0	0	0	0	0	0	否	0.00	0.00	0.00	0	0
	14	五圩灌区	未改造	0	0	0	0	0	0	0	0	0	0	0	0	0	0	0	否	0.00	0.00	0.00	0	0

续表

灌区类型 类型	序号	灌区名称	改造年份(年)	已累计完成投资(万元) 合计	中央财政投资	地方财政投资	其他资金	累计完成改造内容 渠首工程(处) 改造	改造	灌溉渠道(km) 新建	改造	其中灌溉管道 新建	改造	排水沟(km) 新建	改造	渠沟道建筑物(座) 新建	改造	计量设施(处)	是否试点灌区管理信息化	效益 恢复灌溉面积(万亩)	新增灌溉面积(万亩)	改善灌溉面积(万亩)	年新增节水能力(万m³)	年增粮食生产能力(万kg)
1	2	3	4	5	6	7	8	9	10	11	12	13	14	15	16	17	18	19	20	21	22	23	24	25
	15	下坝灌区	2012	500	0	0	500	0	4	0	3	0	0	0	1	0	0	0	否	0.00	0.00	0.70	25	15
	16	星辉洪幕灌区	未改造	0	0	0	0	0	0	0	0	0	0	0	0	0	0	0	否	0.00	0.00	0.00	0	0
	17	三合圩灌区	2014	7276	0	7276	0	0	0	35	0	2	0	23	0	22	0	0	否	0.00	0.28	2.51	20	18
	18	石桥灌区	未改造	0	0	0	0	0	0	0	0	0	0	0	0	0	0	0	否	0.00	0.00	0.00	0	0
	19	北城圩灌区	2016	500	0	500	0	0	0	7	0	0	0	0	0	0	6	0	否	0.00	0.00	0.00	0	0
	20	草场圩灌区	未改造	0	0	0	0	0	0	0	0	0	0	0	0	0	0	0	否	0.00	0.00	0.00	0	0
	21	浦口沿江灌区	未改造	0	0	0	0	0	0	0	0	0	0	0	0	0	0	0	否	0.00	0.00	0.00	0	0
	22	浦口沿滁灌区	未改造	0	0	0	0	0	0	0	0	0	0	0	0	0	0	0	否	0.00	0.00	0.00	0	0
一般中型灌区	23	方便灌区	2020	3000	2100	900	0	0	0	0	0	0	0	0	0	0	0	0	否	0.00	0.00	0.00	0	0
	24	卧龙水库灌区	未改造	0	0	0	0	0	0	0	0	0	0	0	0	0	0	0	否	0.00	0.00	0.00	0	0
	25	无想寺灌区	2012	400	0	400	0	1	0	0	0	0	0	0	0	0	0	0	否	0.00	0.00	0.00	0	0
	26	毛公铺灌区	未改造	0	0	0	0	0	0	0	0	0	0	0	0	0	0	0	否	0.00	0.00	0.00	0	0
	27	明瓷环山河灌区	未改造	0	0	0	0	0	0	0	0	0	0	0	0	0	0	0	否	0.00	0.00	0.00	0	0
	28	萧山头水库灌区	未改造	0	0	0	0	0	0	0	0	0	0	0	0	0	0	0	否	0.00	0.00	0.00	0	0
	29	新桥河灌区	未改造	0	0	0	0	0	0	0	0	0	0	0	0	0	0	0	否	0.00	0.00	0.00	0	0
	30	长城圩灌区	2011	850	0	0	850	1	2	0	1	0	0	0	0	0	0	0	否	0.00	0.00	0.20	0	0
	31	玉带圩灌区	未改造	0	0	0	0	0	0	0	0	0	0	0	0	0	0	0	否	0.00	0.00	0.00	0	0

续表

类型	序号	灌区名称	改造年份(年)	已累计完成投资(万元) 合计	中央财政投资	地方财政投资	其他资金	渠首工程(处) 新建	渠首工程(处) 改造	灌溉渠道(km) 新建	灌溉渠道(km) 改造	其中灌溉管道 新建	其中灌溉管道 改造	排水沟(km) 新建	排水沟(km) 改造	渠沟道建筑物(座) 新建	渠沟道建筑物(座) 改造	计量设施(处)	是否试点灌区管理信息化	恢复灌溉面积(万亩)	新增灌溉面积(万亩)	改善灌溉面积(万亩)	年新增节水能力(万m³)	年增产粮食生产能力(万kg)
1	2	3	4	5	6	7	8	9	10	11	12	13	14	15	16	17	18	19	20	21	22	23	24	25
一般中型灌区	32	延佑双城灌区	未改造	0	0	0	0	3	3	0	0	0	0	0	0	0	0	0	否	0.00	0.00	0.00	0	0
	33	相国圩灌区	未改造	0	0	0	0	0	0	0	0	0	0	0	0	0	0	0	否	0.00	0.00	0.00	0	0
	34	永胜圩灌区	2017	9500	450	9050	0	0	0	0	0	0	57.6	0	0	68.3	38	0	否	0.00	0.00	1.20	15	10
	35	胜利圩灌区	未改造	0	0	0	0	0	0	0	0	0	0	0	0	0	0	0	否	0.00	0.00	0.00	0	0
	36	保胜圩灌区	未改造	0	0	0	0	0	0	0	0	0	0	0	0	0	0	0	否	0.00	0.00	0.00	0	0
	37	龙袍圩灌区	2015—2019	4685	937	3280	469	4	0	2	2	2	0	0	7	0	38	0	否	0.00	0.00	1.20	126	105
	38	新集灌区	2015—2019	4120	0	4120	0	7	7	0	5	0	0	0	1	0	0	0	否	0.03	0.05	0.70	71	59
	无锡市																							
一般中型灌区	39	溪北圩灌区	未改造	0	0	0	0	0	0	0	0	0	0	0	0	0	0	0	否	0.00	0.00	0.00	0	0
	徐州市			122349	55218	65594	1537	3	3	557	969	59	0	37	175	1208	586	601		25	13	122	9815	6358
重点中型灌区	40	复新河灌区	2017	2350	1000	1350	0	0	0	6	2	0	0	37	0	2	10	8	是	0.80	0.50	7.25	344	129
	41	四联河灌区	2018	2349	1000	1349	0	0	0	25	0	1	0	0	17	18	7	10	是	1.67	0.55	10.51	129	100
	42	苗城灌区	2004	2336	750	1586	0	1	0	13	0	13	0	0	20	0	8	1	是	2.10	8.50	3.50	490	500
	43	大沙河灌区	2013	2410	1000	1410	0	0	3	0	17	0	0	0	17	0	5	5	否	7.20	1.50	13.00	200	783
	44	郑集南支河灌区	未改造	0	0	0	0	0	0	0	0	0	0	0	0	0	0	0	否	0.00	0.00	0.00	0	0

续表

类型	序号	灌区名称	改造年份(年)	已累计完成投资(万元) 合计	中央财政投资	地方财政投资	其他资金	渠首工程(处) 改造	新建	灌溉渠道(km) 新建	改造	其中灌溉管道 新建	改造	排水沟(km) 新建	改造	渠沟道建筑物(座) 新建	改造	计量设施(处)	是否试点灌区管理信息化	效益 恢复灌溉面积(万亩)	新增灌溉面积(万亩)	改善灌溉面积(万亩)	年新增节水能力(万m³)	年增粮食生产能力(万kg)
1	2	3	4	5	6	7	8	9	10	11	12	13	14	15	16	17	18	19	20	21	22	23	24	25
重点中型灌区	45	灌婴灌区	2017	2200	1100	1100	0	0	0	302	7	0	0	0	0	35	0	4	否	0.92	0.00	2.70	284	126
	46	侯阁灌区	2019	2100	1800	300	0	0	0	0	14	0	0	0	0	4	10	6	否	0.83	0.00	0.75	254	419
	47	邹庄灌区	2015	2206	1000	1206	0	0	0	16	0	0	0	0	19	78	7	15	否	0.00	0.00	4.12	600	238
	48	上级湖灌区	未改造	0	0	0	0	0	0	0	0	0	0	0	0	0	0	0	否	0.00	0.00	0.00	0	0
	49	胡寨灌区	未改造	0	0	0	0	0	0	0	0	0	0	0	0	0	0	0	否	0.00	0.00	0.00	0	0
	50	苗洼灌区	未改造	0	0	0	0	0	0	0	0	0	0	0	0	0	0	0	否	0.00	0.00	0.00	0	0
	51	沛城灌区	未改造	0	0	0	0	0	0	0	0	0	0	0	0	0	0	0	否	0.00	0.00	0.00	0	0
	52	五段灌区	未改造	0	0	0	0	0	0	0	0	0	0	0	0	0	0	0	否	0.00	0.00	0.00	0	0
	53	陈楼灌区	未改造	0	0	0	0	0	0	0	0	0	0	0	0	0	0	0	否	0.00	0.00	0.00	0	0
	54	王山站灌区	2008—2018	15971	8249	7722	0	0	0	0	301	0	0	0	1	156	93	79	否	2.60	0.00	20.32	1500	1016
	55	运南灌区	2008—2018	1448	580	868	0	0	0	0	19	0	0	0	0	34	26	2	否	0.00	0.00	1.00	200	50
	56	郑集河灌区	2008—2018	7646	4558	3088	0	0	0	0	217	0	0	0	0	85	32	100	否	0.00	0.00	5.20	1040	260
	57	房亭河灌区	2008—2018	8010	4266	3744	0	0	0	0	136	0	0	0	0	189	35	45	否	0.00	0.00	3.35	670	168
	58	马坡灌区	2008—2018	500	200	300	0	0	0	0	4	0	0	0	0	0	15	0	否	0.00	0.00	0.20	40	10
	59	丁万河灌区	2008—2018	2400	1560	840	0	0	0	0	54	0	0	0	0	9	13	9	否	0.00	0.00	1.54	308	77

续表

| 灌区类型 | | | | 已累计完成投资（万元） | | | | 累计完成改造内容 | | | | | | | | | | | | 效益 | | | | |
类型	序号	灌区名称	改造年份（年）	合计	中央财政投资	地方财政投资	其他资金	渠首工程（处）改建	渠首工程（处）新建	灌溉渠道（km）新建	灌溉渠道（km）改造	其中灌溉管道新建	其中灌溉管道改造	排水沟（km）新建	排水沟（km）改造	渠沟道建筑物（座）新建	渠沟道建筑物（座）改造	计量设施（处）	是否试点灌区管理信息化	恢复灌溉面积（万亩）	新增灌溉面积（万亩）	改善灌溉面积（万亩）	年新增节水能力（万m³）	年增粮食生产能力（万kg）
1	2	3	4	5	6	7	8	9	10	11	12	13	14	15	16	17	18	19	20	21	22	23	24	25
重点中型灌区	60	湖东滨湖灌区	2008—2018	4138	1654	2484	0	0	0	0	80	12	0	0	0	56	0	56	否	0.00	0.00	1.45	290	73
	61	大运河灌区	2008—2018	1046	418	628	0	0	0	0	17	0	0	0	0	9	13	9	否	0.00	0.00	0.65	130	33
	62	奎河灌区	2008—2018	1783	713	1070	0	0	0	0	34	0	0	0	0	10	76	2	否	0.00	0.00	1.50	300	75
	63	高集灌区	未改造	0	0	0	0	0	0	0	0	0	0	0	0	0	0	0	否	0.00	0.00	0.00	0	0
	64	黄河灌区	未改造	0	0	0	0	0	0	0	0	0	0	0	0	0	0	0	否	0.00	0.00	0.00	0	0
	65	关山灌区	未改造	0	0	0	0	0	0	0	0	0	0	0	0	0	0	0	否	0.00	0.00	0.00	0	0
	66	庆安灌区	2014	2413	1000	1413	0	0	0	0	3	0	0	0	0	0	85	0	否	3.28	1.80	1.58	0	0
	67	沙集灌区	未改造	0	0	0	0	0	0	0	0	0	0	0	0	0	0	0	否	0.00	0.00	0.00	0	0
	68	岔河灌区	2015—2016	2126	1000	1126	0	1	0	0	11	0	0	0	0	0	15	49	否	3.70	0.00	7.30	280	273
	69	银杏湖灌区	未改造	0	0	0	0	0	0	0	0	0	0	0	0	0	0	0	否	0.00	0.00	0.00	0	0
	70	邳城灌区	2019	2120	1800	320	0	0	0	0	20	0	0	0	6	0	20	10	是	0.30	0.00	2.97	514	200
	71	民便河灌区	2019	35747	14000	21747	0	1	0	0	26	0	0	0	8	0	22	0	否	0.00	0.00	5.11	400	506
	72	沂运灌区	未改造	0	0	0	0	0	0	0	0	0	0	0	0	0	0	0	否	0.00	0.00	0.00	0	0
	73	高阿灌区	2014	2401	1000	1401	0	0	0	5	1	0	0	0	9	80	23	0	否	0.00	0.00	4.25	278	124
	74	棋新灌区	2016	2200	1000	1200	0	0	0	3	0	0	0	0	7	13	18	0	否	1.00	0.00	5.20	113	102

续表

灌区类型 类型	序号	灌区名称	改造年份(年)	已累计完成投资(万元) 合计	中央财政投资	地方财政投资	其他资金	渠首工程(处) 改建	新建	灌溉渠道(km) 新建	改造	其中灌溉管道 新建	改造	排水沟(km) 新建	改造	渠沟道建筑物(座) 新建	改造	计量设施(处)	是否试点灌区管理信息化	效益 恢复灌溉面积(万亩)	新增灌溉面积(万亩)	改善灌溉面积(万亩)	年新增节水能力(万m³)	年增产粮食生产能力(万kg)
1	2	3	4	5	6	7	8	9	10	11	12	13	14	15	16	17	18	19	20	21	22	23	24	25
重点中型灌区	75	沂沭灌区	未改造	0	0	0	0	0	0	0	0	0	0	0	0	0	0	0	否	0.00	0.00	0.00	0	0
重点中型灌区	76	不牟河灌区	2008—2018	11541	3770	6234	1537	0	0	148	6	24	0	0	26	196	34	187	否	0.00	0.00	17.38	1183	998
重点中型灌区	77	东风灌区	2015—2018	949	300	649	0	0	0	0	0	5	0	0	6	45	0	4	否	0.00	0.00	0.25	50	19
重点中型灌区	78	于姚河灌区	2014—2017	1411	500	911	0	0	0	7	0	5	0	0	9	64	1	0	否	0.79	0.00	0.79	158	59
重点中型灌区	79	河东灌区	未改造	0	0	0	0	0	0	0	0	0	0	0	0	0	0	0	否	0.00	0.00	0.00	0	0
一般中型灌区	80	合沟灌区	未改造	0	0	0	0	0	0	0	0	0	0	0	0	0	0	0	否	0.00	0.00	0.00	0	0
一般中型灌区	81	运南灌区	2015	1319	500	819	0	0	0	32	0	0	0	0	25	68	17	0	否	0.15	0.00	0.15	30	11
一般中型灌区	82	二八河灌区	2014	1229	500	729	0	0	0	0	12	0	0	0	7	57	1	0	否	0.15	0.00	0.15	30	11
常州市				2350	529	0	1821	0	0	0	0	0	0	0	0	0	0	0		0	0.00	0.00	0	0
重点中型灌区	83	大溪水库灌区	2014—2015	150	0	0	150	0	0	0	0	0	0	0	0	0	0	0	否	0.00	0.00	0.00	0	0
一般中型灌区	84	沙河水库灌区	2010	2200	529	0	1671	0	0	0	12	0	0	0	0	0	0	0	否	0.00	0.00	0.30	0	0
南通市				300788	110230	178610	11949	1091	56	6795	1444	690	33	193	2986	66816	2211	3238		14	1	104	9854	5216
重点中型灌区	85	通扬灌区	2011—2018	19847	7250	12597	0	0	0	561	0	66	0	2	0	799	0	42	否	0.00	0.00	19.90	1200	556
重点中型灌区	86	焦港灌区	2009—2018	11165	4060	7105	0	0	0	240	0	53	0	6	18	540	9	33	否	0.00	0.00	11.16	1000	312
重点中型灌区	87	如皋港灌区	2016—2017	3750	3000	750	0	0	0	21	0	0	0	0	0	772	0	14	否	0.00	0.00	3.75	300	150

续表

灌区类型			改造年份(年)	已累计完成投资(万元)				累计完成改造内容												效益				
类型	序号	灌区名称		合计	中央财政投资	地方财政投资	其他资金	渠首工程(处)		灌溉渠道(km)		其中灌溉管道		排水沟(km)		渠沟道建筑物(座)		计量设施(处)	是否试点灌区管理信息化	恢复灌溉面积(万亩)	新增灌溉面积(万亩)	改善灌溉面积(万亩)	年新增节水能力(万m³)	年增粮食生产能力(万kg)
								新建	改造	新建	改造	新建	改造	新建	改造	新建	改造							
1	2	3	4	5	6	7	8	9	10	11	12	13	14	15	16	17	18	19	20	21	22	23	24	25
重点中型灌区	88	红星灌区	2004—2018	5300	3864	1436	0	1	0	273	31	0	0	1	0	179	210	10	否	1.21	0.60	4.42	289	84
	89	新通扬灌区	1998—2020	50179	16722	33443	14	0	0	794	34	31	2	181	337	125	874	285	否	0.87	0.26	11.23	2360	297
	90	丁堡灌区	1998—2020	9578	5400	4178		0	0	0	329	0	14	0	10	281	42	14	否	0.61	0.21	3.25	399	115
	91	江海灌区	2007—2019	11815	3840	6794	1182	0	0	696	354	38	8	0	175	629	595	320	否	0.00	0.00	1.45	494	116
	92	九洋灌区	1998—2018	10630	3455	6112	1063	0	0	663	312	21	0	0	190	671	103	329	否	0.86	0.00	5.14	601	480
	93	马丰灌区	2000—2018	11243	3654	6465	1124	0	0	180	283	75	1	0	134	158	240	248	否	1.24	0.00	1.65	361	231
	94	如环灌区	2005—2018	11243	3654	6465	1124	0	0	144	33	61	8	3	1670	252	82	170	否	0.35	0.00	0.61	295	77
	95	新建河灌区	2016—2019	6800	5440	1360	0	0	16	33	0	2	0	0	0	2355	0	0	否	1.14	0.00	1.25	40	63
	96	掘苴灌区	2015—2020	3137	1918	1220	0	13	0	82	0	28	0	0	0	642	0	1	否	2.36	0.00	3.96	60	130
	97	九遥河灌区	2017—2018	19908	7998	11910	0	44	0	177	0	75	0	0	0	2703	0	36	否	1.16	0.00	1.87	240	103
	98	九圩港灌区	2010—2020	43583	15637	27106	840	409	0	1112	0	50	0	0	81	24503	0	898	否	1.35	0.00	8.34	436	775
	99	余丰灌区	2009—2020	45658	13453	30362	1843	252	0	937	0	41	0	0	196	391	6	308	否	1.12	0.00	5.13	621	500

续表

灌区类型 类型	序号	灌区名称	改造年份(年)	已累计完成投资(万元) 合计	中央财政投资	地方财政投资	其他资金	渠首工程(处) 改建	渠首工程(处) 改造	灌溉渠道(km) 新建	灌溉渠道(km) 改造	其中灌溉管道 新建	其中灌溉管道 改造	排水沟(km) 新建	排水沟(km) 改造	渠沟道建筑物(座) 新建	渠沟道建筑物(座) 改造	计量设施(处)	是否试点灌区管理信息化	效益 恢复灌溉面积(万亩)	新增灌溉面积(万亩)	改善灌溉面积(万亩)	年新增节水能力(万m³)	年增粮食生产能力(万kg)
1	2	3	4	5	6	7	8	9	10	11	12	13	14	15	16	17	18	19	20	21	22	23	24	25
重点中型灌区	100	团结灌区	2009—2020	22409	7077	10573	4759	260	17	777	12	66	0	0	23	31251	50	383	否	0.98	0.00	6.23	816	577
	101	合南灌区	2016—2020	1692	890	802	0	26	0	43	0	43	0	0	0	407	0	42	否	0.22	0.14	5.54	100	155
	102	三条港灌区	2019	1186	1186	0	0	0	0	23	0	23	0	0	0	19	0	19	否	0.12	0.06	3.39	47	81
	103	通兴灌区	2016	2908	0	2908	0	5	0	0	33	3	0	0	0	9	0	9	否	0.15	0.10	3.47	52	69
	104	悦来灌区	未改造	0	0	0	0	0	0	0	0	0	0	0	0	0	0	0	否	0.00	0.00	0.00	0	0
	105	常乐灌区	2007—2020	2581	620	1961	0	26	0	30	22	8	0	0	0	128	0	26	否	0.00	0.00	0.65	32	77
	106	正余灌区	2005—2020	3665	514	3151	0	33	0	12	0	8	0	0	88	0	0	33	否	0.00	0.00	1.40	70	168
	107	余东灌区	2014—2020	2431	599	1833	0	22	23	0	0	0	0	0	63	2	0	18	否	0.00	0.00	0.08	40	100
一般中型灌区	108	长青沙灌区	2019	80	0	80	0	0	0	0	0	0	0	0	0	0	0	0	否	0.00	0.00	0.00	0	0
		连云港市		92839	40336	52413	90	642	316	1561	72	83	0	1018	2518	16999	1478	320		42	10	87	6020	11019
重点中型灌区	109	安峰山水库灌区	2019	2100	1800	210	90	12	0	0	0	0	0	0	0	14	4	8	否	0.00	0.80	6.50	200	323
	110	红石渠灌区	2020	3891	0	3891	0	0	1	0	18	0	0	0	0	0	5	0	否	9.10	0.00	1.40	479	200
	111	官沟河灌区	2016—2017	8800	3500	5300	0	51	67	114	20	0	0	23	91	2940	120	11	否	5.00	0.80	3.00	198	1350

续表

灌区类型			改造年份(年)	已累计完成投资(万元)				累计完成改造内容												效益				
类型	序号	灌区名称		合计	中央财政投资	地方财政投资	其他资金	渠首工程(处)新建	渠首工程(处)改造	灌溉渠道(km)新建	灌溉渠道(km)改造	其中灌溉管道(km)新建	其中灌溉管道(km)改造	排水沟(km)新建	排水沟(km)改造	渠沟道建筑物(座)新建	渠沟道建筑物(座)改造	计量设施(处)	是否试点灌区管理信息化	恢复灌溉面积(万亩)	新增灌溉面积(万亩)	改善灌溉面积(万亩)	年新增节水能力(万m³)	年增粮食生产能力(万kg)
1	2	3	4	5	6	7	8	9	10	11	12	13	14	15	16	17	18	19	20	21	22	23	24	25
重点中型灌区	112	叮当河灌区	2014	9800	4000	5800	0	98	78	210	0	0	0	124	621	3264	656	8	否	6.00	0.90	3.50	532	1120
	113	界北灌区	2005—2020	12000	4000	8000	0	112	85	473	17	0	0	426	800	4569	354	23	否	6.00	1.10	4.00	760	1200
	114	界南灌区	2005—2020	11145	5000	6145	0	101	36	290	0	12	0	326	432	2780	171	16	否	5.50	1.00	3.50	280	1400
	115	一条岭灌区	2005—2020	13800	6000	7800	0	154	30	198	7	23	0	102	300	2510	168	17	否	7.00	0.80	5.50	598	1080
	116	柴沂灌区	2019—2020	3020	1500	1520	0	8	0	0	0	0	0	0	23	46	0	5	否	0.00	0.00	3.72	86	300
	117	柴塘灌区	2019—2020	3021	1700	1321	0	21	0	1	1	0	0	0	5	9	0	2	否	0.00	0.00	4.54	120	280
	118	涟中灌区	2007—2008	9965	6630	3335	0	15	0	108	0	0	0	0	15	313	0	0	否	1.40	1.80	19.50	1600	1295
	119	灌北灌区	2015—2016	2247	1000	1247	0	17	0	7	7	0	0	0	8	92	0	0	否	0.28	0.30	10.00	190	611
	120	淮涟灌区	2015	2392	1000	1392	0	12	0	18	0	0	0	0	9	87	0	0	否	0.00	1.20	8.46	492	1249
	121	沂南灌区	2018—2019	2211	1000	1211	0	8	17	15	9	13	0	0	0	44	0	70	否	0.25	0.30	6.25	110	323
	122	古城翻水站灌区	2017	2207	1000	1207	0	0	0	0	0	20	0	0	0	0	0	13	否	0.00	0.80	5.00	240	143
一般中型灌区	123	昌黎水库灌区未改造	未改造	0	0	0	0	0	0	0	0	0	0	0	0	0	0	0	否	0.00	0.00	0.00	0	0
	124	羽山水库灌区未改造	未改造	0	0	0	0	0	0	0	0	0	0	0	0	0	0	0	否	0.00	0.00	0.00	0	0

续表

灌区类型 类型	序号	灌区名称	改造年份(年)	已累计完成投资(万元) 合计	中央财政投资	地方财政投资	其他资金	累计完成改造内容 渠首工程(处)改建	灌溉渠道(km)新建	灌溉渠道(km)改造	其中灌溉管道新建	其中灌溉管道改造	[14]	排水沟(km)新建	排水沟(km)改造	渠沟道建筑物(座)新建	渠沟道建筑物(座)改造	计量设施(处)	是否试点灌区管理信息化	效益 恢复灌溉面积(万亩)	新增灌溉面积(万亩)	改善灌溉面积(万亩)	年新增节水能力(万m³)	年增粮食生产能力(万kg)
1	2	3	4	5	6	7	8	9	10	11	12	13	14	15	16	17	18	19	20	21	22	23	24	25
	125	贺庄水库灌区	未改造	0	0	0	0	0	0	0	0	0	0	0	0	0	0	0	否	0.00	0.00	0.00	24	25
	126	横沟水库灌区	未改造	0	0	0	0	0	0	0	0	0	0	0	0	0	0	0	否	0.00	0.00	0.00	0	0
	127	房山水库灌区	未改造	0	0	0	0	0	0	0	0	0	0	0	0	0	0	0	否	0.00	0.00	0.00	0	0
	128	大石埠水库灌区	未改造	0	0	0	0	0	0	0	0	0	0	0	0	0	0	0	否	0.00	0.00	0.00	0	0
	129	陈枝水库灌区	未改造	0	0	0	0	0	0	0	0	0	0	0	0	0	0	0	否	0.00	0.00	0.00	0	0
	130	卢窝水库灌区	未改造	0	0	0	0	0	0	0	0	0	0	0	0	0	0	0	否	0.00	0.00	0.00	0	0
	131	灌西盐场灌区	2016	2200	1000	1200	0	6	2	22	0	0	0	0	27	321	0	0	否	1.00	0.20	0.80	60	60
	132	涟西灌区	未改造	0	0	0	0	0	0	0	0	0	0	0	0	0	0	0	否	0.00	0.00	0.00	0	0
一般中型灌区	133	闽岭翻水站灌区	2015—2018	2000	286	1714	0	1	0	0	0	0	0	0	0	0	0	12	否	0.00	0.00	0.00	0	0
	134	八条路水库灌区	未改造	0	0	0	0	0	0	0	0	0	0	0	0	0	0	12	否	0.00	0.00	0.00	0	0
	135	王集水库灌区	2014	60	0	60	0	0	2	0	0	0	0	0	0	10	0	20	否	0.00	0.10	0.20	8	1
	136	红领巾水库灌区	未改造	0	0	0	0	0	0	0	0	0	0	0	0	0	0	0	否	0.00	0.00	0.00	0	0
	137	横山水库灌区	未改造	0	0	0	0	0	0	0	0	0	0	0	0	0	0	0	否	0.00	0.00	0.00	0	0
	138	孙庄灌区	2018	680	520	160	0	12	0	58	0	0	否	11	102	0	0	45	否	0.00	0.10	0.60	25	35
	139	刘顶灌区	2010—2012	1300	400	900	0	14	0	45	0	0	0	6	85	0	0	58	否	0.00	0.00	0.50	42	50

续表

类型	序号	灌区名称	改造年份(年)	已累计完成投资(万元) 合计	中央财政投资	地方财政投资	其他资金	渠首工程(处)新建	渠首工程(处)改造	灌溉渠道(km)新建	灌溉渠道(km)改造	其中灌溉管道新建	其中灌溉管道改造	排水沟(km)新建	排水沟(km)改造	渠沟道建筑物(座)新建	渠沟道建筑物(座)改造	计量设施(处)	是否试点灌区管理信息化	恢复灌溉面积(万亩)	新增灌溉面积(万亩)	改善灌溉面积(万亩)	年新增节水能力(万m³)	年增粮食生产能力(万kg)
1	2	3	4	5	6	7	8	9	10	11	12	13	14	15	16	17	18	19	20	21	22	23	24	25
		淮安市		120226	42131	71493	6602	183	25	422	311	121	0	0	443	4178	5002	302		12	7	88	3997	3485
重点中型灌区	140	运西灌区	2013	2432	1000	1432	0	22	0	0	12	0	0	0	0	3	15	0	否	0.00	0.00	4.07	365	283
	141	淮南圩灌区	2010—2018	39959	9778	24271	5910	0	3	122	0	44	0	0	0	510	1637	39	否	0.15	0.50	12.00	60	374
	142	利农河灌区	2010—2018	16281	5553	10036	692	75	1	18	65	11	0	0	95	175	491	46	否	0.00	1.40	6.20	124	262
	143	官塘灌区	2006—2018	8690	2360	6330	0	0	3	47	20	5	0	0	0	171	767	9	否	0.50	1.20	1.50	30	145
	144	涟中灌区	2011—2017	15150	7350	7800	0	16	1	0	115	13	0	0	153	412	1608	4	是	0.50	1.50	17.50	1500	1250
	145	顺河洞灌区	2016	2214	1000	1214	0	15	0	0	16	0	0	0	11	12	0	0	否	0.50	0.00	7.94	284	111
	146	蛇家坝灌区	2019	2100	1800	300	0	5	0	0	12	0	0	0	0	6	2	0	否	0.50	0.00	2.40	89	38
	147	东灌区	2004—2018	4400	2000	2400	0	3	3	0	20	0	0	0	0	1	66	149	是	0.70	0.30	13.80	695	325
	148	官滩灌区	未改造	0	0	0	0	0	0	0	0	0	0	0	0	0	0	0	否	0.00	0.00	0.00	0	0
	149	桥口灌区	2017	2200	1000	1200	0	2	0	0	2	0	0	0	0	0	10	2	是	0.50	0.00	7.90	51	80
	150	姬庄灌区	2019	3000	1700	1300	0	1	1	0	8	0	0	0	0	0	38	2	是	2.10	0.00	3.72	54	107
	151	河桥灌区	2019	3000	1700	1300	0	0	0	0	13	0	0	0	0	13	59	4	是	2.54	0.00	2.86	161	197
	152	三墩灌区	未改造	0	0	0	0	0	0	0	0	0	0	0	0	0	0	0	否	0.00	0.00	0.00	0	0
	153	临湖灌区	2011—2018	10000	3800	6200	0	42	0	144	1	34	0	0	97	2782	61	47	否	3.63	1.73	4.26	498	150

续表

灌区类型 类型	序号	灌区名称	改造年份(年)	已累计完成投资(万元) 合计	中央财政投资	地方财政投资	其他资金	渠首工程(处) 改建	改造	灌溉渠道(km) 新建	改造	其中灌溉管道 新建	改造	排水沟(km) 新建	改造	渠沟道建筑物(座) 新建	改造	计量设施(处)	是否试点灌区管理信息化	效益 恢复灌溉面积(万亩)	新增灌溉面积(万亩)	改善灌溉面积(万亩)	年新增节水能力(万 m³)	年增粮食生产能力(万 kg)
1	2	3	4	5	6	7	8	9	10	11	12	13	14	15	16	17	18	19	20	21	22	23	24	25
一般中型灌区	154	振兴圩灌区	2000—2017	5300	1500	3800	0	0	5	30	0	0	0	0	0	0	48	0	否	0.05	0.20	1.80	36	69
	155	洪湖圩灌区	2006—2018	3300	990	2310	0	2	3	53	19	13	0	0	72	65	135	0	否	0.00	0.03	1.01	20	50
	156	郑家圩灌区	2006—2018	2200	600	1600	0	0	5	8	10	0	0	0	15	28	65	0	否	0.00	0.08	1.20	32	47
盐城市				116509	67285	49224	0	230	93	455	387	130	26	33	448	4115	38939	1084		16	27	80	7802	5887
重点中型灌区	157	六套干渠灌区	2018	2200	1000	1200	0	1	0	19	0	0	0	0	0	208	0	11	否	0.00	0.70	2.50	600	105
	158	淮北干渠灌区	2017	2200	1000	1200	0	2	0	14	0	4	0	0	0	219	0	14	否	0.00	0.70	2.50	280	100
	159	黄响河灌区	2015	2200	1000	1200	0	1	0	16	0	0	0	0	0	197	0	49	否	0.00	0.60	2.30	460	90
	160	大寨河灌区	2020	2898	1600	1298	0	0	0	0	0	0	0	0	0	2	0	0	否	0.00	0.50	1.00	200	75
	161	双南干渠灌区	2012	2200	1000	1200	0	3	0	14	0	0	0	0	0	178	0	24	否	0.00	0.80	3.00	690	130
	162	南干渠灌区	2008	2200	1000	1200	0	1	1	13	0	0	0	0	0	165	0	18	否	0.00	0.50	1.80	420	80
	163	陈涛灌区	2010	2399	930	1469	0	0	0	9	0	0	0	0	16	190	0	0	否	0.00	1.90	7.08	262	143
	164	南干灌区	2019	2100	1800	300	0	0	0	4	0	0	0	0	3	692	0	383	否	0.00	1.30	2.38	240	239
	165	张弓灌区	2013	2198	1000	1198	0	0	0	15	0	0	0	0	5	395	0	402	否	1.60	0.00	7.00	350	106
	166	渠北灌区	2014	2200	1000	1200	0	4	3	0	16	0	0	0	0	107	0	2	否	0.00	0.30	5.32	300	226
	167	沟墩灌区	未改造	0	0	0	0	0	0	0	0	0	0	0	0	0	0	0	否	0.00	0.00	0.00	0	0
	168	陈良灌区	未改造	0	0	0	0	0	0	0	0	0	0	0	0	0	0	0	否	0.00	0.00	0.00	0	0

续表

灌区类型		灌区名称	改造年份(年)	已累计完成投资(万元)				累计完成改造内容												效益				
类型	序号			合计	中央财政投资	地方财政投资	其他资金	渠首工程(处)		灌溉渠道(km)				排水沟(km)		渠沟道建筑物(座)		计量设施(处)	是否试点灌区管理信息化	恢复灌溉面积(万亩)	新增灌溉面积(万亩)	改善灌溉面积(万亩)	年新增节水能力(万m³)	年增粮食生产能力(万kg)
								改建	改造	新建	改造	其中灌溉管道 新建	其中灌溉管道 改造	新建	改造	新建	改造							
1	2	3	4	5	6	7	8	9	10	11	12	13	14	15	16	17	18	19	20	21	22	23	24	25
	169	吴滩灌区	未改造	0	0	0	0	0	0	0	0	0	0	0	0	0	0	0	否	0.00	0.00	0.00	24	25
	170	川南灌区	2018	2200	1000	1200	0	1	0	49	0	40	0	0	0	188	0	16	否	0.00	1.07	0.75	105	405
	171	斗西灌区	2016—2018	2771	2471	300	0	0	0	16	0	16	0	0	0	36	4	0	否	0.00	0.80	1.20	100	120
	172	斗北灌区	2011—2019	22500	14200	8300	0	11	0	92	0	45	0	0	122	337	0	33	否	0.00	10.50	0.00	400	765
	173	红旗灌区	未改造	0	0	0	0	0	0	0	0	0	0	0	0	0	0	0	否	0.00	0.00	0.00	0	0
	174	陈洋灌区	2007	1500	0	1500	0	50	0	40	0	0	0	0	0	20	0	0	否	0.00	0.00	0.80	85	140
	175	桥西灌区	2007	1248	624	624	0	2	0	15	0	0	0	19	0	46	0	0	否	0.00	0.00	0.80	24	36
重点中型灌区	176	东南灌区	2018	4500	3600	900	0	0	0	0	0	0	0	0	0	28	6	28	否	2.00	1.00	3.00	220	200
	177	龙冈灌区	2016	3167	1000	2167	0	0	65	0	4	0	0	0	124	0	16	0	否	1.50	0.50	2.00	220	200
	178	红九灌区	2015	7858	2700	5158	0	3	0	0	125	0	0	0	0	16	0	0	否	3.00	1.00	4.00	435	595
	179	大纵湖灌区	2018	5520	2160	3360	0	2	0	0	37	0	0	0	0	10	0	0	否	2.00	0.50	3.00	296	405
	180	学富灌区	2017	5730	2470	3260	0	6	0	0	65	0	0	0	0	11	0	0	否	2.00	0.60	3.00	260	355
	181	盐东灌区	2018	9500	4750	4750	0	38	0	0	57	0	14	0	0	0	20562	0	否	0.45	0.36	6.10	386	97
	182	黄尖灌区	2018	8600	8600	0	0	65	0	0	83	0	12	0	0	0	18265	0	否	0.00	0.33	5.50	402	101
	183	上冈灌区	2017—2018	4071	1950	2121	0	0	8	6	0	4	0	0	130	26	0	6	否	1.50	0.80	2.60	240	210
	184	宝塔灌区	2017	700	280	420	0	7	0	0	0	0	0	0	0	0	0	0	否	0.50	0.30	1.60	120	130

类型	序号	灌区名称	改造年份(年)	已累计完成投资(万元)合计	中央财政投资	地方财政投资	其他资金	渠首工程(处)改造	渠首工程(处)新建	灌溉渠道(km)新建	灌溉渠道(km)改造	其中灌溉管道新建	其中灌溉管道改造	排水沟(km)新建	排水沟(km)改造	渠沟道建筑物(座)新建	渠沟道建筑物(座)改造	计量设施(处)	是否试点灌区管理信息化	恢复灌溉面积(万亩)	新增灌溉面积(万亩)	改善灌溉面积(万亩)	年新增节水能力(万m³)	年增粮食生产能力(万kg)
1	2	3	4	5	6	7	8	9	10	11	12	13	14	15	16	17	18	19	20	21	22	23	24	25
重点中型灌区	185	高作灌区	2016	600	240	360	0	5	0	0	0	0	0	0	0	10	0	0	否	0.50	0.20	1.40	110	120
	186	庆丰灌区	2018	1500	1200	300	0	6	0	0	0	5	0	0	0	6	0	0	否	0.60	0.30	1.60	180	200
	187	盐建灌区	2016 2017	2100	1440	660	0	15	0	0	0	4	0	0	0	6	0	0	否	0.80	0.50	1.80	210	200
	188	花元灌区	2018	100	0	100	0	0	2	0	1	0	0	0	0	0	0	0	否	0.00	0.00	0.20	6	10
	189	川彭灌区	2015	150	0	150	0	0	4	0	0	0	0	0	0	0	0	0	否	0.00	0.00	0.30	10	20
	190	安东灌区	未改造	0	0	0	0	0	0	0	0	0	0	0	0	0	0	0	否	0.00	0.00	0.00	0	0
	191	跃中灌区	未改造	0	0	0	0	0	0	0	0	0	0	0	0	0	0	0	否	0.00	0.00	0.00	0	0
一般中型灌区	192	东夏灌区	2013	98	0	98	0	2	0	1	0	0	0	0	22	32	54	2	否	0.00	0.10	0.10	9	47
	193	王开灌区	2012	1891	0	1891	0	2	11	37	0	0	0	14	0	682	0	9	否	0.00	0.44	1.00	103	80
	194	安石灌区	2017	140	0	140	0	3	0	3	0	0	0	0	26	28	6	6	否	0.00	0.06	0.10	8	88
	195	三圩灌区	2011 2014 2016 2017	7270	7270	0	0	0	0	93	0	12	0	0	0	306	0	81	否	0.00	0.00	4.26	73	70
	196	东里灌区	未改造	0	0	0	0	0	0	0	0	0	0	0	0	0	0	0	否	0.00	0.00	0.00	0	0
		扬州市		91084	34040	42845	14200	417	44	558	27	78	0	22	21	6458	251	1263		5	3	56	5178	4159
重点中型灌区	197	永丰灌区	2019	2237	1800	437	0	10	1	8	0	0	0	0	0	8	0	11	否	0.00	0.00	4.50	277	270
	198	庆丰灌区	2017	2278	1000	1278	0	41	0	11	0	0	0	0	0	21	2	6	否	0.00	0.00	1.90	400	418

续表

灌区类型 类型	序号	灌区名称	改造年份(年)	已累计完成投资(万元) 合计	中央财政投资	地方财政投资	其他资金	渠首工程(处) 改建	改造	灌溉渠道(km) 新建	改造	其中灌溉管道 新建	改造	排水沟(km) 新建	改造	渠沟道建筑物(座) 新建	改造	计量设施(处)	是否试点灌区管理信息化	效益 恢复灌溉面积(万亩)	新增灌溉面积(万亩)	改善灌溉面积(万亩)	年新增节水能力(万m³)	年增粮食生产能力(万kg)
1	2	3	4	5	6	7	8	9	10	11	12	13	14	15	16	17	18	19	20	21	22	23	24	25
重点中型灌区	199	临城灌区	2015	2259	1000	1259	0	60	3	13	0	0	0	0	0	30	0	10	否	0.00	0.00	4.20	24	25
	200	泾河灌区	2018	2282	1000	1282	0	25	0	10	0	0	0	0	0	15	0	6	否	0.00	0.00	2.30	200	454
	201	宝射河灌区	2012	2442	1000	1442	0	12	0	17	2	0	0	0	4	44	0	0	否	0.41	0.00	6.44	297	243
	202	宝应灌区	未改造	0	0	0	0	0	0	0	0	0	0	0	0	0	0	0	否	0.00	0.00	0.00	800	272
	203	司徒灌区	2017—2019	4500	2400	1050	1050	75	0	0	0	22	0	0	0	0	0	0	否	0.00	0.00	4.20	0	0
	204	汉留灌区	2017—2019	3750	2100	825	825	68	0	0	0	12	0	0	15	0	0	0	否	0.00	0.00	2.70	256	241
	205	三妹灌区	2009—2018	2950	1300	225	1425	27	0	30	0	13	0	0	0	529	0	0	否	0.00	0.00	2.45	247	172
	206	向阳河灌区	2019	3000	1800	600	600	11	0	5	0	1	0	0	0	76	0	0	否	0.00	0.00	3.70	490	245
	207	红旗河灌区	2016	2213	1000	0	1213	0	0	70	0	5	0	0	0	133	0	34	否	0.00	0.00	5.29	366	231
	208	团结河灌区	未改造	0	0	0	0	0	0	0	0	0	0	0	0	0	0	0	否	0.00	0.00	0.00	600	321
	209	三阳河灌区	未改造	0	0	0	0	0	0	0	0	0	0	0	0	0	0	0	否	0.00	0.00	0.00	0	0
	210	野田河灌区	未改造	0	0	0	0	0	0	0	0	0	0	0	0	0	0	0	否	0.00	0.00	0.00	0	0
	211	向阳河灌区	未改造	0	0	0	0	0	0	0	0	0	0	0	0	0	0	0	否	0.00	0.00	0.00	0	0
	212	塘田灌区	2010	600	500	0	100	4	3	0	0	0	0	0	2	0	0	0	否	0.50	0.30	0.80	200	200
	213	月塘灌区	2014	2142	1830	312	0	9	0	21	2	6	0	0	0	0	157	224	否	0.40	0.11	5.40	182	308
	214	沿江灌区	2014	33320	8065	25255	0	9	0	216	0	8	0	17	0	4116	0	680	是	0.80	0.48	2.15	165	97

续表

灌区类型		灌区名称	改造年份(年)	已累计完成投资(万元)				累计完成改造内容												效益				
				合计	中央财政投资	地方财政投资	其他资金	渠首工程(处)		灌溉渠道(km)				排水沟(km)		渠沟道建筑物(座)		计量设施(处)	是否试点灌区管理信息化	恢复灌溉面积(万亩)	新增灌溉面积(万亩)	改善灌溉面积(万亩)	年新增节水能力(万 m³)	年增粮食生产能力(万 kg)
类型	序号							改建	改造	新建	改造	其中灌溉管道新建	其中灌溉管道改造	新建	改造	新建	改造							
1	2	3	4	5	6	7	8	9	10	11	12	13	14	15	16	17	18	19	20	21	22	23	24	25
一般中型灌区	215	甘泉灌区	2012~2015	1865	400	865	600	13	14	48	0	0	0	0	0	259	0	17	否	0.00	0.00	0.30	50	25
	216	杨寿灌区	2000~2019	730	0	730	0	10	0	25	0	3	0	0	0	0	30	34	否	0.20	0.20	0.50	30	60
	217	沿湖灌区	98~18	15000	2952	5276	6772	19	0	20	0	7	0	0	0	0	45	15	否	0.30	0.30	1.00	50	80
	218	方巷灌区	2013	580	0	513	67	2	11	6	0	1	0	0	0	314	0	13	否	0.00	0.00	0.90	45	18
	219	槐润灌区	2013~2017	2355	1200	1155	0	2	0	43	0	0	0	0	0	900	0	120	否	0.00	0.00	0.70	45	22
	220	红星灌区	2014	500	400	0	100	0	2	0	0	0	0	0	0	0	0	0	否	0.20	0.30	0.50	60	30
	221	凤岭灌区	2010	1200	1000	0	200	3	0	0	6	0	0	0	0	0	0	0	否	0.40	0.30	0.60	60	90
	222	朱桥灌区	2013	800	700	0	100	4	0	0	0	0	0	0	0	0	0	0	否	0.30	0.20	3.00	150	36
	223	稽山灌区	2018	26	26	0	0	0	0	0	1	0	0	0	0	0	0	0	否	0.00	0.00	0.00	5	0
	224	东风灌区	2018	38	38	0	0	0	0	0	1	0	0	0	0	0	0	0	否	0.00	0.00	0.00	8	0
	225	白羊山灌区	2015	690	630	60	0	3	0	0	1	0	0	0	0	0	5	75	否	0.13	0.10	0.35	10	100
	226	刘集红光灌区	2014	700	600	0	100	18	0	14	14	0	0	0	0	13	0	14	否	0.10	0.00	0.30	50	160
	227	高营灌区	2017	250	200	0	50	0	2	14	0	0	0	0	0	0	12	0	否	0.05	0.00	0.10	10	3
	228	红旗灌区	2010	300	250	0	50	0	3	0	0	0	0	0	0	0	0	0	否	0.30	0.20	0.30	30	20
	229	秦桥灌区	2015	230	180	0	50	0	2	0	0	0	0	0	0	0	0	0	否	0.20	0.10	0.30	20	12

续表

灌区类型 类型	序号	灌区名称	改造年份(年)	已累计完成投资(万元) 合计	中央财政投资	地方财政投资	其他资金	渠首工程(处) 改建	改造	灌溉渠道(km) 新建	改造	其中灌溉管道 新建	改造	排水沟(km) 新建	改造	渠沟道建筑物(座) 新建	改造	计量设施(处)	是否试点灌区管理信息化	效益 恢复灌溉面积(万亩)	新增灌溉面积(万亩)	改善灌溉面积(万亩)	年新增节水能力(万m³)	年增粮食生产能力(万kg)
1	2	3	4	5	6	7	8	9	10	11	12	13	14	15	16	17	18	19	20	21	22	23	24	25
一般中型灌区	230	通新集灌区	2016	190	160	0	30	0	2	0	0	0	0	0	0	0	0	0	否	0.20	0.10	0.30	24	25
	231	烟台山灌区	2012	65	39	0	26	0	1	2	0	0	0	0	0	0	0	4	否	0.03	0.00	0.00	20	10
	232	青山灌区	未改造	0	0	0	0	0	0	0	0	0	0	0	0	0	0	0	否	0.00	0.00	0.00	5	1
	233	十二圩灌区	1999	1593	470	281	842	1	0	0	0	0	0	5	0	0	0	0	否	0.30	0.20	0.50	50	20
		镇江市		55742	21422	33660	660	4	10	155	172	2	2	2	157	2132	158	310		19	3	17	862	1637
重点中型灌区	234	北山灌区	1998—2008	29132	11957	17175	0	1	3	154	45	1	0	2	77	454	85	157	否	5.77	0.19	6.30	230	650
	235	赤山湖灌区	1998—2008	15463	6475	8988	0	0	5	1	106	0	0	0	49	1637	35	100	否	11.09	1.55	5.60	225	680
	236	长山灌区	1998—2008	10227	2620	7187	420	1	1	0	16	0	0	0	30	26	28	41	否	1.84	0.52	4.80	378	280
一般中型灌区	237	小辛灌区	1998—2008	640	320	160	160	1	1	0	4	0	0	2	1	10	5	9	否	0.35	0.40	0.20	15	12
	238	后马灌区	1998—2008	280	50	150	80	1	0	1	1	0	0	0	0	5	5	3	否	0.10	0.10	0.20	14	15
		泰州市		58516	26221	32014	280	156	0	274	401	15	1	53	101	505	401	469		2	5	61	1761	1673
重点中型灌区	239	孤山灌区	2009	2550	800	1750	0	5	0	41	0	0	0	21	0	5	5	0	否	0.34	1.05	8.97	170	277
	240	黄桥灌区	2016	2191	1095	1095	0	108	0	0	0	0	0	0	0	1	0	108	否	0.00	0.20	5.20	500	215
	241	高港灌区	2006—2019	19578	9886	9412	280	0	0	149	319	14	1	18	101	365	396	318	否	0.28	0.06	35.19	36	131
一般中型灌区	242	溱灌区	2015	2200	1000	1200	0	43	0	84	0	1	0	15	0	139	0	43	否	1.07	0.00	5.10	596	450

续表

灌区类型		灌区名称	改造年份(年)	已累计完成投资(万元)				累计完成改造内容												效益				
类型	序号			合计	中央财政投资	地方财政投资	其他资金	渠首工程(处)		灌溉渠道(km)		其中灌溉管道		排水沟(km)		渠沟道建筑物(座)		计量设施(处)	是否试点灌区管理信息化	恢复灌溉面积(万亩)	新增灌溉面积(万亩)	改善灌溉面积(万亩)	年新增节水能力(万m³)	年增粮食生产能力(万kg)
								新建	改造	新建	改造	新建	改造	新建	改造	新建	改造							
1	2	3	4	5	6	7	8	9	10	11	12	13	14	15	16	17	18	19	20	21	22	23	24	25
重点中型灌区	243	周山河灌区	未改造	0	0	0	0	0	0	0	0	0	0	0	0	0	0	0	否	0.00	0.00	0.00	0	0
重点中型灌区	244	闵西灌区	未改造	0	0	0	0	0	0	0	0	0	0	0	0	0	0	0	否	0.00	0.00	0.00	0	0
重点中型灌区	245	西部灌区	2009—2020	26880	13440	13440	0	0	0	0	73	0	0	0	0	0	0	0	否	0.00	3.06	5.80	375	500
一般中型灌区	246	西来灌区	2010—2020	5117	0	5117	0	0	0	0	9	0	0	0	0	0	0	0	否	0.00	0.20	1.06	84	100
		宿迁市		34923	17332	16020	1571	9	12	185	74	0	0	10	86	859	122	118		4	6	93	1921	2597
重点中型灌区	247	皂河灌区	1998—2011	12634	4950	6113	1571	1	1	142	0	0	0	0	48	321	0	37	是	0.00	4.90	28.80	152	300
重点中型灌区	248	嶂山灌区	2016	2199	1000	1199	0	0	0	27	0	0	0	8	0	383	2	4	否	0.70	0.00	3.17	433	150
重点中型灌区	249	柴沂灌区	2020	3000	1500	1500	0	0	0		22	0	0	0	0	1	11	2	否	0.00	0.00	12.15	161	368
重点中型灌区	250	古泊灌区	2020	3000	1500	1500	0	1	0	0	0	0	0	0	3	0	16	12	否	0.00	0.00	15.20	215	358
重点中型灌区	251	淮西灌区	2015	2200	1100	1100	0	0	1	0	6	0	0	0	23	0	14	0	否	0.00	0.34	2.65	52	126
重点中型灌区	252	沙河灌区	2020	3000	1500	1500	0	0	2	0	9	0	0	0	0	0	23	13	否	0.00	0.00	11.30	99	207
重点中型灌区	253	新北灌区	2020	3000	1500	1500	0	0	0	0	7	0	0	0	0	0	11	9	否	0.00	0.00	9.36	128	301
重点中型灌区	254	新华灌区	2019	2100	2010	90	0	1	1	0	5	0	0	0	0	33	0	23	否	0.70	0.00	4.00	421	531
一般中型灌区	255	安东河灌区	未改造	0	0	0	0	0	0	0	0	0	0	0	0	0	0	0	否	0	0	0	0	0
一般中型灌区	256	黎圩灌区	2017	2200	1000	1200	0	0	3	0	15	0	0	0	5	0	25	18	否	2.00	1.00	5.00	100	100

续表

灌区类型		灌区名称	改造年份(年)	已累计完成投资(万元)				累计完成改造内容													效益				
类型	序号			合计	中央财政投资	地方财政投资	其他资金	渠首工程(处)		灌溉渠道(km)		其中灌溉管道		排水沟(km)		渠沟道建筑物(座)		计量设施(处)	是否试点灌区管理信息化	恢复灌溉面积(万亩)	新增灌溉面积(万亩)	改善灌溉面积(万亩)	年新增节水能力(万m³)	年增粮食生产能力(万kg)
								改建	新建	新建	改造	新建	改造	新建	改造	新建	改造							
1	2	3	4	5	6	7	8	9	10	11	12	13	14	15	16	17	18	19	20	21	22	23	24	25
重点中型灌区	257	车门灌区	未改造	0	0	0	0	0	0	0	0	0	0	0	0	0	0	0	否	0.00	0.00	0.00	0	0
	258	雪枫灌区	未改造	0	0	0	0	0	0	0	0	0	0	0	0	0	0	0	否	0.00	0.00	0.00	0	0
一般中型灌区	259	红旗灌区	2006—2014	580	464	116	0	3	0	6	0	0	0	1	2	36	0	0	否	0.50	0.10	0.60	100	100
	260	曹庙灌区	2002—2014	1010	808	202	0	3	4	11	10	0	0	2	5	84	20	0	否	0.50	0.10	0.80	60	55
重点中型灌区		监狱农场		23477	11439	9591	2447	0	2	107	48	0	0	0	146	3948	0	0		0	2	15	1203	898
	261	大中农场灌区	2012—2019	6524	2731	2553	1240	0	2	22	48	0	0	0	146	420	0	0	否	0.00	0.00	3.60	282	170
	262	五图河农场灌区	2013—2018	4000	1800	1800	400	0	0	18	0	0	0	0	0	940	0	0	否	0.00	1.39	2.50	311	303
	263	东辛农场灌区	未改造	0	0	0	0	0	0	0	0	0	0	0	0	0	0	0	否	0.00	0.00	0.00	0	0
	264	洪泽湖农场灌区	2006—2020	12953	6908	5238	807	0	0	67	0	0	0	0	0	2588	0	0	否	0.00	0.26	8.50	610	425
全省合计				1095886	455632	595460	44794	2857	731	11223	4109	1184	138	1404	7167	108341	50616	7830		144.89	79.58	749.13	50115	44211

附表 6　江苏省中型灌区续建配套与现代化改造需求与预期效益表

灌区类型			渠首工程(处)		灌溉渠道(km)		其中灌溉管道		排水沟(km)		渠道建筑物(座)		管理设施(处)		安全设施(处)		计量设施(处)		灌区信息化改造	投资需求(万元)	预期效益				
类型	序号	灌区名称	改建	改造	新建	改造	新建	改造	新建	改造	新建	改造	新建	改造	新建	改造	新建	改造	改造		恢复灌溉面积(万亩)	新增灌溉面积(万亩)	改善灌溉面积(万亩)	年新增节水能力(万m³)	年增粮食生产能力(万kg)
1	2	3	4	5	6	7	8	9	10	11	12	13	14	15	16	17	18	19	20	21	22	23	24	25	26
		南京市	45	44	213	1131	44	11	12	1121	121	1443	14	170	122	9	0	488		410974	28.50	1.25	54.74	5247	5232
重点中型灌区	1	横溪河-赵村水库灌区	0	0	0	19	0	6	0	9	0	96	0	5	2	0	0	10	基础	27820	0.00	0.00	3.78	300	315
	2	江宁河灌区	1	0	0	6	0	0	0	4	0	0	0	3	0	0	0	10	基础	20380	0.00	0.00	3.06	215	280
	3	汤水河灌区	3	1	0	13	0	0	0	1	0	30	0	17	0	0	0	10	基础	34241	2.44	0.00	0.50	582	479
	4	周岗圩灌区	0	0	0	119	0	0	0	85	0	5	0	7	0	0	0	5	基础	15220	0.54	0.20	0.68	259	213
	5	三岔灌区	2	0	0	9	0	0	0	3	0	27	2	3	3	0	0	15	基础	18844	3.17	0.30	1.77	145	190
	6	侯家坝灌区	0	1	0	6	0	0	0	1	1	6	0	1	0	0	0	10	基础	10800	2.53	0.00	1.05	150	180
	7	溧湖灌区	2	1	0	33	0	0	0	26	0	195	0	12	0	0	0	10	基础	9483	0.00	0.00	4.24	106	147
	8	石臼湖灌区	0	0	133	133	0	0	0	95	0	12	0	11	0	0	0	10	基础	18000	0.00	0.00	0.76	150	200
	9	永丰圩灌区	0	0	0	0	0	0	0	60	22	0	0	0	0	0	0	3	基础	14290	5.35	0.00	0.30	161	150
	10	新禹河灌区	1	0	0	34	0	0	0	89	7	0	0	1	0	0	0	110	基础	32000	0.90	0.10	6.40	357	313
	11	金牛湖灌区	1	0	0	71	0	0	0	60	7	1	0	1	60	0	0	9	基础	28720	1.52	0.10	5.30	390	346
	12	山湖灌区	1	5	0	118	5	5	0	122	5	0	0	10	0	0	0	74	基础	56000	6.00	0.10	6.30	656	624
一般中型灌区	13	东阳万安圩灌区	0	5	0	133	0	0	0	95	0	12	0	11	0	0	0	10	基础	9955	0.53	0.50	0.76	169	139
	14	五圩灌区	0	0	0	33	0	0	0	19	0	8	0	21	0	0	0	5	基础	3600	0.07	0.00	0.88	51	42

续表

灌区类型	序号	灌区名称	渠首工程(处) 改造	新建	灌溉渠道(km) 改造	新建	其中灌溉管道 新建	改造	排水沟(km) 新建	改造	渠道建筑物(座) 新建	改造	管理设施(处) 新建	改造	安全设施(处) 新建	改造	计量设施(处) 新建	改造	灌区信息化 改造	投资需求(万元)	预期效益 恢复灌溉面积(万亩)	新增灌溉面积(万亩)	改善灌溉面积(万亩)	年新增节水能力(万m³)	年增粮食生产能力(万kg)
1	2	3	4	5	6	7	8	9	10	11	12	13	14	15	16	17	18	19	20	21	22	23	24	25	26
	15	下坝灌区	2	0	7	0	0	0	0	2	0	11	0	2	0	0	0	10	基础	5117	0.18	0.00	0.50	25	26
	16	星辉洪祥灌区	1	0	7	0	0	0	0	9	0	27	0	4	0	0	0	10	基础	4085	0.00	0.00	1.10	87	72
	17	三合圩灌区	2	0	38	3	3	0	0	15	0	41	2	1	0	0	0	8	基础	4557	0.00	0.00	0.60	34	45
	18	石桥灌区	1	0	41	0	0	0	3	13	3	1	0	0	0	0	0	23	基础	1440	0.14	0.00	0.00	35	15
	19	北城圩灌区	1	0	42	0	0	0	0	15	0	36	0	2	0	0	0	5	基础	2500	0.00	0.00	0.31	39	32
	20	草场圩灌区	1	0	15	0	0	0	0	6	0	30	3	2	0	0	0	5	基础	2225	0.00	0.00	0.20	35	28
	21	浦口沿江灌区	4	0	26	1	0	0	0	9	0	95	3	0	0	6	0	10	基础	8451	0.53	0.00	0.88	63	85
	22	浦口沿滁灌区	5	0	34	0	0	0	0	6	0	121	3	0	0	3	0	11	基础	9719	0.17	0.00	1.10	73	100
一般中型灌区	23	方便灌区	0	0	19	0	0	0	0	13	0	245	0	13	0	0	0	5	基础	9600	0.00	0.00	1.44	130	115
	24	邱龙水库灌区	1	0	19	0	0	0	0	13	0	67	0	13	0	0	0	5	基础	7680	0.04	0.00	0.70	131	108
	25	无想寺灌区	0	0	26	10	10	0	0	12	0	25	0	3	0	0	0	5	基础	4060	0.03	0.00	1.00	69	57
	26	毛公铺灌区	1	0	5	0	0	0	0	3	0	120	0	0	0	0	0	5	基础	3220	0.01	0.00	1.50	55	45
	27	明觉环山河灌区	1	0	5	0	0	0	0	13	0	100	0	0	0	0	0	5	基础	2255	0.08	0.00	0.30	38	32
	28	赭山头水库灌区	1	0	5	0	0	0	0	3	0	30	0	2	0	0	0	5	基础	3600	0.50	0.00	0.26	38	31
	29	新桥河灌区	0	0	33	33	0	0	0	19	0	8	0	21	0	0	0	5	基础	8000	0.00	0.00	0.88	75	82
	30	长城圩灌区	1	0	18	0	0	0	0	20	0	0	0	0	0	0	0	5	基础	2655	0.20	0.00	0.70	36	30
	31	玉带圩灌区	1	0	18	0	0	0	0	17	0	0	0	0	0	0	0	5	基础	5600	1.59	0.00	0.60	95	78
	32	延佑双城灌区	0	1	25	25	0	0	0	25	0	0	0	3	0	0	0	6	基础	4540	0.85	0.00	0.70	77	64

续表

灌区类型	序号	灌区名称	渠首工程(处) 改建	改造	灌溉渠道(km) 新建	改造	其中灌溉管道 新建	改造	排水沟(km) 新建	改造	渠道建筑物(座) 新建	改造	管理设施(处) 新建	改造	安全设施(处) 新建	改造	计量设施(处) 新建	改造	灌区信息化改造	投资需求(万元)	恢复灌溉面积(万亩)	新增灌溉面积(万亩)	改善灌溉面积(万亩)	年新增节水能力(万m³)	年增粮食生产能力(万kg)
1	2	3	4	5	6	7	8	9	10	11	12	13	14	15	16	17	18	19	20	21	22	23	24	25	26
一般中型灌区	33	相国圩灌区	0	0	0	0	0	0	6	119	0	0	0	0	0	0	0	3	基础	6000	0.30	0.00	0.50	25	26
	34	永胜圩灌区	1	31	8	5	18	0	6	0	6	8	1	0	3	0	0	10	中级	4350	0.16	0.00	2.31	47	54
	35	胜利圩灌区	4	4	10	13	10	0	6	0	25	10	2	0	2	0	0	16	中级	3100	0.09	0.00	1.46	30	40
	36	保胜圩灌区	3	0	3	0	3	0	0	46	12	18	1	0	0	0	0	21	基础	2300	0.00	0.00	1.15	23	32
	37	龙袍圩灌区	2	0	0	0	0	0	0	66	12	57	0	0	0	0	0	10	基础	4170	0.09	0.00	0.56	62	309
	38	新集灌区	1	0	0	7	0	0	0	9	29	1	0	0	50	0	0	4	基础	2397	0.50	0.05	0.21	113	18
		无锡市	3	0	0	16	0	0	0	16	100	85	20	0	20	0	0	8		3200	0.00	0.00	1.60	24	40
一般中型灌区	39	溪北圩灌区	3	0	0	16	0	0	0	16	100	85	20	0	20	0	0	8	基础	3200	0.00	0.00	1.60	24	40
		徐州市	13	59	23	5398.26	35	17	3	1357	795	5233	5077	4942	10907	6267	0	4078		1332589	74.96	17.16	188.58	22429	21388
重点中型灌区	40	复新河灌区	0	0	6	123	0	0	8	0	5.00	221.00	6	372	296	592	0	148	中级	59200	2.07	1.48	11.84	820	850
	41	四联河灌区	0	2	0	73	0	0	0	0	11.00	116.00	15	144	225	450	0	112	中级	45000	1.58	1.13	9.00	660	380
	42	苗城河灌区	0	3	0	149	0	0	0	0	0.00	146.00	0	158	172	344	0	86	中级	17188	5.10	0.00	12.00	326	426
	43	大沙河灌区	0	2	0	203	0	0	0	0	69.00	211.00	18	230	247	494	0	123	中级	49943	1.73	1.24	9.88	680	580
	44	郑集南支河灌区	0	0	2	110	0	0	0	0	17.00	91.00	33	104	236	472	0	118	中级	47200	1.65	1.18	9.44	620	450
一般中型灌区	45	灌婴灌区	0	0	0	105	0	0	0	0	17.00	74.00	62	0	157	0	0	10	基础	21380	1.20	0.00	1.36	160	264
	46	侯阁灌区	0	0	0	100	0	0	0	0	8.00	128.00	90	0	149	0	0	16	基础	40940	1.60	0.00	1.68	236	356
	47	邹庄灌区	0	0	0	129	0	0	0	0	38.00	106.00	100	0	193	0	0	10	基础	39940	1.20	0.00	1.30	200	215

续表

灌区类型	序号	灌区名称	渠首工程(处) 改造	渠首工程(处) 新建	灌溉渠道(km) 新建	灌溉渠道(km) 改造	其中灌溉管道 新建	其中灌溉管道 改造	排水沟(km) 新建	排水沟(km) 改造	渠道建筑物(座) 新建	渠道建筑物(座) 改造	管理设施(处) 新建	管理设施(处) 改造	安全设施(处) 新建	安全设施(处) 改造	计量设施(处) 新建	计量设施(处) 改造	灌区信息化 改造	投资需求(万元)	恢复灌溉面积(万亩)	新增灌溉面积(万亩)	改善灌溉面积(万亩)	年新增节水能力(万m³)	年增粮食生产能力(万kg)
1	2	3	4	5	6	7	8	9	10	11	12	13	14	15	16	17	18	19	20	21	22	23	24	25	26
重点中型灌区	48	上级湖灌区	0	0	0	166	0	0	0	6	1.00	268.00	196	0	249	0	0	31	基础	23560	1.56	0.00	1.43	180	326
	49	胡寨灌区	0	0	0	43	0	0	0	0	0.00	51.00	90	0	65	0	0	10	基础	17340	0.36	0.00	0.30	108	120
	50	苗洼灌区	0	0	0	131	0	0	0	0	4.00	133.00	165	0	196	0	0	35	基础	26760	1.87	0.00	1.29	311	264
	51	沛城灌区	0	0	0	99	0	0	0	0	0.00	101.00	96	0	148	0	0	10	基础	28440	1.60	0.00	1.36	364	255
	52	五段灌区	0	0	0	54	0	0	0	0	1.00	52.00	70	0	81	0	0	10	基础	15600	1.30	0.00	1.14	195	206
	53	陈楼灌区	0	0	0	104	0	0	0	0	5.00	210.00	162	0	156	0	0	26	基础	35040	1.72	0.00	1.46	486	389
	54	王山站灌区	0	0	0	279	0	0	0	2	10.00	296.00	30	723	296	592	0	341	中级	68706	1.60	0.00	11.24	1600	1325
	55	运南灌区	0	0	0	153	0	0	0	30	0.00	141.00	0	351	182	364	0	142	中级	45000	0.15	0.00	4.23	1005	806
	56	郑集河灌区	0	1	0	312	0	0	0	31	0.00	331.00	0	840	290	580	0	400	中级	58000	1.00	0.00	9.26	1600	1537
	57	房亭河灌区	0	2	0	19	0	0	0	2	0.00	31.00	0	36	110	220	0	154	中级	22200	3.90	0.00	0.40	720	864
	58	马坡灌区	0	1	0	52	0	0	0	0	0.00	47.00	0	108	55	110	0	126	中级	15234	0.30	0.00	1.20	350	254
	59	丁万河灌区	0	2	0	68	0	0	0	19	2.00	115.00	6	240	90	180	0	85	中级	22000	2.20	0.00	2.92	682	518
	60	湖东滨湖灌区	0	5	0	78	28	0	0	37	0.00	40.00	0	24	111	222	0	43	中级	28000	2.09	2.21	1.67	509	611
	61	大运河灌区	0	0	0	76	0	0	0	33	3.00	137.00	9	342	114	228	0	184	中级	11400	2.08	0.00	9.40	600	494
	62	奎河灌区	0	1	0	31	0	0	0	0	0.00	54.00	0	141	60	120	0	44	中级	13638	0.32	0.00	0.50	400	356
	63	高集灌区	0	0	4	102	0	0	0	157	17.00	102.00	51	306	150	300	0	73	中级	15000	3.80	0.76	7.60	575	945
	64	黄河灌区	0	0	0	156	0	0	0	88	0.00	35.00	0	1	37	0	0	15	中级	59800	6.00	1.50	7.50	500	600
	65	关庙灌区	0	0	0	87	0	0	0	74	0.00	31.00	0	1	20	0	0	8	中级	20000	2.00	0.50	2.50	150	200

续表

灌区类型	序号	灌区名称	渠首工程(处)改建	渠首工程(处)改造	灌溉渠道(km)新建	灌溉渠道(km)改造	其中灌溉管道新建	其中灌溉管道改造	排水沟(km)新建	排水沟(km)改造	渠道建筑物(座)新建	渠道建筑物(座)改造	管理设施(处)新建	管理设施(处)改造	安全设施(处)新建	安全设施(处)改造	计量设施(处)新建	计量设施(处)改造	灌区信息化改造	投资需求(万元)	恢复灌溉面积(万亩)	新增灌溉面积(万亩)	改善灌溉面积(万亩)	年新增节水能力(万m³)	年增粮食生产能力(万kg)
1	2	3	4	5	6	7	8	9	10	11	12	13	14	15	16	17	18	19	20	21	22	23	24	25	26
重点中型灌区	66	庆安灌区	0	0	0	102	0	0	0	106	0.00	25.00	0	1	27	0	0	11	高级	18600	2.00	0.50	2.60	140	190
	67	沙集灌区	0	0	0	122	0	0	0	78	0.00	43.00	0	1	30	0	0	12	中级	64500	6.00	1.50	7.50	500	600
	68	岔河灌区	5	1	0	421	0	0	0	238	51.00	194.00	1023	0	1023	0	0	243	中级	59000	1.50	0.00	9.50	1500	1400
	69	银杏湖灌区	3	0	5	106	0	0	3	26	61.00	10.00	289	0	289	0	0	14	中级	14200	2.20	0.00	9.20	800	700
	70	邳城灌区	1	0	0	406	0	0	0	123	69.00	157.00	1031	0	1031	0	0	184	中级	69348	0.50	0.00	11.80	1200	1400
	71	民便河灌区	1	0	0	144	0	0	0	4	4.00	176.00	444	0	610	0	0	230	中级	25733	0.00	0.00	0.10	400	400
	72	沂运灌区	0	6	0	195	0	0	0	67	40.00	192.00	65	50	30	70	0	130	基础	33326	2.00	1.50	3.00	195	175
	73	高阿灌区	1	2	0	131	7	3	0	57	88.00	56.00	55	48	20	60	0	71	中级	24000	0.00	0.00	3.00	360	164
	74	楔新灌区	0	3	0	58	0	0	0	155	129.00	83.00	51	43	20	52	0	64	中级	32920	1.66	0.00	3.00	600	231
	75	沂沭灌区	0	5	0	160	0	13	0	0	32.00	396.00	75	48	35	50	0	110	基础	50840	1.00	1.50	3.00	380	500
	76	不牢河灌区	0	2	0	231	0	0	0	0	0.00	354.00	556	323	1818	403	0	362	中级	44262	4.50	0.00	2.90	1000	840
	77	东风灌区	1	3	0	61	7	3	0	0	12.00	44.00	67	20	361	184	0	51	中级	10000	1.00	2.00	2.00	175	210
	78	于姚河灌区	0	1	0	71	0	0	0	0	0.00	39.00	56	8	421	17	0	33	中级	12205	1.50	0.00	1.85	370	244
	79	河东灌区	0	3	6	39	0	0	0	17	7.00	57.00	21	168	45	90	0	50	中级	11446	0.73	0.17	1.74	169	284
一般中型灌区	80	合沟灌区	1	1	0	42	0	0	0	0	94.00	17.00	35	22	15	34	0	56	中级	4200	0.20	0.00	0.50	320	104
	81	运南灌区	0	9	0	55	0	0	0	0	0.00	42.00	69	21	483	20	0	29	中级	3000	0.00	0.00	1.50	84	160
	82	二八河灌区	0	2	0	53	0	0	0	0	0.00	80.00	41	68	563	19	0	68	中级	8500	0.20	0.00	3.50	200	196

续表

灌区类型类型	序号	灌区名称	渠首工程(处)		灌溉渠道(km)		其中灌溉管道		排水沟(km)		渠道建筑物(座)		管理设施(处)		安全设施(处)		计量设施(处)		灌区信息化	投资需求(万元)	恢复灌溉面积(万亩)	新增灌溉面积(万亩)	改善灌溉面积(万亩)	年新增节水能力(万m³)	年增粮食生产能力(万kg)
			改建	改造	新建	改造	新建	改造	新建	改造	新建	改造	新建	改造	新建	改造	新建	改造	改造						
1	2	3	4	5	6	7	8	9	10	11	12	13	14	15	16	17	18	19	20	21	22	23	24	25	26
		常州市	0	0	228	210	0	0	138	516	80	133	0	120	70	140	0	140		29660	10.59	0.00	3.70	480	540
重点中型灌区	83	大溪水库灌区	0	0	120	100	0	0	60	252	48	65	0	60	0	70	0	70	基础	15200	5.00	0.00	2.10	250	260
重点中型灌区	84	沙河水库灌区	0	0	108	110	0	0	78	264	32	68	0	60	70	70	0	70	基础	14460	5.59	0.00	1.60	230	280
		南通市	6	23	1810	3539	1576	167	439	3163	2724	1936	2746	1894	11253	1344	0	4151		676704	16.98	0.97	142.33	8311	7202
重点中型灌区	85	通扬灌区	0	0	0	13	242	0	22	15	118	2	180	496	596	0	0	500	中级	59440	0.08	0.12	10.20	920	367
重点中型灌区	86	焦港灌区	0	0	0	8	186	0	21	7	112	6	120	220	320	0	0	280	中级	45000	0.06	0.08	12.00	1100	432
重点中型灌区	87	如皋港灌区	2	1	0	4	7	0	10	10	72	0	100	258	358	0	0	300	中级	15840	0.03	0.05	3.40	250	125
重点中型灌区	88	红星灌区	1	0	105	22	2	0	27	101	3	0	227	0	349	0	0	15	中级	8200	0.17	0.00	4.60	92	252
重点中型灌区	89	新通扬灌区	0	0	407	312	4	0	40	140	129	178	257	8	4569	1146	0	1401	高级	59780	1.40	0.49	15.77	1488	296
重点中型灌区	90	丁堡灌区	0	3	258	220	121	50	50	78	168	136	172	0	480	0	0	301	高级	30081	0.41	0.21	9.01	727.5	146
重点中型灌区	91	江海灌区	0	0	422	616	277	14	0	806	113	216	358	0	0	0	0	106	中级	57800	1.40	0.00	11.56	367	809
重点中型灌区	92	九洋港灌区	0	0	92	538	330	8	0	922	103	122	453	80	263	0	0	68	中级	52000	4.20	0.00	10.40	256	728
重点中型灌区	93	马丰灌区	0	0	269	263	161	4	99	513	168	167	99	472	125	0	0	115	中级	55000	3.80	0.00	11.00	517	770
重点中型灌区	94	如环灌区	0	0	120	100	184	17	60	252	156	149	60	0	70	0	0	70	中级	16200	0.90	0.00	3.24	297	227
重点中型灌区	95	新建河灌区	0	2	38	0	54	0	0	0	148	21	57	0	57	0	0	114	基础	16020	1.20	0.00	4.30	120	160
重点中型灌区	96	掘苴灌区	0	2	69	0	0	0	28	83	195	0	36	0	36	0	0	65	基础	19940	0.00	0.00	4.20	100	117
重点中型灌区	97	九遥河灌区	1	0	29	0	0	0	55	129	24	168	28	0	28	0	0	162	基础	29500	0.00	0.00	2.46	310	250
重点中型灌区	98	九圩港灌区	0	0	0	131	0	39	0	37	135	46	289	267	335	86	0	67	基础	44240	0.00	0.00	9.31	330	652

续表

灌区类型	序号	灌区名称	渠首工程(处) 改造	渠首工程(处) 新建	灌溉渠道(km) 改造	灌溉渠道(km) 新建	其中灌溉管道 新建	其中灌溉管道 改造	排水沟(km) 新建	排水沟(km) 改造	渠道建筑物(座) 新建	渠道建筑物(座) 改造	管理设施(处) 新建	管理设施(处) 改造	安全设施(处) 新建	安全设施(处) 改造	计量设施(处) 新建	计量设施(处) 改造	灌区信息化改造	投资需求(万元)	恢复灌溉面积(万亩)	新增灌溉面积(万亩)	改善灌溉面积(万亩)	年新增节水能力(万m³)	年增粮食生产能力(万kg)
1	2	3	4	5	6	7	8	9	10	11	12	13	14	15	16	17	18	19	20	21	22	23	24	25	26
重点中型灌区	99	余丰灌区	2	0	169	0	0	6	15	32	391	109	45	20	286	77	0	52	基础	31700	0.00	0.00	6.67	240	26
重点中型灌区	100	团结灌区	0	3	263	7	7	29	7	38	173	281	255	62	116	35	0	59	基础	31740	0.00	0.00	6.68	240	468
重点中型灌区	101	合南灌区	0	1	90	0	0	0	0	0	60	175	0	0	708	0	0	118	中级	12200	0.56	0.00	5.62	90.4	168.56
重点中型灌区	102	三条港灌区	0	0	116	0	5	0	0	0	160	90	0	0	972	0	0	162	中级	13920	0.35	0.00	3.00	77.97	150.7
重点中型灌区	103	通兴灌区	0	0	193	0	6	0	0	0	96	0	0	0	1116	0	0	186	中级	11720	0.35	0.00	0.00	87.75	152.6
重点中型灌区	104	悦来灌区	0	0	110	0	0	0	0	0	0	0	0	0	0	0	0	0	基础	27500	1.45	0.00	3.20	296	160
重点中型灌区	105	常乐灌区	0	0	210	0	0	0	0	0	0	0	0	0	420	0	0	0	基础	13160	0.37	0.00	2.60	78	130
重点中型灌区	106	正余灌区	0	9	49	0	18	0	0	0	12	70	0	0	36	0	0	0	基础	12485	0.25	0.00	1.50	145	75
重点中型灌区	107	余东灌区	0	0	110	0	15	0	0	0	140	0	0	0	0	0	0	0	基础	10620	0.00	0.00	1.50	145	75
一般中型灌区	108	长青沙灌区	0	2	3	2	2	0	5	1	48	0	10	11	13	0	0	10	基础	2618	0.00	0.02	0.10	36	25
		连云港市	41	15	531	2790	208	62	81	2983	4266	2294	820	197	5011	295	0	1975		613563	29.50	4.62	152.73	5873	11193
重点中型灌区	109	安峰山水库灌区	0	0	55	15	0	0	0	45	170	35	35	0	50	0	0	80	中级	21400	0.00	0.00	1.50	500	300
重点中型灌区	110	红石渠灌区	0	0	74	10	37	0	0	76	34	149	62	1	50	0	0	20	中级	26000	1.50	1.00	9.10	501.4	650
重点中型灌区	111	官沟河灌区	0	0	48	404	5	0	15	355	118	172	62	0	620	0	0	217	中级	55300	2.09	0.70	14.00	420	1000
重点中型灌区	112	叮当河灌区	0	0	68	460	6	0	10	283	139	190	53	0	480	0	0	163	中级	57350	3.59	0.20	13.50	360	1000
一般中型灌区	113	界北灌区	0	0	89	488	18	0	0	270	186	110	78	0	500	0	0	264	中级	45000	0.82	0.00	18.00	310	1100
一般中型灌区	114	界南灌区	0	0	60	384	15	0	0	275	99	163	69	0	380	0	0	158	中级	66702	2.43	1.05	14.00	290	1200

续表

灌区类型	序号	灌区名称	渠首工程(处)		灌溉渠道(km)		其中灌溉管道		排水沟(km)		渠道建筑物(座)		管理设施(处)		安全设施(处)		计量设施(处)		灌区信息化	投资需求(万元)	预期效益				
			改建	改造	新建	改造	新建	改造	新建	改造	新建	改造	新建	改造	新建	改造	新建	改造	改造		恢复灌溉面积(万亩)	新增灌溉面积(万亩)	改善灌溉面积(万亩)	年新增节水能力(万m³)	年增粮食生产能力(万kg)
1	2	3	4	5	6	7	8	9	10	11	12	13	14	15	16	17	18	19	20	21	22	23	24	25	26
重点中型灌区	115	一条岭灌区	0	0	40	343	15	0	8	332	112	124	62	0	490	0	0	185	中级	70680	5.10	0.60	16.00	300	1000
	116	柴沂灌区	3	0	7	56	16	39	3	52	86	96	25	2	31	16	0	40	中级	12080	0.14	0.00	5.21	162	250
	117	柴塘灌区	4	0	0	20	7	0	0	28	104	96	29	3	47	28	0	46	中级	12040	0.19	0.00	5.02	145	250
	118	涟中灌区	5	5	8	108	5	0	0	453	92	103	49	88	59	18	0	202	中级	59600	0.90	0.00	6.86	465	1200
	119	灌北灌区	2	3	6	62	18	0	24	375	163	179	48	16	102	56	0	104	中级	43483	0.35	0.00	7.02	268	752
	120	淮涟灌区	1	1	5	96	22	0	5	80	163	175	38	9	86	41	0	88	中级	20740	0.12	0.00	14.56	198	350
	121	沂南灌区	0	0	6	89	8	0	7	76	590	34	28	0	48	52	0	52	中级	16760	0.23	0.00	3.29	110	669
	122	古城翻水站灌区	0	0	0	44	22	1	0	44	148	113	23	4	520	0	0	21	中级	16970	1.90	0.00	0.00	180	200
一般中型灌区	123	昌黎水库灌区	1	0	0	17	0	0	0	25	222	42	15	0	20	0	0	30	中级	4000	0.12	0.00	2.90	68	68
	124	羽山水库灌区	0	0	0	4	0	0	0	3	64	10	2	0	9	0	0	9	中级	4000	0.70	0.10	0.80	100	80
	125	贺庄水库灌区	0	2	0	12	0	0	0	10	56	6	4	0	4	0	0	20	中级	4110	1.00	0.00	0.40	150	90
	126	横沟水库灌区	1	0	0	3	0	0	0	10	114	0	5	0	10	0	0	3	中级	8000	2.00	0.10	2.00	120	80
	127	房山水库灌区	0	0	0	0	0	0	0	6	7	30	14	0	30	0	0	3	中级	8000	2.70	0.10	0.30	60	100
	128	大石埠水库灌区	3	0	0	14	0	0	0	2	90	30	3	6	8	6	0	7	基础	4415	0.30	0.00	0.30	120	90
	129	陈枝水库灌区	0	0	0	6	0	0	0	5	71	60	2	7	10	8	0	5	基础	3000	0.30	0.10	0.10	90	50
	130	芦窝水库灌区	5	0	2	16	0	16	0	10	124	20	0	4	6	10	0	0	基础	3680	0.10	0.10	0.50	100	60
	131	灌西盐场灌区	3	2	40	13	0	0	0	34	48	33	10	0	15	0	0	6	中级	3200	0.13	0.07	1.40	80	50

续表

灌区类型	序号	灌区名称	渠首工程(处)改建	渠首工程(处)新建	灌溉渠道(km)改建	灌溉渠道(km)改造	其中灌溉管道新建	其中灌溉管道改造	排水沟(km)新建	排水沟(km)改造	渠道建筑物(座)新建	渠道建筑物(座)改造	管理设施(处)新建	管理设施(处)改造	安全设施(处)新建	安全设施(处)改造	计量设施(处)新建	计量设施(处)改造	灌区信息化改造	投资需求(万元)	恢复灌溉面积(万亩)	新增灌溉面积(万亩)	改善灌溉面积(万亩)	年新增节水能力(万m³)	年增粮食生产能力(万kg)
1	2	3	4	5	6	7	8	9	10	11	12	13	14	15	16	17	18	19	20	21	22	23	24	25	26
一般中型灌区	132	涟西灌区	9	0	19	24	13	0	6	32	440	41	18	0	56	60	0	46	中级	11550	0.16	0.00	4.01	128	200
	133	闸岭翻水站灌区	0	0	0	32	0	0	3	22	27	170	20	0	220	0	0	29	中级	6000	0.10	0.40	1.50	100	50
	134	八条路水库灌区	2	2	0	3	0	0	0	17	37	11	4	0	400	0	0	29	中级	2903	0.70	0.00	1.56	68	54
	135	王集水库灌区	2	1	1	10	0	7	0	10	48	14	11	0	200	0	0	18	中级	3600	0.00	0.00	1.20	60	30
	136	红领巾水库灌区	0	0	0	9	0	0	0	5	38	0	3	0	260	0	0	5	中级	4800	1.01	0.00	1.20	80	40
	137	横山水库灌区	0	0	4	8	2	0	0	4	126	11	6	0	300	0	0	2	中级	2800	0.82	0.10	0.80	60	20
	138	孙庄灌区	0	0	0	18	0	0	0	24	420	60	22	30	0	0	0	56	中级	8400	0.00	0.00	3.10	160	120
	139	刘顶灌区	0	0	0	25	0	0	0	21	130	47	20	27	0	0	0	67	中级	7000	0.00	0.00	2.60	120	90
		淮安市	35	1	169	779	90	3	42	1668	460	1556	102	90	785	161	0	450		381707	27.95	2.90	113.55	5928	4319
重点中型灌区	140	运西灌区	2	0	77	4	0	0	0	143	47	86	1	1	140	0	0	137	中级	43400	2.20	0.00	17.50	1000	180
	141	淮南圩灌区	2	0	0	33	0	0	0	0	0	40	0	3	0	0	0	0	基础	32300	1.00	0.20	12.00	240	449
	142	利农河灌区	0	0	15	18	0	0	0	843	0	5	0	4	0	3	0	0	中级	9600	0.48	0.40	2.32	219	367
	143	官塘灌区	0	0	0	28	0	0	0	3	11	48	22	0	0	0	0	0	基础	10800	0.10	0.10	0.50	110	145
	144	涟中灌区	1	0	3	91	40	0	30	171	58	139	8	16	180	40	0	77	中级	51440	3.42	1.50	16.80	1320	840
	145	顺河洞灌区	2	0	20	155	50	0	12	192	129	343	6	10	20	50	0	45	中级	28600	1.70	0.30	7.40	600	181
	146	蛇家坝灌区	2	0	12	68	0	0	0	96	111	141	2	4	12	10	0	6	中级	25010	3.00	0.40	5.20	500	120
	147	东灌区	8	0	0	91	0	3	0	95	19	243	42	20	350	56	0	80	中级	56728	5.86	0.00	22.50	495	640

续表

灌区类型	序号	灌区名称	渠首工程(处)改建	渠首工程(处)新建	灌溉渠道(km)新建	灌溉渠道(km)改造	其中灌溉管道新建	其中灌溉管道改造	排水沟(km)新建	排水沟(km)改造	渠道建筑物(座)新建	渠道建筑物(座)改造	管理设施(处)新建	管理设施(处)改造	安全设施(处)新建	安全设施(处)改造	计量设施(处)新建	计量设施(处)改造	灌区信息化改造	投资需求(万元)	恢复灌溉面积(万亩)	新增灌溉面积(万亩)	改善灌溉面积(万亩)	年新增节水能力(万m³)	年增粮食生产能力(万kg)
1	2	3	4	5	6	7	8	9	10	11	12	13	14	15	16	17	18	19	20	21	22	23	24	25	26
重点中型灌区	148	官滩灌区	2	0	33	60	0	0	0	4	28	32	2	0	2	1	0	33	中级	15000	1.30	0.00	6.20	120	110
	149	桥口灌区	2	0	0	44	0	0	0	8	1	71	0	2	2	0	0	2	中级	16600	2.30	0.00	5.00	90	110
	150	姚庄灌区	1	0	0	43	0	0	0	14	0	57	0	3	15	0	0	12	中级	14640	1.42	0.00	2.20	90	120
	151	河桥灌区	3	0	0	70	0	0	0	30	0	108	15	8	30	1	0	16	中级	13009	0.80	0.00	5.40	120	110
	152	三墩灌区	1	0	0	62	0	0	0	6	0	214	4	10	14	0	0	25	中级	13000	1.00	0.00	3.80	150	180
	153	临湖灌区	2	0	1	6	0	0	0	60	56	6	0	0	20	0	0	17	中级	40000	3.14	0.00	4.44	680	540
一般中型灌区	154	振兴圩灌区	4	0	0	0	0	0	0	0	0	0	0	9	0	0	0	0	基础	6120	0.23	0.00	1.20	64	69
	155	洪湖圩灌区	3	0	8	0	0	0	0	0	0	18	0	0	0	0	0	0	基础	2200	0.00	0.00	0.59	90	112
	156	郑家圩灌区	2	0	0	6	0	0	0	3	0	5	0	0	0	0	0	0	基础	3260	0.00	0.00	0.50	40	47
		盐城市	51	25	207	1618	12	0	138	1270	3321	1352	174	59	1343	71	0	1590		843704	35.32	17.07	184.97	12601	11741
重点中型灌区	157	六套干渠灌区	2	0	10	4	0	0	30	0	12	1	12	4	30	0	0	40	基础	31860	2.00	0.80	2.50	250	320
	158	淮北干渠灌区	1	0	10	3	0	0	25	0	11	1	10	3	30	0	0	35	基础	15900	1.00	0.80	2.50	120	160
	159	黄响河灌区	2	0	10	2	0	0	23	0	11	1	10	3	30	0	0	35	基础	37280	2.00	0.60	2.50	460	375
	160	大寨河灌区	1	0	8	2	0	0	0	0	8	1	7	2	25	0	0	30	基础	15700	1.30	0.60	2.00	120	100
	161	双南干渠灌区	1	0	15	5	0	0	40	0	15	3	15	5	40	0	0	50	基础	42600	0.00	0.00	1.30	661	296
	162	南干渠灌区	1	0	8	3	0	0	20	0	8	1	7	3	25	0	0	30	基础	22860	1.00	0.60	2.00	180	230
	163	陈涛灌区	0	0	0	180	0	0	0	98	119	120	12	0	42	0	0	183	中级	44000	2.10	1.10	10.80	729	840
	164	南干灌区	0	0	0	174	0	0	0	96	113	92	10	0	60	0	0	113	中级	43520	3.90	1.66	7.14	721	710

续表

灌区类型	序号	灌区名称	渠首工程(处)		灌溉渠道(km)		其中灌溉管道		排水沟(km)		渠道建筑物(座)		管理设施(处)		安全设施(处)		计量设施(处)		灌区信息化改造	投资需求(万元)	恢复灌溉面积(万亩)	新增灌溉面积(万亩)	改善灌溉面积(万亩)	年新增节水能力(万 m^3)	年增粮食生产能力(万 kg)
类型			改建	改造	新建	改造	新建	改造	新建	改造	新建	改造	新建	改造	新建	改造	新建	改造							
1	2	3	4	5	6	7	8	9	10	11	12	13	14	15	16	17	18	19	20	21	22	23	24	25	26
重点中型灌区	165	张弓灌区	0	0	0	230	0	0	0	113	115	100	12	0	42	0	0	183	中级	50000	3.50	1.30	9.50	720	765
	166	渠北灌区	1	1	36	78	0	0	0	104	400	300	5	0	100	0	0	22	中级	33100	0.45	0.50	6.00	500	360
	167	沟墩灌区	1	0	0	27	0	0	0	0	0	19	0	0	0	0	0	6	基础	20000	0.77	0.40	9.58	378.3	408
	168	陈良灌区	1	0	36	0	0	0	0	0	8	28	5	0	21	0	0	55	基础	12390	0.00	0.00	6.10	241	310
	169	吴滩灌区	1	0	0	0	0	0	0	79	420	11	0	1	0	1	0	37	基础	18276	0.52	0.50	9.13	400	413
	170	川南灌区	1	1	0	29	0	0	0	46	7	98	3	0	7	0	0	21	中级	31200	5.98	1.30	8.20	560	480
	171	斗西灌区	1	0	16	0	12	0	0	30	12	8	10	8	0	0	0	20	中级	20000	0.00	0.45	2.10	188	210
	172	斗北灌区	0	0	0	50	0	0	0	14	48	126	0	23	0	70	0	88	初级	48000	2.83	1.50	5.00	470	435
	173	红旗灌区	0	2	0	16	0	0	0	56	210	6	1	0	60	0	0	32	中级	16000	0.40	0.10	2.00	540	270
	174	陈洋灌区	0	5	0	26	0	0	0	85	377	10	1	0	90	0	0	50	中级	28000	1.04	0.20	2.60	696	348
	175	桥西灌区	1	1	0	76	0	0	0	59	56	69	1	0	86	0	0	33	基础	28380	1.16	0.00	1.10	292	365
	176	东南灌区	5	1	0	66	0	0	0	80	3	26	1	0	20	0	0	10	中级	21920	0.54	0.00	10.42	150	180
	177	龙冈灌区	2	0	0	53	0	0	0	92	104	0	1	0	10	0	0	56	中级	6900	0.00	0.34	6.59	330	360
	178	红九灌区	2	0	0	49	0	0	0	0	0	27	0	0	22	0	0	5	中级	25000	0.00	0.60	11.90	325	438
	179	大纵湖灌区	1	0	0	16	0	0	0	0	0	26	0	0	9	0	0	3	中级	17000	0.00	0.40	8.10	220	298
	180	学富灌区	3	0	0	26	0	0	0	0	0	16	5	0	19	0	0	9	中级	15000	0.00	0.40	7.10	195	260
	181	盐东灌区	2	0	0	80	0	0	0	92	382	0	5	0	10	0	0	56	中级	14868	0.42	0.20	6.10	261	286
	182	黄尖灌区	2	0	0	65	0	0	0	74	340	0	5	0	10	0	0	48	中级	12154	0.58	0.42	5.50	236	258

续表

灌区类型	序号	灌区名称	渠首工程(处) 改建	改造	灌溉渠道(km) 新建	改造	其中灌溉管道 新建	改造	排水沟(km) 新建	改造	渠道建筑物(座) 新建	改造	管理设施(处) 新建	改造	安全设施(处) 新建	改造	计量设施(处) 新建	改造	灌区信息化改造	投资需求(万元)	恢复灌溉面积(万亩)	新增灌溉面积(万亩)	改善灌溉面积(万亩)	年新增节水能力(万m³)	年增粮食生产能力(万kg)
1	2	3	4	5	6	7	8	9	10	11	12	13	14	15	16	17	18	19	20	21	22	23	24	25	26
重点中型灌区	183	上冈灌区	5	0	0	86	0	0	0	26	0	106	0	2	80	0	0	10	基础	46600	0.78	0.20	7.60	536	520
	184	宝塔灌区	1	0	0	46	0	0	0	8	0	9	0	1	30	0	0	6	基础	12960	0.36	0.10	4.50	123	115
	185	高作灌区	1	0	0	51	0	0	0	9	0	23	0	1	40	0	0	7	基础	14760	0.24	0.05	3.60	110	100
	186	庆丰灌区	2	0	0	55	0	0	0	10	0	36	0	1	50	0	0	8	基础	18800	0.35	0.10	5.40	105	95
	187	盐建灌区	1	0	0	67	0	0	0	16	0	44	1	2	60	0	0	9	基础	27600	0.62	0.15	6.70	320	305
一般中型灌区	188	花元灌区	0	1	0	6	0	0	0	6	64	4	0	0	35	0	0	43	中级	6200	0.31	0.00	0.80	200	100
	189	川彭灌区	0	2	0	8	0	0	0	25	122	4	1	0	40	0	0	50	中级	10420	0.54	0.40	1.30	336	168
	190	安东灌区	0	2	0	3	0	0	0	8	115	3	1	0	30	0	0	51	中级	10131	0.35	0.40	1.00	256	128
	191	跃中灌区	1	1	0	2	0	0	0	5	99	2	1	0	24	0	0	40	中级	2900	0.00	0.25	2.23	79	285
	192	东夏灌区	7	2	0	2	0	0	0	2	28	1	1	0	22	0	0	13	中级	3500	0.02	0.00	0.40	94	47
	193	王开灌区	0	3	0	2	0	0	0	3	28	3	1	0	28	0	0	28	中级	1600	0.00	0.17	1.33	65	156
	194	安石灌区	0	3	15	2	0	0	0	3	29	3	1	0	20	0	0	33	中级	4500	0.06	0.00	0.70	176	88
	195	三圩灌区	1	0	35	30	0	0	0	20	41	0	15	0	81	0	0	42	中级	8960	0.00	0.48	1.50	200	112
	196	东里灌区	0	0	8	0	0	0	0	11	16	25	16	0	15	0	0	5	基础	2865	0.20	0.00	0.15	57	47
扬州市			47	5	97	1870	56	4	48	1221	3238	3831	330	157	2268	264	0	3041		562319	10.65	3.26	165.70	9418	9047
重点中型灌区	197	永丰灌区	1	0	1	198	0	0	1	181	275	432	17	7	73	20	0	82	中级	37160	0.04	0.00	13.40	625	715
	198	庆丰灌区	2	0	3	118	0	0	1	31	454	256	20	12	114	8	0	95	中级	30125	1.19	0.00	10.93	380	410
	199	临城灌区	7	0	0	29	0	0	0	0	0	174	0	0	0	0	0	5	中级	10600	0.00	0.00	5.30	220	220

227

续表

灌区类型	序号	灌区名称	渠首工程(处)改建	渠首工程(处)改造	灌溉渠道(km)新建	灌溉渠道(km)改造	其中灌溉管道新建	其中灌溉管道改造	排水沟(km)新建	排水沟(km)改造	渠道建筑物(座)新建	渠道建筑物(座)改造	管理设施(处)新建	管理设施(处)改造	安全设施(处)新建	安全设施(处)改造	计量设施(处)新建	计量设施(处)改造	灌区信息化改造	投资需求(万元)	恢复灌溉面积(万亩)	新增灌溉面积(万亩)	改善灌溉面积(万亩)	年新增节水能力(万m³)	年增粮食生产能力(万kg)
1	2	3	4	5	6	7	8	9	10	11	12	13	14	15	16	17	18	19	20	21	22	23	24	25	26
重点中型灌区	200	泾河灌区	1	0	0	161	0	0	0	72	32	905	73	1	4	0	0	172	中级	10000	0.50	0.00	7.70	288	360
	201	宝射河灌区	0	0	0	5	0	0	0	59	10	6	0	0	0	0	0	105	基础	45240	2.02	0.00	15.70	435	552
	202	宝应灌区	0	0	0	13	0	0	5	223	270	52	44	3	19	0	0	98	基础	57580	0.12	0.00	26.50	620	1610
	203	司徒灌区	4	0	0	121	0	0	0	148	453	0	22	0	199	0	0	230	中级	30680	0.63	0.00	9.18	800	540
	204	汉留灌区	3	0	0	150	0	0	0	37	457	0	15	0	234	0	0	178	中级	28600	0.17	0.00	7.87	700	340
	205	三垛灌区	4	0	0	125	0	0	0	88	501	0	16	0	368	0	0	145	中级	25800	0.43	0.00	8.41	600	490
	206	向阳河灌区	4	0	25	200	0	0	0	43	260	0	18	0	172	0	0	89	中级	25976	0.48	0.00	5.98	600	320
	207	红旗河灌区	1	0	0	129	0	0	0	0	0	158	0	10	0	40	0	200	中级	18200	0.00	0.00	11.30	600	625
	208	团结河灌区	0	0	0	62	0	0	0	0	0	123	0	10	0	40	0	200	中级	18560	0.00	0.00	4.70	500	285
	209	三阳河灌区	1	0	0	77	0	0	0	0	0	197	0	10	0	40	0	200	中级	23600	0.00	0.00	6.60	500	401
	210	野田河灌区	0	0	0	75	0	0	0	0	0	179	0	10	0	40	0	200	中级	23120	0.00	0.00	5.80	600	352
	211	向阳河灌区	0	0	0	32	0	0	0	0	0	74	0	10	0	40	0	200	中级	10240	0.00	0.00	3.50	300	300
	212	塘田灌区	0	0	0	20	0	0	5	10	11	88	14	8	107	0	0	86	中级	13000	0.30	0.11	5.00	300	160
	213	月塘灌区	0	0	0	20	0	0	0	50	0	80	5	30	150	10	0	50	基础	20800	0.47	0.60	3.00	200	145
	214	沿江灌区	1	0	23	123	0	0	10	178	165	536	12	9	100	20	0	60	中级	24170	0.31	0.75	2.90	200	300
一般中型灌区	215	甘泉灌区	3	0	0	2	3	0	0	0	0	36	4	0	3	0	0	0	基础	5000	0.70	0.00	0.20	50	50
	216	杨寿灌区	4	1	0	8	4	0	0	0	24	0	0	0	1	0	0	10	基础	4600	0.15	0.00	0.60	50	100
	217	沿湖灌区	0	1	0	95	13	0	0	0	0	10	5	0	10	0	0	14	基础	11417	0.50	0.30	0.80	50	55

续表

灌区类型	序号	灌区名称	渠首工程(处)		灌溉渠道(km)		其中灌溉管道		排水沟(km)		渠道建筑物(座)		管理设施(处)		安全设施(处)		计量设施(处)		灌区信息化	投资需求(万元)	预期效益				
			改建	改造	新建	改造	新建	改造	新建	改造	新建	改造	新建	改造	新建	改造	新建	改造	改造		恢复灌溉面积(万亩)	新增灌溉面积(万亩)	改善灌溉面积(万亩)	年新增节水能力(万m³)	年增粮食生产能力(万kg)
1	2	3	4	5	6	7	8	9	10	11	12	13	14	15	16	17	18	19	20	21	22	23	24	25	26
	218	方翻灌区	1	1	0	7	24	0	0	0	0	32	8	0	5	0	0	0	基础	9800	0.30	0.50	1.00	25	26
	219	槐润灌区	4	0	0	24	8	0	0	7	27	0	0	0	1	0	0	15	中级	4200	0.05	0.00	0.75	50	75
	220	红星灌区	0	1	0	6	0	0	3	2	2	32	2	4	34	0	0	25	基础	2800	0.08	0.00	0.30	50	30
	221	凤岭灌区	0	0	2	6	0	0	2	2	14	15	6	2	30	0	0	27	基础	3200	0.06	0.00	0.40	50	20
	222	朱桥灌区	0	0	0	13	0	0	4	6	11	48	8	3	55	0	0	33	基础	7800	0.08	0.00	2.00	50	50
	223	稽山灌区	0	0	10	0	0	0	2	2	5	63	7	2	65	0	0	62	基础	6200	0.13	0.00	0.30	50	30
	224	东风灌区	0	0	3	5	0	0	3	2	7	54	9	3	55	0	0	54	基础	5200	0.07	0.00	2.50	50	30
一般中型灌区	225	白羊山灌区	0	0	0	10	0	0	0	10	0	80	2	7	74	2	0	68	基础	7500	0.31	0.00	0.35	50	75
	226	刘集红光灌区	0	0	2	2	0	0	1	12	1	57	3	4	57	4	0	50	基础	7400	0.13	0.10	0.20	50	40
	227	高昌灌区	3	0	10	9	0	0	3	3	97	0	2	0	100	0	0	93	基础	7000	0.19	0.10	0.20	50	20
	228	红旗灌区	0	0	0	2	2	0	4	2	25	14	5	2	30	0	0	11	基础	6400	0.19	0.20	0.50	50	90
	229	秦桥灌区	0	0	5	2	2	0	3	1	54	7	5	2	30	0	0	11	基础	4200	0.02	0.10	0.30	50	50
	230	通新集灌区	0	0	1	0	1	4	2	1	41	0	1	1	40	0	0	33	基础	3800	0.02	0.10	0.20	50	20
	231	烟台山灌区	0	0	4	0	0	0	1	1	11	73	5	0	50	0	0	73	基础	3200	0.07	0.10	0.03	50	15
	232	青山灌区	2	1	8	1	0	0	0	7	31	2	2	3	40	0	0	23	基础	3000	0.81	0.10	0.60	50	112
	233	十二圩灌区	1	0	0	23	0	0	0	45	0	48	0	4	48	0	0	44	基础	6150	0.13	0.20	0.70	50	40

续表

灌区类型	序号	灌区名称	渠首工程(处)		灌溉渠道(km)		其中灌溉管道		排水沟(km)		渠道建筑物(座)		管理设施(处)		安全设施(处)		计量设施(处)		灌区信息化改造	投资需求(万元)	恢复灌溉面积(万亩)	新增灌溉面积(万亩)	改善灌溉面积(万亩)	年新增节水能力(万m³)	年增粮食生产能力(万kg)
			改建	改造	新建	改造	新建	改造	新建	改造	新建	改造	新建	改造	新建	改造	新建	改造	改造						
1	2	3	4	5	6	7	8	9	10	11	12	13	14	15	16	17	18	19	20	21	22	23	24	25	26
		镇江市	0	2	55	62	7	3	15	110	341	93	44	26	338	0	0	76		84640	3.97	0.30	6.28	950	691
重点中型灌区	234	北山灌区	0	0	21	10	4	1	8	28	191	10	18	0	10	0	0	20	中级	30400	1.70	0.00	2.40	350	198
	235	赤山湖灌区	0	0	19	41	3	3	2	57	66	45	10	23	264	0	0	0	中级	38200	1.55	0.00	2.60	350	306
	236	长山灌区	0	0	12	6	0	0	0	20	58	22	16	0	24	0	0	48	中级	11440	0.22	0.30	1.18	150	92
一般中型灌区	237	小辛灌区	0	1	3	0	0	0	5	2	10	11	0	2	20	0	0	5	基础	2200	0.30	0.00	0.05	50	50
	238	后马灌区	0	1	0	4	0	0	0	4	16	5	0	1	20	0	0	3	基础	2400	0.20	0.00	0.05	50	45
		泰州市	0	0	44	606	5	272	0	135	218	126	242	8	263	28	0	0		175397	7	4	40	2091	2167
重点中型灌区	239	孤山灌区	0	0	44	0	5	0	0	0	47	30	192	0	0	0	0	0	中级	8937	0.00	0.00	2.60	346	420
	240	黄桥灌区	0	0	0	160	0	0	0	0	19	0	22	0	0	0	0	0	基础	24000	2.20	0.00	9.80	350	250
	241	高港灌区	0	0	0	62	0	0	0	0	0	42	0	0	0	0	0	0	中级	9800	1.34	0.00	1.54	158	100
	242	溱潼灌区	0	0	0	30	0	0	0	41	0	0	16	0	65	0	0	0	中级	53060	0.00	0.00	5.10	500	275
	243	周山河灌区	0	0	0	38	0	0	0	0	6	2	0	0	82	0	0	0	基础	29000	0.42	0.00	11.10	287	637
	244	卤西灌区	0	0	0	42	0	0	0	94	146	0	12	8	116	28	0	0	基础	12600	1.74	0.16	1.40	150	105
	245	西部灌区	0	0	0	209	0	209	0	0	0	36	0	0	0	0	0	0	中级	31000	1.00	3.00	6.70	250	310
一般中型灌区	246	西来灌区	0	0	0	64	0	63	0	0	0	16	0	0	0	0	0	0	中级	7000	0.50	0.50	1.50	50	70
		宿迁市	11	10	219	1056	39	0	0	652	578	1685	226	240	545	50	0	936		458620	28	12	139	4871	5357
重点中型灌区	247	皂河灌区	0	0	194	98	38	0	0	196	75	315	106	218	200	50	0	148	中级	45600	0.80	1.00	16.00	500	366
	248	嶂山灌区	4	4	0	143	0	0	0	71	76	424	43	4	167	0	0	49	中级	18200	0.50	0.00	2.20	480	650

续表

灌区类型	序号	灌区名称	渠首工程(处) 改建	渠首工程(处) 改造	灌溉渠道(km) 新建	灌溉渠道(km) 改造	其中灌溉管道 新建	其中灌溉管道 改造	排水沟(km) 新建	排水沟(km) 改造	渠道建筑物(座) 新建	渠道建筑物(座) 改造	管理设施(处) 新建	管理设施(处) 改造	安全设施(处) 新建	安全设施(处) 改造	计量设施(处) 新建	计量设施(处) 改造	灌区信息化 改造	投资需求(万元)	恢复灌溉面积(万亩)	新增灌溉面积(万亩)	改善灌溉面积(万亩)	年新增节水能力(万m³)	年增粮食生产能力(万kg)
1	2	3	4	5	6	7	8	9	10	11	12	13	14	15	16	17	18	19	20	21	22	23	24	25	26
重点中型灌区	249	柴沂灌区	2	0	0	143	0	0	0	71	76	268	18	0	34	0	0	46	中级	35200	2.30	0.00	15.30	282	766
	250	古泊灌区	0	0	0	184	0	0	0	122	48	167	19	0	42	0	0	53	中级	37800	1.50	0.00	18.90	286	638
	251	淮西灌区	0	0	0	116	1	0	0	103	13	78	13	0	31	0	0	69	中级	48200	0.00	0.00	19.20	356	437
	252	沙河灌区	1	0	0	147	0	0	0	54	60	199	15	0	36	0	0	75	中级	50800	3.64	0.00	21.76	247	400
	253	新北灌区	0	0	0	58	0	0	0	27	43	100	9	0	14	0	0	33	中级	25400	0.20	0.00	12.50	173	290
	254	新华灌区	1	0	0	110	0	0	0	0	110	84	1	13	13	0	0	42	中级	43000	6.45	0.00	13.20	756	455
	255	安东河灌区	1	0	10	15	0	0	0	0	4	11	0	0	3	0	0	101	中级	47800	4.28	2.52	6.72	520	400
	256	蔡圩灌区	0	3	5	5	0	0	0	0	2	19	1	1	2	0	0	135	基础	48600	2.66	4.34	3.75	500	300
	257	车门灌区	0	2	0	10	0	0	0	0	1	7	1	0	1	0	0		基础	11000	0.98	0.42	1.34	80	120
	258	雪枫灌区	0	1	10	9	0	0	0	0	3	13	0	1	2	0	0	89	基础	42420	3.75	2.76	5.66	500	300
一般中型灌区	259	红旗灌区	2	0	0	8	0	0	0	7	24	0	0	1	0	0	0	39	中级	2000	0.45	0.35	1.20	104	115
	260	曹庙灌区	4	0	0	9	0	0	0	0	43	0	0	2	0	0	0	57	中级	2600	0.70	0.50	1.40	88	121
		监狱农场	7	9	20	30	2	5	20	241	164	101	0	23	0	15	0	9		80800	4	1	24	1050	805
重点中型灌区	261	大中农场	3	0	0	16	0	0	0	18	0	3	0	8	0	4	0	4	基础	15200	0.90	0.00	5.00	250	150
	262	五图河农场	0	7	15	0	0	0	0	0	149	5	1	0	0	0	0	0	基础	16200	1.70	0.60	2.26	250	160
	263	东辛农场	4	2	0	0	0	0	0	23	0	53	0	0	0	0	0	0	基础	30000	0.00	0.00	10.00	300	300
	264	洪泽湖农场	0	0	5	14	2	5	20	200	15	40	0	15	0	11	0	5	中级	19400	1.20	0.50	7.00	250	195
		全省合计	259	193	3616	19104	2074	544	936.09	14452.78	16406	19868	9795	7926	32925	8644	0	16942		5653876	278	64	1217	79274	79723

后记

　　本书共有 9 个章节,具体编写分工为:全书的体例结构及统稿工作由叶健负责;前言、综合说明、第 1 章由沈建强负责编写;第 2 章由胡乐、张健负责编写;第 3 章由张健、蒋伟、季飞负责编写;第 4 章由张健、蒋伟负责编写;第 5 章由胡乐、孙浩负责编写;第 6 章由刘敏昊、陈于负责编写;第 7 章由胡乐、蒋伟负责编写;第 8 章由张健、王志寰负责编写;第 9 章由胡乐、蒲永伟负责编写;附表由胡乐、张健、陈于、刘晓璇负责校核;附图由高丽萍、胡乐、张健、彭亚敏负责完成。相关市县水利部门及设计单位参与了编写工作。